工业和信息化职业教育"十三五"规划教材

极限配合与技术测量

主　编　王　兵

副主编　尹述军　张圣锋　谭修炳

参　编　靳　力　郭志强　刘　义　刘祖培

　　　　彭燕林　秦　洪　张　军

主　审　黄加明

电子工业出版社

Publishing House of Electronics Industry

北京·BEIJING

内 容 简 介

本书主要内容包括极限与配合、几何公差、表面粗糙度、圆锥的公差配合、螺纹公差、键和花键公差、常用计量量具、技术测量。全书在讲清概念与基本原理的基础上，突出技术的应用性，以适应课程教学改革的需要。

本书可作为职业院校机械类专业相关课程的教学用书，也可作为专业工程技术人员的参考用书。

图书在版编目（CIP）数据

极限配合与技术测量 / 王兵主编．—北京：电子工业出版社，2016.8

ISBN 978-7-121-29803-5

I．①极… II．①王… III．①公差－配合－职业教育－教材 ②技术测量－职业教育－教材 IV．①TG801

中国版本图书馆 CIP 数据核字（2016）第 203283 号

策划编辑：白　楠
责任编辑：白　楠　　　　　特约编辑：王　纲
印　　刷：北京七彩京通数码快印有限公司
装　　订：北京七彩京通数码快印有限公司
出版发行：电子工业出版社
　　　　　北京市海淀区万寿路 173 信箱　　邮编：100036
开　　本：787×1092　1/16　　印张：14.25　字数：364.8 千字
版　　次：2016 年 8 月第 1 版
印　　次：2025 年 3 月第 9 次印刷
定　　价：32.50 元

凡所购买电子工业出版社图书有缺损问题，请向购买书店调换。若书店售缺，请与本社发行部联系，联系及邮购电话：(010) 88254888，88258888。

质量投诉请发邮件至 zlts@phei.com.cn，盗版侵权举报请发邮件至 dbqq@phei.com.cn。

本书咨询联系方式：(010) 88254592，bain@phei.com.cn。

前　言

　　"极限配合与技术测量"是职业院校机械类相关专业一门实用性较强的技术基础课，内容涉及机械产品及其零部件的设计、制造、维修与质量控制和生产管理等多方面的标准与技术知识。

　　本书按照当前职业院校"工学结合、学做一体"的教学改革思想，在整体规划、精选内容的基础上，注重基础知识的讲解和体现技术的具体应用，对课程相关知识内容进行循序渐进、深入浅出的讲解，较好地解决了知识与能力的融合问题，提高了教材的层次性与综合性。适应了当前课程教学改革的需要。

　　全书依照最新版本国家标准，注重对新标准的理解与应用，具有技术资料的实用性、工具书的参考性及可查阅性的特点。在讲授本书时，建议在理解概念的基础上，用工程语言与学生对话交流，并结合学生生产实训课的训练课题内容，以实例讲评各基础内容和技术测量的目的与实质。

　　本书由王兵担任主编，尹述军、张圣锋、谭修炳担任副主编，参加编写的还有靳力、郭志强、刘义、刘祖培、彭燕林、秦洪、张军。全书由王兵统稿。在编写过程中我们还得到了荆州技师学院领导和有关教师的帮助与支持，并请湖北工程职业学院电气工程系主任黄加明副教授审稿，在此表示衷心感谢！

　　由于编者水平有限，书中难免有不少缺点与错误，恳请广大读者批评指正，以进一步提高本书的质量。

编　者

目　　录

开 学 导 篇

一、本课程的性质和任务

本课程是机械类各专业的一门技术基础课，起着连接基础课与其他专业课的桥梁作用，同时也起着联系设计类课程和制造工艺类课程的纽带作用。

本课程通过比较全面地叙述机械加工中有关尺寸公差、几何公差、表面结构要求、圆锥公差、螺纹公差、键和花键公差以及技术测量等方面的基础知识，为专业课理论与实训课的学习提供了保障。随着后续课程的学习和实践知识的丰富，将会加深对本课程内容的理解。

本课程主要知识点的学习实训要求如图 0-1 所示。

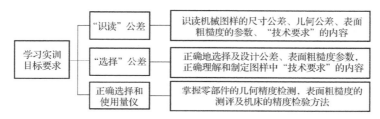

图 0-1　学习实训的目标要求

在学习本课程时，应具备一定的机械制图方面的知识面与初步生产实践的知识。本课程除了在理论知识上具有一定难度外，还有很强的实践性，因此，可将本课程的学习与专业工艺课程的学习、生产实训课的学习结合起来，以期获得更多的感性知识，加深对本课程内容的理解和掌握。

二、互换性的概念及其在机械制造中的作用

1. 互换性的含义

互换性是现代化生产的一个重要技术原则，广义上来说，它是一种产品、过程或服务代替另一产品、过程或服务能满足同样要求的能力。在机械制造业中，互换性是指制成的同一规格的一批零件或部件中，不用做任何挑选、调整或辅助加工（如钳工修配），任取其一，就能进行装配，并满足机械产品的使用性能要求的一种特性。

专业化、协作化组织生产出的零部件都必须具有互换性，用以保证在往后的使用过程中一旦发生某零件的损坏，便可用相同规格的零件来调换，以满足其使用的要求。

如图 0-2 所示的一批轴承，当某一个在使用过程中磨损到一定程度后就会影响机器设备的使用性能，在这种情况下随便换上另外一个相同的新轴承，设备就能恢复到原来的性能，从而满足生产的要求，这两个轴承（或者说这一批）就具有互换性。

图 0-2　具有互换性的轴承

2．互换性的种类

互换性按其程度和范围的不同分为完全互换性和不完全互换性两种，见表 0-1。

表 0-1　互换性的种类

种类	说明	示例
完全互换性	也称绝对互换性，是指同一规格的零件在装配或更换时，不需要选择、调整和修理，即可装配到机器中，并能满足规定使用要求的性能	如螺栓、螺母、圆柱销等
不完全互换性	也称有限互换性，是指同一规格的零件在装配或更换时，在同一组别内可以互换，但在不同组别间不可互换，需要进行挑选或调整才能满足要求的特性	如活塞、连杆、凸轮轴衬套等

〔提示〕　一般情况下，不完全互换性只用于部件或机械制造厂的内部装配，对于企业厂外协作，即使产量不大，往往也要求完全互换。

3．互换性的技术经济意义

1）在设计方面，采用具有互换性的标准件和通用件，可使设计工作简化，缩短设计周期，并便于应用计算机辅助设计。

2）在加工制造方面，有利于组织大规模专业化生产，便于采用高效专业设备，不仅产量和质量高，而且加工灵活，生产周期短，成本低，实现装配流水线，提高装配生产率。

3）在使用和维修方面，由于具有了互换性，当机器设备的零（部）件突然损坏时，可迅速用相同规格的零（部）件更换，既缩短了维修时间，又保证了维修的质量，从而提高了机器设备的利用率并延长了机器设备的使用寿命。

三、标准化的意义与分类

1．标准化的意义

标准化是以制定标准和贯彻标准为主要内容的全部活动过程，它是组织现代化大生产的重要手段，是实行科学管理的基础，也是对产品设计的基本要求之一。标准化程度的高低是评定产品的指标之一，通过对标准化的实施，以获得最佳的社会经成效。

2．标准化的定义

它是为了在一定范围内获得最佳秩序，对现实问题或潜在的问题制定共同使用和重复使用的条款的活动。该定义中的活动，包括编制、发布和实施标准的过程。

标准化的主要作用在于：

1）是现现代化大生产的必要条件。

2）是科学及现代化管理的基础。

3）是提高产品质量、调整产品结构、保障安全的依据。

标准化是一个动态及相对的概念，要求不断地修订完善，提高优化，即标准没有最终成果。

3．标准的定义与划分

（1）标准的定义

所谓标准，是指对需要协调统一的重复性事物（如产品、零部件等）和概念（如术语、规则、方法、代号、量值等）所做的统一规定。标准是以科学技术和实践经验的综合成果为基础，经协商一致，制定并由公认机构批准，以特定形式发布，共同使用和重复使用的一种规范性文件。

提示 标准化与标准的关系是：标准是标准化的产物，没有标准的实施就不可能有标准化。

（2）标准的划分

1）按照标准的适用领域、有效作用范围和发布权力的不同划分。一般分为：国际标准，如 ISO、IEC，分别为国际标准化组织和国际电工委员会制定的标准；区域标准，如 EN、ANSI、DIN 等，分别为欧共体、美国、德国制定的标准。我国的标准分为国家标准、行业标准、地方标准和企业标准 4 级，国家标准为 GB，行业标准为 JB 或 YB。

2）按法律属性的不同划分。国家及行业标准又分为强制性标准和推荐标准。代号为"GB"的属强制性国家标准，必须严格执行。代号为"GB/T"、"GB/Z"的为推荐性和指导性标准，均为非强制性国家标准。

四、机械产品设计制造与精度要求的关系

机械产品由原材料经加工制造成为产品，须经产品设计、加工制造、检测合格、包装运输出厂四个阶段。机械加工产品的设计包括运动设计、结构设计、强度刚度设计和精度设计四个方面的内容。其以产品设计图样及工艺设计图样（卡片）等技术文件的形式体现。

产品的机械加工装配均以机械图样、工艺卡片、通用技术条件为依据，因此要求机械加工操作人员、技术检验和计量人员等必须能够熟悉与理解图样上所表达的产品结构、精度要求及产品的性能要求。

零件加工后能否满足精度要求，需要通过检测加以评估判断。检测是对产品能否达到标准要求所采取的必需的技术手段。机械产品设计与精度设计的关系如图 0-3 所示。

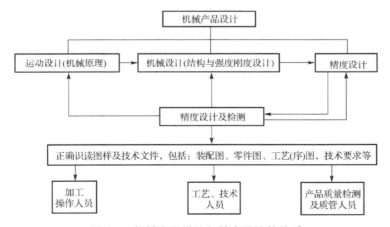

图 0-3　机械产品设计与精度设计的关系

五、几何量误差、公差与测量

要保证零件具有互换性，就必须保证零件的几何参数的准确性（即加工精度）。

1. 几何量误差

零件在加工过程中，由于机床精度、计量器具精度、操作工人技术水平及生产环境等诸多因素的影响，其加工后所得到的几何参数会不可避免地偏离设计时的理想要求而产生误差。这种误差称为零件的几何量误差。几何量误差主要包含尺寸误差、几何误差和表面微观形状误差等，如图 0-4 所示。

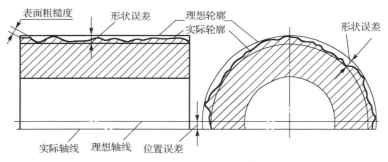

图 0-4　圆柱表面的几何参数误差

零件的几何量误差是否会使零件丧失互换性呢？实践表明，虽然零件的几何量误差可能影响到零件的使用性能，但只要将这些误差控制在一定的范围内，仍能满足使用功能要求，也就是说仍可以保证零件的互换性要求。

如图 0-5 所示的铝壶和壶盖，都是通过压力加工成形的，其加工精度较低。人们在挑选时，常常会将几个壶的盖子换来换去，以便选择自己认为松紧适当的壶盖。而事实上这些壶盖和壶口的大小虽然有所不同，但都是合格的，虽然有一定的误差，但也可以达到互换性的要求。

图 0-5　铝壶和壶盖

2. 公差

为了控制几何量误差，提出了公差的概念。公差是指允许的零件尺寸、几何误差的最大变动量，用来限制加工误差。它是由设计人员根据产品使用性能要求给定的。规定公差的原则是在保证满足产品使用性能的前提下，给出尽可能大的公差，它反映了对一批工件制造精度的要求、经济性要求，并体现加工难易程度。只有将零件的误差控制在相应的公差内，才能保证互换性的实现。

既然要用几何量公差来控制几何量误差的大小，那么就必须合理地确定几何量公差的大小。而在现代化生产中，一种产品的制造往往涉及许多部门和企业，为了适应各个部门和企业之间在技术上相互协调的要求，必须有一个统一的公差标准，以保证互换性生产的实现。规定相应公差值 T 的大小顺序应为：$T_{尺寸} > T_{位置} > T_{形状} >$ 表面粗糙度。

本课程所讲述的极限与配合标准、几何公差标准、表面结构要求等是我国制定的重要的技术基础标准，是保证互换性的基础。

3. 测量

除制定和贯彻技术标准外，要保证互换性在生产实践中的实现还必须有相应的技术测量措施，如图 0-6 所示。

如测量结果显示零件的几何量误差控制在规定的公差范围内，则此零件就合格，就能满足互换性的要求；如测量结果显示几何量误差超过公差范围，零件就不合格，也就达不到互换的目的。因此，对零件的测量是保证互换性生产的重要手段。

另外，通过测量的结果，可分析出不合格零件产生的原因，并及时采取必要的工艺措施，提高加工精度，以减少不合格产品，提高合格率，从而降低生产成本并提高生产效率。

综上所述，现代化生产必须遵循互换性的原则，而要保证互换性的实现，则必须保证零件的加工精度。由于加工中各种因素的影响，零件不可避免地存在几何量误差，但只要将几何量误差控制在一定的范围内，就能实现互换性。要确定这"一定范围"的大小，就必须制定相应的公差标准；要知道零件的几何量误差是否控制在公差范围内，即零件是否合格，就必须具有相应的技术测量措施和检测规定。

图 0-6 零件测量

六、优先数和优先数系

在产品设计和生产中，为满足不同要求，同一种产品的某一参数，从大到小取不同值时（形成不同规格的产品系列），应该采用的一种科学的数值分级制度或称谓，这是人们总结的一种科学的、统一的数值标准，称为优先数和优先数系。

优先数系是国际上统一的数值分级制度，是一种无量纲的分级数系，适用于各种量值的分级。优先数系中的任一数值均称为优先数。在确定产品的参数或参数系列时，应最大限度地采用优先数和优先数系。

产品（或零件）的主要参数（或主要尺寸）按优先数形成系列，可使产品（或零件）系列化，便于分析参数间的关系，以减少设计计算的工作量。

优先数系由一些十进制等比数列构成，其代号为 Rr（R 是优先数系创始人 Renard 名字的第一个字母，r 代表 5、10、20、40 等项数）。

等比数列的公比为 $q_r =$，其含义是在同一个等比数列中，每隔 r 项的后项与前项的比值增大 10 倍。如 R5，设首项为 a，其依次各项为 aq_5、$a(q_5)^2$、$a(q_5)^3$、$a(q_5)^4$、$a(q_5)^5$，则 $a(q_5)^5/a=10$，故 $q_5 \approx 1.6$。

相应各系列的公比为：$q_{10} \approx 1.25$，$q_{20} \approx 1.12$，$q_{40} \approx 1.06$，及补充系列的公比 $q_{80} \approx 1.03$。

优先数的基本系列见表 0-2。

表 0-2 优先数的基本系列

R5	R10	R20	R40	R5	R10	R20	R40	R5	R10	R20	R40
1.00	1.00	1.00	1.00			2.24	2.24		5.00	5.00	5.00
			1.06				2.36				5.30
		1.12	1.12	2.50	2.50	2.50	2.50			5.60	5.60
			1.18				2.65				6.00
	1.25	1.25	1.25			2.80	2.80	6.30	6.30	6.30	6.30
			1.32				3.00				6.70
		1.40	1.40		3.15	3.15	3.15			7.10	7.10
			1.50				3.35				7.50
1.60	1.60	1.60	1.60			3.55	3.55		8.00	8.00	8.00

续表

R5	R10	R20	R40	R5	R10	R20	R40	R5	R10	R20	R40
			1.70				3.75				8.50
		1.80	1.80	4.00	4.00	4.00	4.00			9.00	9.00
			1.90				4.25				9.50
	2.00	2.00	2.00			4.50	4.50	10.00	10.00	10.00	10.00
			2.12				4.75				

优先数的主要优点是：相邻两项的相对差均匀，疏密适中，运算方便，简单易记。在同一系列中，优先数的积、商、乘方仍为优先数。

思考与练习

1．试述互换性在机械制造业中的作用，并举出互换性应用实例。

2．试述完全互换性与不完全互换性的区别，并指出它们主要用于什么场合。

3．什么是标准？其划分方法和内容有哪些？

4．加工误差、公差、互换性三者的关系是什么？

5．什么是优先数和优先数系？主要优点是什么？R5、R40 系列各表示什么意义？

第1章　极限与配合

孔、轴是圆柱体结合（配合）的最基本和最普遍的结合形式。为保证互换性和满足使用要求，应对尺寸公差与配合进行标准化。它不仅可防止产品尺寸设计中的混乱，有利于工艺过程的经济性、产品的使用和维修，还有利于刀具、量具的标准化。这是一项综合性的技术基础工作，是推行科学管理、推动企业技术进步和提高企业管理水平的重要手段。

1-1　基本术语及定义

为了正确理解和贯彻、实施标准，必须深入地、正确地理解极限与配合中涉及的各术语的含义以及它们之间的区别和联系。了解极限制和配合制，掌握孔、轴公差带和配合的标准化。

一、孔和轴

孔和轴是指圆柱形的内外表面，如图 1-1 所示。而在极限与配合的相关标准中，孔和轴的定义更为具体和广泛。

1. 孔

孔通常指工件各种形状的内表面，包括圆柱形内表面和其他由单一尺寸形成的非圆柱形包容面。如图 1-2 所示，槽的两侧面与键的两侧面在装配后形成包容与被包容的关系，包容面为槽的两侧，即为孔。

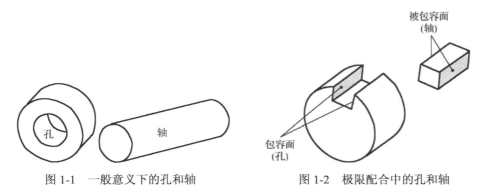

图 1-1　一般意义下的孔和轴　　　　图 1-2　极限配合中的孔和轴

2. 轴

轴通常是指工件各种形状的外表面，包括圆柱形外表面和其他由单尺寸形成的非圆柱形被包容面。图 1-2 中键的两侧在装配后被槽的两侧包容，则键的两侧为被包容面，即为轴。

提示　对于形状复杂的孔和轴可按以下方法进行判断。从装配关系上看，零件装配后形成包容与被包容的关系，凡包容面统称为孔，被包容面统称为轴；从加工过程看，在切削过程中尺寸由小变大的为孔，而尺寸由大变小的为轴。

二、尺寸的术语及定义

用特定单位表示线性大小的数值称为尺寸。它由数值和特定单位两部分组成，包括直径、半径、宽度、深度、高度和中心距等。

提示 机械制图国家标准中规定，在机械图样上的尺寸通常以 mm 为单位，一般情况下，毫米单位的尺寸可只写数值不写 mm，但采用其他单位时，必须在数值后注写单位。

1. 公称尺寸

公称尺寸又称基本尺寸，由设计给定，它可以是一个整数或小数，设计时可根据零件的使用要求，通过计算、试验或类比的方法，并经过标准化后确定基本尺寸。

孔的公称尺寸用符号"D"表示，轴的公称尺寸用符号"d"表示。

2. 实际（组成）要素

实际（组成）要素指通过测量获得的某一孔轴的尺寸，也称实际尺寸。孔的实际（组成）要素用符号"D_a"表示，轴的实际尺寸用符号"d_a"表示。

由于存在加工误差，零件同一表面不同位置的实际（组成）要素不一定相等，如图 1-3 所示。但其大小只有控制在一定的范围内零件才算合格。

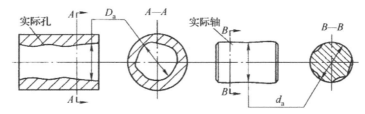

图 1-3　孔、轴的实际（组成）要素

3. 极限尺寸

一个孔或轴允许尺寸变化的两个界限（极端）值称为极限尺寸。孔或轴允许的最大尺寸为上极限尺寸，即两个极端尺寸中较大的一个；孔或轴允许的最小尺寸为下极限尺寸，即两个极端尺寸中较小的一个。孔的上极限尺寸用 D_{max} 表示，下极限尺寸用 D_{min} 表示；轴的上极限尺寸用 d_{max} 表示，下极限尺寸用 d_{min} 表示。

在机械加工中，由于存在由各种因素形成的加工误差，要把同一规格的零件加工成同一尺寸是不可能的。从使用的角度来讲，也没有必要将同一规格的零件都加工成同一尺寸，只需要将零件的实际（组成）要素控制在一个具体范围内，就能满足使用要求。这个范围由上述两个极限尺寸确定。

极限尺寸是以公称尺寸为基数来确定的，零件的任一尺寸都应在极限尺寸所确定的范围内，即可以小于或等于上极限尺寸，大于或等于下极限尺寸，但如果超过了极限尺寸所确定的范围，则为不合格。

如图 1-4 所示为极限尺寸。

由图中可知：

孔的公称尺寸 $D = \phi 42\text{mm}$；

孔的上极限尺寸 $D_{\max} = \phi 42.033\text{mm}$；

孔的下极限尺寸 $D_{\min} = \phi 42\text{mm}$；

轴的公称尺寸 $d = \phi 42\text{mm}$；

轴的上极限尺寸 $d_{\max} = \phi 41.993\text{mm}$；

轴的下极限尺寸 $d_{\min} = \phi 41.980\text{mm}$。

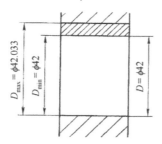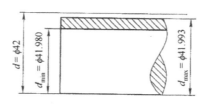

图 1-4　孔轴的尺寸和极限尺寸

如果孔加工出来的实际（组成）要素为 $\phi 42 \sim \phi 42.033\text{mm}$，轴加工出来的实际（组成）要素为 $\phi 41.980 \sim \phi 41.993\text{mm}$，则零件合格，否则零件为不合格产品或废品。

三、偏差与公差的术语及定义

1. 偏差

偏差是指某一尺寸（实际组成要素、极限尺寸等）减去其公称尺寸所得的代数差，其值可以是正值、负值或零值。根据某一尺寸的不同，偏差可分为极限偏差和实际偏差两种。

（1）极限偏差

极限尺寸减去其公称尺寸所得的代数差称为极限偏差。它有上极限偏差和下极限偏差之分，如图 1-5 所示。

上极限偏差为上极限尺寸减去公称尺寸所得的代数差。孔和轴的上极限偏差分别用符号 ES 和 es 表示。用公式表示为：

$$ES = D_{\max} - D$$

$$es = d_{\max} - d$$

下极限偏差为下极限尺寸减去公称尺寸所得的代数差。孔和轴的下极限偏差分别用符号 EI 和 ei 表示。用公式表示为：

$$EI = D_{\min} - D$$

$$ei = d_{\min} - d$$

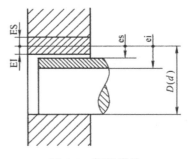

图 1-5　极限偏差

由于偏差是一个代数差，所以除零外，数字前必须标注上相应的 "+" 或 "−" 号。国家标准规定，在图样和技术文件上标注极限偏差时，上极限偏差标注在公称尺寸的右上方，下极限偏差标注在公称尺寸的右下方，且上极限偏差必须大于下极限偏差，偏差数字的字体要比公称尺寸的数字小一号，小数点必须对齐，小数点后和位数也必须相同，如 $\phi 35^{-0.033}_{-0.042}\text{mm}$、

$\phi 40_{+0.010}^{+0.021}$ mm。若上极限偏差或下极限偏差为零时，也必须标注在相应的位置上，不可省略，并与上极限偏差或下极限偏差的小数点前的个位数对齐，如 $\phi 28_{-0.023}^{0}$ mm、$\phi 52_{0}^{+0.027}$ mm。当上下极限偏差数值相同，符号相反时，须简化标注，偏差数字的字体高度与尺寸数字的字体相同，如 $\phi 65 \pm 0.153$ mm。

（2）实际偏差

实际（组成）要素减去其公称尺寸所得的代数差称为实际偏差。合格零件的实际偏差应在规定的偏差范围内。

2. 尺寸公差

尺寸公差是指上极限尺寸减去下极限尺寸或上极限偏差减去下极限偏差之值，如图 1-6 所示。它是允许尺寸的变动量，简称公差。孔和轴的尺寸公差分别用符号 T_h 和 T_s 表示。

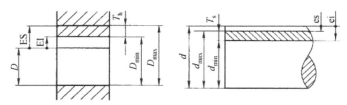

图 1-6　孔轴的尺寸公差

零件的实际（组成）要素若想合格，其尺寸只能在上极限尺寸和下极限尺寸之间的范围内变动。变动用绝对值定义。所以尺寸公差等于上极限尺寸与下极限尺寸代数差的绝对值，或等于上极限偏差与下极限偏差代数差的绝对值，计算方法为：

$$T_h = \left| D_{max} - D_{nin} \right| = \left| ES - es \right|$$

$$T_s = \left| d_{max} - d_{nin} \right| = \left| EI - ei \right|$$

应当指出，公差与偏差是两个不同的概念，公差用绝对值来定义，没有正负，所以前面不能标注"+"号或"−"号；而且零件在加工时不可避免存在着各种误差，其实际（组成）要素的大小总是变动的，所以公差不能为零。

3. 零线与尺寸公差带

如图 1-7 所示，一般采用极限与配合来说明尺寸、偏差和公差之间的关系。图中将极限偏差和公差部分放大而尺寸不能放大画出来，很直观地表明了两个相互结合的孔和轴的公称尺寸、极限尺寸、极限偏差和公差之间的关系。

由于公差与偏差的数值比公称尺寸小得多，不便于用同一比例表示，为此在实际应用时一般不画出孔和轴的全形，只将公差值按规定放大画出，这种图称为极限与配合图解，也称公差带图，如图 1-8 所示。

（1）零线

在公差带图中，表示公称尺寸的一条直线称为零线。以零线为基准确定偏差和公差。通常将零线沿水平方向绘制，在其左端画出表示偏差大小的纵坐标并标上"0"和"+"、"−"号，在其左下方画出带单向箭头的尺寸线，并标上公称尺寸值。正偏差位于零线上方，负偏差位于零线下方，零偏差与零线重合。

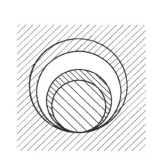
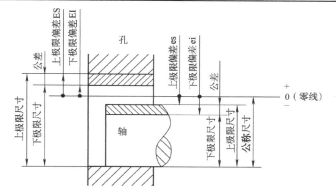

图 1-7 极限与配合示意图

（2）公差带

在公差带图中，代表上极限偏差和下极限偏差或上极限尺寸和下极限尺寸的两条直线所限定的一个区域称为公差带。

公差带由公差带大小和公差带位置两个要素组成。公差带的大小是指公差带沿垂直于零线方向的宽度，由公差的大小决定；公差带的位置是指公差带相对零线的位置，由靠近零线的那个极限偏差决定。

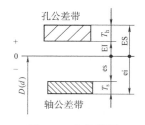

提示　公差带沿零线方向的长度可适当选取。为区别，一般在同一图中，孔和轴的公差带的剖面线的方向应该相反，且疏密程度不同。

图 1-8 公差带图

四、配合的术语及定义

1. 配合的基本概念

公称尺寸相同的、相互结合的孔和轴公差带之间的关系称为配合。它是指一批孔和轴的装配关系，而不是指单个孔和单个轴的相互配准关系。孔和轴公差带之间的不同关系决定了孔和轴相互结合的松紧程度，也就决定了孔和轴的配合性质。

2. 配合的类别

根据孔和轴公差带相对位置关系的不同，可把配合分为三类，见表 1-1。

3. 配合公差

配合公差是允许间隙或过盈的变动量，用 T_f 表示。

配合公差越大，则配合后的松紧差别程度越大，即配合的一致性差，配合的精度低；反之，配合公差越小，配合后的松紧差别程度也越小，即配合的一致性好，配合的精度高。

对于间隙配合，配合公差等于最大间隙与最小间隙之差，即：

$$T_f = \left| X_{max} - X_{min} \right|$$

对于过盈配合，配合公差等于最小过盈与最大过盈之差，即：

$$T_f = \left| Y_{max} - Y_{min} \right|$$

表 1-1 配合的类别

类别	定义	图示	位置关系	说明
间隙配合	具有间隙（包括最小间隙等于零）的配合	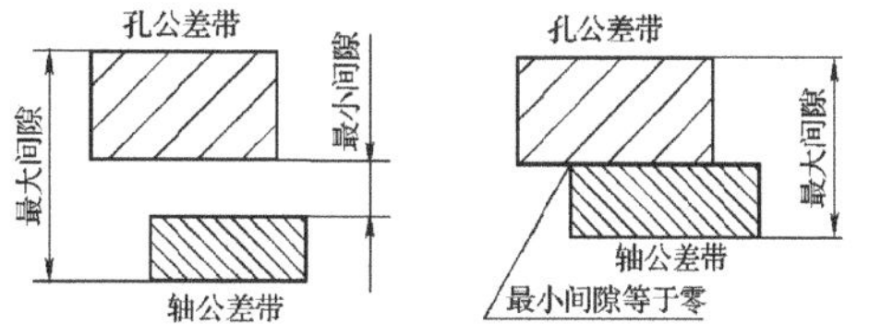	孔的公差带在轴的公差带之上	由于孔和轴的实际（组成）要素允许在许其公差内变动的，因而其配合的间隙尺寸也是变动的。当孔为上极限尺寸而配合的轴为下极限尺寸时，配合处于最松状态，此时的间隙称为最大间隙，用 X_{max} 表示。当孔为下极限尺寸而与其相配合的轴为上极限尺寸时，配合处于最紧状态，此时的间隙称为最小间隙，用 X_{min} 表示。在间隙配合中，当孔和轴配合后都称为等于零的极限间隙，当孔的下极限尺寸等于轴的上极限尺寸时的间隙等于零，也称零间隙
过盈配合	具有过盈（包括最小过盈等于零）的配合	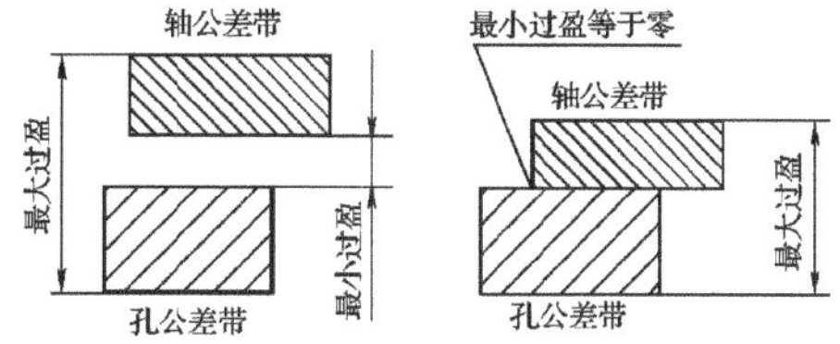	孔的公差带在轴的公差带之下	过盈也是变动的，当孔为下极限尺寸而配合的轴为上极限尺寸时，此时的过盈称为最大过盈，用 Y_{max} 表示。当孔为上极限尺寸而配合的轴为下极限尺寸时，此时的过盈为最小过盈，用 Y_{min} 表示。在过盈配合中，最大过盈配合时，最小过盈等于轴的下极限尺寸等于孔的上极限尺寸时的过盈等于零，也称零过盈
过渡配合	可能具有间隙或过盈的配合	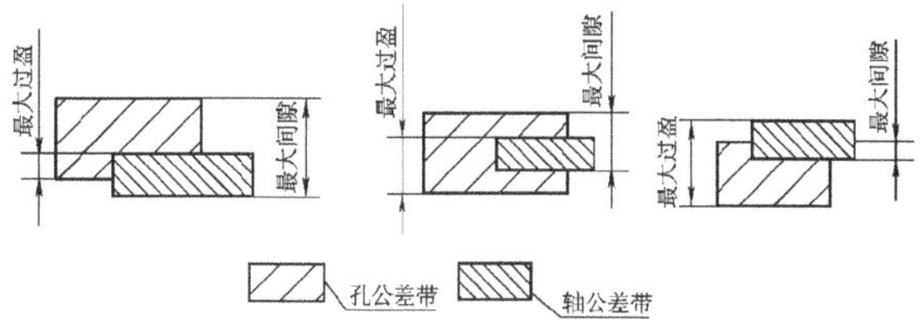	孔的公差带和轴的公差带相互交叠	当孔的尺寸大于轴的尺寸时，具有间隙。当孔为上极限尺寸而轴为下极限尺寸时，配合处于最松状态，此时的间隙为最大间隙。当孔的尺寸小于轴的尺寸时，具有过盈。当孔为下极限尺寸而轴为上极限尺寸时，配合处于最紧状态，此时的过盈为最大过盈。过渡配合中，孔的最大过盈或减小时，配合为最大过盈，此时的过盈为最大过盈。在过渡配合中可能出现孔的尺寸等于轴的尺寸的情况，这个零值可称为零间隙或零过盈。过渡配合的特征是可能具有最小间隙和最大过盈，但它不能代表过渡配合程度的性质特征，代表过渡配合程度的特征值是最小间隙和最大过盈

对于过渡配合，配合公差等于最大间隙与最大过盈之差，即：

$$T_f = |X_{max} - Y_{max}|$$

配合公差等于组成的孔和轴的公差之和，即：

$$T_f = T_h + T_s$$

配合精度的高低是由相配合的孔和轴的精度决定的，配合精度越高，孔和轴的精度要求也越高，加工成本越高；反之，配合精度要求越低，孔和轴的加工成本越低。

提示　配合公差与尺寸公差具有相同的特性，同样以绝对值定义，没有正负，也不可能为零。另外，配合公差并不反映配合的程度，它反映的是配合的松紧变化程度。配合的松紧程度由该配合的极限过盈或极限间隙值决定。

1-2　极限与配合标准的基本规定

一、标准公差系列

公差值的大小确定了尺寸允许的变动量，即尺寸公差带的大小，反映了尺寸精度加工的难易程度。国家标准《极限与配合》中所规定的任一公差称为标准公差。

标准公差数值见表 1-2。从表中可看出，标准公差的数值与标准公差等级和公称尺寸分段有关。

表 1-2　标准公差数值

公称尺寸/mm		标准公差等级																
		IT1	IT2	IT3	IT4	IT5	IT6	IT7	IT8	IT9	IT10	IT11	IT12	IT13	IT14	IT15	IT16	IT17	IT18
大于	至	μm											mm						
—	3	0.8	1.2	2	3	4	6	10	14	25	40	60	0.1	0.14	0.25	0.4	0.6	1	1.4
3	6	1	1.5	2.5	4	5	8	12	18	30	48	75	0.12	0.18	0.3	0.48	0.75	1.2	1.8
6	10	1	1.5	2.5	4	6	9	15	22	36	58	90	0.15	0.22	0.36	0.58	0.9	1.5	2.2
10	18	1.2	2	3	5	8	11	18	27	43	70	110	0.18	0.27	0.43	0.7	1.1	1.8	2.7
18	30	1.5	2.5	4	6	9	13	21	33	52	94	130	0.21	0.33	0.52	0.84	0.3	2.1	3.3
30	50	1.5	2.5	4	7	11	16	25	39	62	100	160	0.25	0.39	0.62	1	0.6	2.5	3.9
50	80	2	3	5	8	13	19	30	46	74	120	190	0.3	0.46	0.74	1.2	0.9	3	4.6
80	120	2.5	4	6	10	15	22	35	54	87	140	220	0.35	0.54	0.87	1.4	2.2	3.5	5.4
120	180	3.5	5	8	12	18	25	40	63	100	160	250	0.4	0.63	1	1.6	2.5	4	6.3
180	250	4.5	7	10	14	20	29	46	72	115	185	290	0.46	0.72	1.15	1.85	2.9	4.6	7.2
250	315	6	8	12	16	23	32	52	81	130	210	320	0.52	0.81	1.3	2.1	3.2	5.2	8.1
315	400	7	9	13	18	25	36	57	89	140	230	360	0.57	0.89	1.4	2.3	3.6	5.7	8.9
400	500	8	10	15	20	27	40	63	97	155	250	400	0.63	0.97	1.55	2.5	4	6.3	9.7
500	630	9	11	16	22	32	44	70	110	175	280	440	0.7	1.1	1.75	2.8	4.4	7	11
630	800	10	13	18	25	36	50	80	125	200	320	500	0.8	1.25	2	3.2	5	8	12.5
800	1000	11	15	21	28	40	56	90	140	230	360	560	0.9	1.4	2.3	3.6	5.6	9	14
1000	1250	13	18	24	33	47	66	105	165	260	420	660	1.05	1.65	2.6	4.2	6.6	10.5	16.5
1250	1600	15	21	29	39	55	78	125	195	310	500	780	1.25	1.95	3.1	5	7.8	12.5	19.5
1600	2000	18	25	35	46	65	92	150	230	370	600	920	1.5	2.3	3.7	6	9.2	15	23
2000	2500	22	30	40	55	78	110	175	280	440	700	1100	1.75	2.8	4.4	7	11	17.5	28
2500	3150	26	36	50	68	96	135	210	330	540	800	1350	2.1	3.3	5.4	8.6	13.5	21	33

注：1. 公称尺寸大于 500mm 的 IT1 至 IT15 的标准公差数值为试行的。

　　2. 公称尺寸小于或等于 1mm 时，无 IT4 至 IT8。

1. 标准公差等级

确定尺寸精确程度的等级称为公差等级。标准规定：同一公差等级对所有基本尺寸的一组公差被认为具有同等精确程度。由于不同零件和零件上不同部位的尺寸对精确程度的要求不一样，为了满足生产需要，国家标准设置了20个公差等级。各级标准公差的代号依次为IT01、IT0、IT1、IT2、…、T18。"IT"表示标准公差，其后的数字表示公差等级，其中IT01精度等级最高，其余依次降低。IT18精度最低。其关系如下：

高 ————————— 公差等级 ——————————→ 低

IT01、IT0、IT1、IT2、…、IT18

小 ←———————— 同一公称尺寸的标准公差值 ————————→ 大

公差等级越高，零件的精度越高，使用性能也越高，但加工难度大，生产成本高；公差等级越低，零件的精度越低，使用性能降低，但加工难度减小，生产成本降低。因而要同时考虑零件的使用性能和加工经济性能这两个因素，合理确定公差等级。

2. 公称尺寸分段

标准公差的数值不仅与公差等级有关，还与公称尺寸有关。见表1-3中每一纵列：公差等级相同时，随着公称尺寸的增大，标准公差的数值也相应增大。这是因为在相同的加工精度条件下（相同的加工设备和加工技术），加工误差随公称尺寸的增大而增大，因此，尽管不同的公称尺寸对应的公差值不同，但同一公差等级具有相同的精度，也就是相同的加工难易程度。

在实际生产应用中，使用的公称尺寸是很多的，如果每一个公称尺寸都对应一个公差值，就会形成一个庞大的公差数值表，不利于实现标准化。因此国家标准对公称尺寸进行了分段。尺寸分段后，同一尺寸内所有的公称尺寸，在相同的公差等级的情况下，具有相同的标准公差值。国家标准规定对公称尺寸（至3150mm）进行了分段，见表1-3。

表1-3　公称尺寸分段　　　　　　　　　　（mm）

主段落		中间段落		主段落		中间段落	
大于	至	大于	至	大于	至	大于	至
—	3			250	315	250	280
3	6	无细分段				280	315
6	10			315	400	315	355
						355	400
10	18	10	14	400	500	400	450
		14	18			450	500
18	30	18	24	500	630	500	560
		24	30			560	630
30	50	30	40	630	800	630	710
		40	50			710	800
50	80	50	65	800	1000	800	900
		65	80			900	1000
80	120	80	100	1000	1250	1000	1120
		100	120			1120	1250
120	180	120	140	1250	1600	1250	1400
		140	160			1400	1600
		160	180	1600	2000	1600	1800
						1800	2000

续表

主段落		中间段落		主段落		中间段落	
大于	至	大于	至	大于	至	大于	至
180	250	180	200	2000	2500	2000	2240
		200	225			2240	2500
		225	250	2500	3150	2500	2800
						2800	3150

从表中可看出，公称尺寸分为主段落和中间段落。将至 3150mm 的公称尺寸分为 21 个主段落，将至 500mm 的常用尺寸段分为 13 个主段落。主段落用于标准公差中的公称尺寸分段，见表 1-2。同时表中还将部分主段落又细分为两个或三个中间段落。中间段落用于基本偏差中的基本尺寸分段。

二、基本偏差系列

1．基本偏差及其代号

（1）基本偏差

国家标准《极限与配合》中规定，基本偏差是用来确定公差带相对于零线位置的两个极限偏差（上极限偏差或下极限偏差）。

基本偏差一般指靠近零线的那个偏差，如图 1-9 所示。当公差带位于零线上方时，其基本偏差为下极限偏差，因为下极限偏差靠近零线；当公差带位于零线下方时，其基本偏差为上极限偏差，因为上极限偏差靠近零线。当公差带的某一偏差为零时，此时的偏差就是基本偏差。有的公关差带相对于零线是完全对称的，则基本偏差可为上极限偏差，也可为下极限偏差。

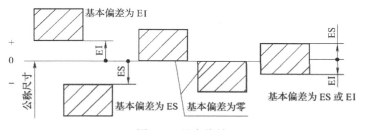

图 1-9　基本偏差

提示　基本偏差虽然既可为上极限偏差，也可为下极限偏差，但对于一个尺寸公差带，只能规定一个为基本偏差。

（2）基本偏差代号

国家标准对孔和轴各设定了 28 个基本偏差，它们的代号用拉丁字母表示，大写表示孔的基本偏差，小写表示轴的基本偏差，见表 1-4。

表 1-4　孔和轴的基本偏差

孔	A	B	C	D	E	F	G	H	J	K	M	N	P	R	S	T	U	V	X	Y	Z			
			CD			EF						FG			JS							ZA	ZB	ZC
轴	a	b	c	d	e	f	g	h	j	k	m	n	p	r	s	t	u	v	x	y	z			
			cd			ef						fg			js							za	zb	zc

2．基本偏差系列图及特征

图 1-10 所示就是基本偏差系列图，它表示尺寸相同的 28 种孔和轴的基本偏差相对于零线的位置关系，图中所画的公差带是开口公差带，这是因为基本偏差只表示公差带位置而不表示公差带大小，开口端的极限偏差由公差带的等级来决定。

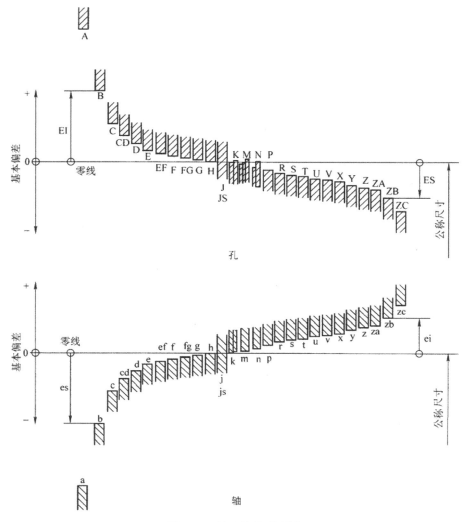

图 1-10　基本偏差系列图

从基本偏差系列图中可看出：

1）孔和轴同字母的基本偏差相对零线基本呈对称分布。轴的基本偏差从 a～h 为上极限偏差 es，h 的上极限偏差为零，其余均为负值，它们的绝对值依次逐渐减小。轴的基本偏差从 j～zc 为下极限偏差 ei，除 j 和 k 的部分外（当代号为 k，且 IT≤3 或 IT>7 时，基本偏差为零）都为正值，其绝对值依次逐渐增大。对于孔，其基本偏差从 A～H 为下极限偏差 EI，从 J～ZC 为上极限偏差 ES，其正负号情况与轴的基本偏差正负号情况相反。

2）基本偏差代号为 JS 和 js 的公差带，在各公差等级中完全对称于零线。按国家标准对基本偏差的定义，其基本偏差可为上极限偏差（数值为+IT/2），也可为下极限偏差（数值为-IT/2)。但为统一,在基本偏差数值表中将 js 划归为上极限偏差,将 JS 划归为下极限偏差。

3)代号为 k、K 和 N 的基本偏差的数值随公差等级的不同分为两种情况(K、k 可为正值或零值,N 可为负值或零值),而代号为 M 的基本偏差数值随公差等级的不同则有三种不同情况(正值、负值和零值)。

3．基本偏差的数值

孔的基本偏差数值是经一系列公式计算而得到的,这些公式是从生产实践的经验中和有关统计分析的结果中整理而出的。轴的基本偏差数值直接利用公式计算而得,孔的基本偏差数值一般情况下可按公式直接计算而得,称为通用规则,而有些代号孔的基本偏差数值在某些尺寸段和标准公差等级时,必须在公式计算的结果上附加一个 Δ 值,称为特征规则。无论采用哪种规则,其数值均应保证用同一字母的大小写分别表示孔和轴的基本偏差所组成的公差带,以不同方式形成的配合性质相同。

在国家标准中,将用计算的方法得到的数值列为轴的基本偏差数值表和孔的基本偏差数值表。

查表时应注意以下几点:

1)基本偏差代号有大小写之分,大写时查孔的基本偏差数值表,小写时查轴的基本偏差数值表。

2)查公称尺寸时,对于处于公称尺寸段界限位置上的公称尺寸该属于哪个尺寸段,不能看错。如 $\phi 50$,应查"大于 40 至 50"一行,不应查"大于 50 至 65"一行。

3)分清基本偏差是上极限偏差还是下极限偏差。

4)代号 j、k、J、K、M、N、P～ZC 的基本偏差数值与公差等级有关,查表时应根据基本偏差代号和公差等级查表中相应的列。

4．另一极限偏差的确定

基本偏差决定了公差带中的一个极限偏差,即靠近零线的那个偏差,从而确定了公差带的位置,而另一极限偏差的数值,可由极限偏差和标准公差的关系式进行计算。

对于轴:es = ei+IT 或 ei = es–IT

对于孔:ES = EI+IT 或 EI = ES–IT

上述计算方法在实际使用中较为麻烦,因此国家标准《极限与配合》中列出了轴的极限偏差表和孔的极限偏差表。利用查表的方法,能很快地确定孔和轴的两个极限偏差数值。

查表时仍由公称尺寸查行,由基本偏差代号和公差等级查列,行与列相交处的框格有上下两个偏差数值,上方的为上极限偏差,下方的为下极限偏差。

三、公差带

1．公差代号

如前所述,一个公差带应由确定公差带位置的基本偏差和确定公差带大小的公差等级组合而成,因而国家标准规定孔和轴的公差带代号由基本偏差代号和公差带等级数字组成。如指某一确定公称尺寸的公差带,则公称尺寸标注在公差带代号之前,如:

这种方法能清楚地表示公差带的性质。国家标准规定公差带除用以上形式标注外，还可用以下形式标注：

如 $\phi40F8$ 可用 $\phi40^{+0.064}_{+0.025}$ 或 $\phi40F8\left(^{+0.064}_{+0.025}\right)$ 表示。$\phi40^{+0.064}_{+0.025}$ 是只标注上、下极限偏差数值的方法，对于零件加工较为方便，适用于单件或小批量生产要求；$\phi40F8\left(^{+0.064}_{+0.025}\right)$ 是公差带代号与基本偏差共同标注的方法，兼有上面两种方法的优点，但标注较为麻烦，适用于批量不定的生产要求。

2．公差带系列

根据国家标准规定，标准公差等级有 20 级，基本偏差代号有 28 个，由此可组成多种公差带。

孔的公差带有 20×37+3（J6、J7、J8）＝543 种，轴的公差带有 20×37+4（j5、j6、j7、j8）＝544 种。孔和轴的公差带又能组成更大数量的配合。但在实际生产中，若使用数量过多的公差带，不利于生产，也发挥不了标准化应有的作用。因此，为减少零件、定值刀具、定值量具和工艺装备的品种、规格，在满足实际需要和考虑生产发展需要的前提下，国家标准对孔和轴所选用的公差带作了必要的限制。

国家标准对公称尺寸至 500mm 的孔和轴规定了优先、常用和一般用途三类公差带。轴的一般用途公差带有 116 种，如图 1-11 所示。其中又规定了 59 种常用公差带，见图中线框框住的部分；在常用公差带中又规定了 13 种优先公差带，见图中圆圈框住的公差带。同样，对孔公差带规定了 105 种一般用途的公差带、44 种常用公差带和 13 种优先公差带，如图 1-12 所示。

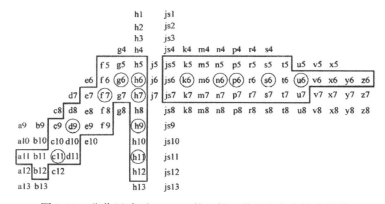

图 1-11　公称尺寸至 500mm 的一般、常用和优先轴公差带

提示　在实际应用中，选择种类公差带的顺序是先选用优先公差带，再选用常用公差带，最后选用一般公差带。

对于公称尺寸为 500～3150mm 的孔和轴规定了 41 种和 31 种公差带，如图 1-13 和图 1-14所示。使用时在规定的范围内按需要选用适合的公差带。

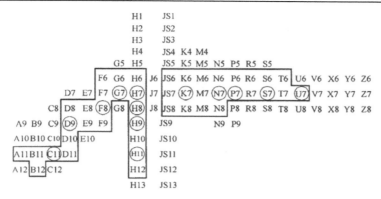

图 1-12　公称尺寸至 500mm 的一般、常用和优先孔公差带

		g6	h6	js6	k6	m6	n6	p6	r6	s6	t6	u6
	f7	g7	h7	js7	k7	m7	n7	p7	r7	s7	t7	u7
d8	e8	f8		h8	js8							
d9	e9	f9		h9	js9							
d10				h10	js10							
d11				h11	js11							
				h12	js12							

图 1-13　公称尺寸为 500～3150mm 的轴选用公差带

		G6	H6	JS6	K6	M6	N6
	F7	G7	H7	JS7	K7	M7	N7
D8	E8	F8		H8	JS8		
D9	E9	F9		H9	JS9		
D10				H10	JS10		
D11				H11	JS11		
				H12	JS12		

图 1-14　公称尺寸为 500～3150mm 的孔选用公差带

四、配合

1．配合制

配合制是指同一极限的孔和轴组成配合的一种制度。根据配合的定义和三类配合的公差带图解可以知道，配合的性质由相配合的孔和轴公差带的相对位置决定，因而改变孔和轴的公差带位置，就可得到不同性质的配合。

从理论上讲，任何一种孔的公差带和任何一种轴的公差带都可以形成一种配合，但实际上并不需要同时变动孔和轴的公差带，只要固定一个，改变另一个，既可得到满足不同使用性能要求的配合，又便于加工生产。因此，国家标准对孔与轴公差带之间的相互关系规定了两种基准制，即基孔制和基轴制，见表 1-5。

2．配合代号

国家标准规定：配合代号用孔和轴公差带代号的组合表示，写成分数形式，分子为孔的公差带代号，分母为轴的公差带代号，如 H6/f5 或 $\dfrac{H6}{f5}$。如果指某一确定公称尺寸的配合，则公称尺寸标在配合代号之前，如 $\phi 70H6/f5$ 或 $\varnothing 70\dfrac{H6}{f5}$。其含义是：公称尺寸为 $\phi 70mm$，孔的公差带代号为 H6，轴的公差带代号为 f5，为基孔制间隙配合。

表 1-5　配合制的两种基准制

类型	基孔制	基轴制
定义	基本偏差为一定的孔的公差带，与不同基本偏差的轴的公差带形成各种配合的一种制度	基本偏差为一定的轴的公差带，与不同基本偏差的孔的公差带形成各种配合的一种制度
图示		
意义	基本偏差代号为"H"，其基本偏差为下极限偏差，数值为零，上极限偏差为正值，其公差带位于零线上方紧邻零线。上极限偏差用细虚线画出，以表示其公差带大小随不同公差等级变化	基本偏差代号为"h"，其基本偏差为上极限偏差，数值为零，下极限偏差为负值，其公差带位于零线下方紧邻零线。下极限偏差用细虚线画出，以表示其公差带大小随不同公差等级变化
说明	孔是配合的基准件，称为基准孔，轴是非基准件，由于轴的公差带相对零线可有各种不同的位置，因而可形成各种不同性质的配合	轴是配合的基准件，称为基准轴，孔是非基准件，由于孔的公差带相对零线可有各种不同的位置，因而可形成各种不同性质的配合

3．常用和优先配合

理论上来说，任一孔公差带和任一轴公差带都可组成配合，这将是一个庞大的配合数目，远远超出了实际生产的需求。为此，国家标准根据我国生产的实际需求，参照国际标准，对配合数目进行了限制。规定在公称尺寸至 500mm 范围内，基孔制为 59 种常用配合，基轴制为 47 种常用配合。这些配合分别由轴和孔的常用公差带和基准孔、基准轴的公差带组合而成。在常用配合中又对基孔制和基轴制规定了 13 种优先配合，优先配合分别由轴、孔的优先公差带与基准孔和基准轴的公差带组合而成。基孔制、基轴制的优先和常用配合分别见表 1-6 和表 1-7。

表 1-6　基孔制的优先和常用配合

基准孔	轴																					
	a	b	c	d	e	f	g	h	js	k	m	n	p	r	s	t	u	v	x	y	z
	间隙配合								过渡配合				过盈配合								
H6						$\dfrac{H6}{f5}$	$\dfrac{H6}{g5}$	$\dfrac{H6}{h5}$	$\dfrac{H6}{js5}$	$\dfrac{H6}{k5}$	$\dfrac{H6}{m5}$	$\dfrac{H6}{n5}$	$\dfrac{H6}{p5}$	$\dfrac{H6}{r5}$	$\dfrac{H6}{s5}$	$\dfrac{H6}{t5}$					
H7						$\dfrac{H7}{f6}$	$\dfrac{H7}{g6}$	$\dfrac{H7}{h6}$	$\dfrac{H7}{js6}$	$\dfrac{H7}{k6}$	$\dfrac{H7}{m6}$	$\dfrac{H7}{n6}$	$\dfrac{H7}{p6}$	$\dfrac{H7}{r6}$	$\dfrac{H7}{s6}$	$\dfrac{H7}{t6}$	$\dfrac{H7}{u6}$	$\dfrac{H7}{v6}$	$\dfrac{H7}{x6}$	$\dfrac{H7}{y6}$	$\dfrac{H7}{z6}$
H8				$\dfrac{H8}{e7}$	$\dfrac{H8}{f7}$	$\dfrac{H8}{g7}$		$\dfrac{H8}{h7}$	$\dfrac{H8}{js7}$	$\dfrac{H8}{k7}$	$\dfrac{H8}{m7}$	$\dfrac{H8}{n7}$	$\dfrac{H8}{p7}$	$\dfrac{H8}{r7}$	$\dfrac{H8}{s7}$	$\dfrac{H8}{t7}$	$\dfrac{H8}{u7}$				
				$\dfrac{H8}{d8}$	$\dfrac{H8}{e8}$	$\dfrac{H8}{f8}$		$\dfrac{H8}{h8}$													
H9			$\dfrac{H9}{c9}$	$\dfrac{H9}{d9}$	$\dfrac{H9}{e9}$	$\dfrac{H9}{f9}$		$\dfrac{H9}{h9}$													

续表

基准孔	轴																				
	a	b	c	d	e	f	g	h	js	k	m	n	p	r	s	t	u	v	x	y	z
	间隙配合								过渡配合				过盈配合								
H10			H10/c10	H10/d10				H10/h10													
H11	H11/a11	H11/b11	H11/c11	H11/d11				H11/h11													
H12		H12/b12						H12/h12													

注：1. $\dfrac{H6}{n5}$，$\dfrac{H7}{p6}$ 在公称尺寸小于或等于3mm 和 $\dfrac{H8}{r7}$ 在公称尺寸小于或等于100mm 时，为过渡配合。

2. 标注有▰符号的配合为优先配合。

表 1-7　基轴制的优先和常用配合

基准轴	孔																				
	A	B	C	D	E	F	G	H	JS	K	M	N	P	R	S	T	U	V	X	Y	Z
	间隙配合								过渡配合				过盈配合								
h5						F6/h5	G6/h5	H6/h5	JS6/h5	K6/h5	M6/h5	N6/h5	P6/h5	R6/h5	S6/h5	T6/h5					
h6						F7/h6	G7/h6	H7/h6	JS7/h6	K7/h6	M7/h6	N7/h6	P7/h6	R7/h6	S7/h6	T7/h6	U7/h6				
h7					E8/h7	F8/h7		H8/h7	JS8/h7	K8/h7	M8/h7	N8/h7									
h8				D8/h8	E8/h8	F8/h8		H8/h8													
h9				D9/h9	E9/h9	F9/h9		H9/h9													
h10				D10/h10				H10/h10													
h11	A11/h11	B11/h11	C11/h11	D11/h11				H11/h11													
h12		B12/h12						H12/h12													

注：标注有▰符号的配合为优先配合。

五、线性尺寸的未注公差

1. 线性尺寸的一般公差概念

线性尺寸一般公差是在车间普通工艺条件下，机床设备一般加工能力可保证的公差。在正常维护和操作情况下，它代表经济加工精度。

国家标准规定：采用一般公差时，在图样上不单独注出公差，而是在图样上、技术文件或技术标准中做出总的说明。

采用一般公差时，在正常的生产条件下，尺寸一般可以不进行检验，而由工艺保证。如冲压件的一般公差由模具保证，短轴端面对轴线的垂直度由机床的精度保证。

零件图样上采用一般公差后，可带来以下好处：

1）一般零件上的多数尺寸属于一般公差，不予注出，这样可简化制图，使图样清晰易读。

2）图样上突出了标有公差要求的部位，以便在加工和检测时引起重视，还可简化零件上某些部位的检测。

2．线性尺寸的一般公差标准

（1）适用范围

线性尺寸的一般公差标准既适用于金属切削加工的尺寸，也适用于一般冲压加工的尺寸，非金属材料和其他工艺方法加工的尺寸也可参照采用。国家标准规定线性尺寸的一般公差适用于非配合尺寸。

（2）公差等级与数值

线性尺寸的一般公差规定了 f（精密级）、m（中等级）、c（粗糙级）和 v（最粗级）四个等级。一般公差线性尺寸的极限偏差数值见表 1-8，倒圆半径和倒角高度尺寸的极限偏差数值见表 1-9。

表 1-8　一般公差线性尺寸的极限偏差数值　（mm）

公差等级	尺寸分段							
	>0.5～3	>3～6	>6～30	>30～20	>120～400	>400～1000	>1000～2000	>2000～4000
f（精密级）	±0.05	±0.05	±0.1	±0.15	±0.2	±0.3	±0.5	—
m（中等级）	±0.1	±0.1	±0.2	±0.3	±0.5	±0.8	±1.2	±2
c（粗糙级）	±0.2	±0.3	±0.5	±0.8	±1.2	±2	±3	±4
v（最粗级）	—	±0.5	±1	±1.5	±2.5	±4	±6	±8

表 1-9　一般公差倒圆半径与倒角高度尺寸的极限偏差数值　（mm）

公差等级	尺寸分段			
	0.5～3	>3～6	>6～30	>30
f（精密级）	±0.2	±0.5	±1	±2
m（中等级）				
c（粗糙级）	±0.4	±1	±2	±4
v（最粗级）				

3．线性尺寸的一般公差的表示方法

在规定图样的一般公差时，应考虑车间的一般加工精度，以此来选取本标准规定的公差等级。线性尺寸的一般公差在图样上、技术文件或相应在技术标准中用标准号和公差等级符号来表示。

例如：当一般公差选用中等级时，可在零件图样上（标题栏上方）标明，未注公差尺寸按 GB/T 1804—m。

1-3　公差带与配合的选用

在机械制造中，合理地选用公差带与配合是非常重要的，它对提高产品的性能、质量以及降低制造成本有很大的作用。公差带与配合的选用就是基准制、公差等级和配合种类的选用。

一、基准制的选用

1．优先选用基孔制

一般情况下，应优先选用基孔制。因为在中、小尺寸段，较高精度的孔的精加工，一般采用拉刀、铰刀等定尺寸刀具，检验也多采用塞规等定尺寸量具。对于同一公称尺寸的孔，如改变其极限尺寸，则必须改换定尺寸刀具和量具，而轴的精加工中不存在这类刀具问题。因此采用基孔制可大大减少定尺寸刀具和量具的品种规格，有利于刀具和量具的储备，从而降低生产成本。

但在直接采用冷拉钢材做轴时，若其本身精度已满足设计要求，可无须再切削加工，宜采用基轴制，以获得明显的经济效益。另外，有些零件由于结构或工艺上的原因，也宜采用基轴制。

2．依据标准件选用

当设计的零件与标准件配合时，基准制的选用通常要依标准件而定。如滚动轴承内圈的配合，须采用基孔制，而滚动轴承外圈与孔的配合就须采用基轴制。

3．混合配合

有的时候，为满足配合的特殊要求，允许采用混合配合。如当机器上两个非基准孔（或轴）和两个以上的轴（或孔）要求组成不同性质的配合时，其中肯定至少有一个为混合配合。如图 1-15（a）所示。轴承座孔与轴承外径和端盖的配合。轴承外径与底孔的配合按规定为基轴制过渡配合，因而轴承座孔为非基准孔，而轴承座孔与端盖凸缘之间应是较低精度的间隙配合，此时凸缘公差带必须置于轴承座孔公差带的下方，因而端盖凸缘为非基准轴，如图 1-15（b）所示为公差带。所以轴承座孔与端盖凸缘的配合为混合配合。

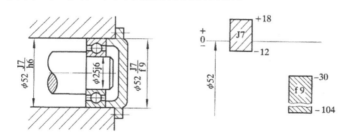

（a）轴承座孔与轴承外径和端盖的配合　　　　（b）公差带位置

图 1-15　混合配合的应用示例

二、公差等级的选用

公差等级的高低直接影响产品使用性能和加工的经济性。公差等级过低，产品质量得不到保证；过高又会增加制造成本。因此须综合考虑使用性能、制造工艺和成本之间的关系，正确合理地确定公差等级。选用公差等级的总原则是在满足零件使用要求的前提下，尽量选用低的公差等级。

公差等级一般主要采用类比法确定，即参考经过实践证明为合理的典型产品的公差等级，并结合待定零件的配合、工艺和结构特点，经分析对比后来确定孔和轴的公差等级。

表 1-10 列出了各公差等级的大体应用范围，表 1-11 列出了各公差等级的应用实例，表 1-12 列出了各种加工方法所能达到的公差等级。

表 1-10　公差等级的大体应用范围

应用	公差等级 IT																		
	01	0	1	2	3	4	5	6	7	8	9	10	11	12	13	14	15	16	17	18
量块	—	—	—																	
量规			—	—	—	—	—	—	—											
特别精密的配合				—	—	—	—													
一般配合							—	—	—	—	—	—	—							
非配合尺寸														—	—	—	—	—	—	—
原材料尺寸										—	—	—	—	—	—	—				

表 1-11　公差等级的主要应用实例

公差等级	主要应用实例
IT01～IT1	一般用于精密标准量块。IT1 也用于检验 IT6 和 IT7 级轴用量规的校对量规
IT2～IT7	用于检验工件 IT5～IT6 的量规的尺寸公差
IT3～IT5（孔为 IT6）	用于精度要求很高的重要配合。如机床主轴与精密滚动轴承的配合、发动机活塞销与连杆孔和活塞孔的配合 配合公差很小，对加工要求很高，应用较少
IT6（孔为 IT7）	用于机床、发动机的仪表中重要的配合。如机床传动机构中的齿轮的配合，轴与轴承的配合，发动机中活塞与汽缸、曲轴与轴承、气阀杆与导套的配合等 配合公差小，一般精密加工能够实现，在精密机械中广泛应用
IT7、IT8	用于机床和发动机中不太重要的配合。也用于重型机械、农业机械、纺织机械、机车车辆等的重要配合。如机床上操纵杆的支承配合、发动机中活塞环与活塞环槽的配合、农业机械中齿轮与轴的配合等 配合公差中等，加工易于实现，在一般机械中广泛应用
IT9、IT10	用于一般要求，或长度精度要求较高的配合。某些非配合尺寸的特殊要求，如飞机机身的外壳尺寸，由于质量限制，要求达到 IT9 或 IT10
IT11、IT12	多用于各种没有严格要求，只要求便于连接的配合。如螺栓和螺孔、铆钉和孔等的配合
IT12～IT18	用于非配合尺寸和粗加工的工序尺寸。如手柄的直径、壳体的外形和壁厚尺寸，以及端面之间的距离等

表 1-12　各种加工方法所能达到的公差等级

加工方法	标准公差等级	加工方法	标准公差等级
研磨	IT01～IT5	铣	IT8～IT11
珩	IT4～IT7	刨、插	IT10～IT11
圆磨	IT5～IT8	钻孔	IT10～IT13
平磨	IT5～IT8	滚压、挤压	IT10～IT11
金刚石车	IT5～IT7	冲压	IT10～IT14
金刚石镗	IT5～IT7	压铸	IT11～IT14
拉削	IT5～IT8	粉末冶金成形	IT6～IT8
铰孔	IT6～IT10	粉末冶金烧结	IT7～IT9
车	IT7～IT11	砂型铸造、气割	IT16
镗	IT7～IT11	锻造	IT14

三、配合的选择

配合的选择就是根据功能、工作条件和制造装配要求确定配合的种类和精度，即确定配合代号。

1. 选择配合的方法

选择配合的方法通常有类比法、计算法和试验法三种。

（1）类比法

与选择公差等级相似，通过查表将所设计的配合部位的工作条件和功能要求与相同或相似的工作条件或功能要求的配合部位进行分析比较，对于已成功的配合做适当的调整，从而确定配合代号。此种选择方法主要应用在一般、常见的配合中。

（2）计算法

计算法主要用于两种情况：一是用于保证与滑动轴承的间隙配合，当要求保证液体摩擦时，可以根据滑动摩擦理论计算允许的最小间隙，从而选择适当的配合；二是完全依靠装配过盈传递负荷的过盈配合，可以根据要求传递负荷的大小计算允许的最小过盈，再根据孔、轴材料的弹性极限计算允许的最大过盈，从而选择适当的配合。

（3）试验法

试验法主要用于新产品和特别重要配合的选择。这些配合的选择需要进行专门的模拟试验，以确定工作条件要求的最佳间隙或过盈及其允许变动的范围，然后确定其配合性质。这种方法只要试验设计合理、数据可靠，选用的结果就会比较理想，但成本较高。

2. 选择配合的任务

当基准配合制和孔、轴公差等级确定之后，选择配合的任务是：确定非基准件（基孔配合制中的轴或基轴配合制中的孔）的基本偏差代号。

3. 选择配合的步骤

采用类比法选择配合时，可以按照下列步骤。

（1）确定配合的大致类别

根据配合部位的功能要求确定配合的类别。功能要求及对应的配合类别见表 1-13，可按表中的情况选择。

表 1-13 功能要求及对应的配合类别

无相对运动	要传递转矩	要精确同轴	永久结合	过盈配合
			可拆结合	过渡配合或基本偏差为 H（h）[1]的间隙配合加紧固件[2]
		无须精确同轴		间隙配合加紧固件[2]
	不传递转矩			过渡配合或小过盈配合
有相对运动	只有移动			基本偏差为 H（h）[1]，G（g）[1]的间隙配合
	转动或转动和移动复合运动			基本偏差为 A～F（a～f）[1]的间隙配合

注：①指非基准件的基本偏差代号。②紧固件指键、销钉和螺钉等。

（2）选择较合适的配合

确定了类别后，再进一步类比确定选用哪一种配合。表 1-14、表 1-15 和表 1-16 分别给出了尺寸至 500 mm 的三类配合中的常用和优先配合的特征及应用场合，根据这些表进行类比后可初步确定选用哪一种配合。

表 1-14　尺寸至 500mm 常用和优先间隙配合的特征及应用

基准孔	基准轴	a	A	b	B	c	C	d	D	e	E	f	F	g	G	h	H
H6	h5											$\frac{H6}{f5}$	$\frac{F6}{h5}$	$\frac{H6}{g5}$	$\frac{G6}{h5}$	$\frac{H6}{h5}$	
H7	h6											$\frac{H7}{f6}$	$\frac{F7}{h6}$	▼$\frac{H7}{g6}$	▼$\frac{G7}{h6}$	▼$\frac{H7}{h6}$	
H8	h7									$\frac{H8}{e7}$	$\frac{E8}{h7}$	▼$\frac{H8}{f7}$	▼$\frac{F8}{h7}$	$\frac{H8}{g7}$		▼$\frac{H8}{h7}$	
	h8							$\frac{H8}{d8}$	$\frac{D8}{h8}$	$\frac{H8}{e8}$	$\frac{E8}{h8}$	$\frac{H8}{f8}$	$\frac{F8}{h8}$			$\frac{H8}{h8}$	
H9	h9					$\frac{H9}{c9}$		▼$\frac{H9}{d9}$	▼$\frac{D9}{h9}$	$\frac{H9}{e9}$	$\frac{E9}{h9}$	$\frac{H9}{f9}$	$\frac{F9}{h9}$			$\frac{H9}{h9}$	
H10	h10					$\frac{H10}{c10}$		$\frac{H10}{d10}$	$\frac{D10}{h10}$							$\frac{H10}{h10}$	
H11	h11	$\frac{H11}{a11}$	$\frac{A11}{h11}$	$\frac{H11}{b11}$	$\frac{B11}{h11}$	▼$\frac{H11}{c11}$	▼$\frac{C11}{h11}$	$\frac{H11}{d11}$	$\frac{D11}{h11}$							▼$\frac{H11}{h11}$	
H12	h12			$\frac{H12}{b12}$	$\frac{B12}{h12}$												

摩擦类型	紊流液体摩擦			层流液体摩擦			半液体摩擦
配合间隙	特别大	特大	很大	较大	适中	较小	很小，极端情况为零
应用场合	适用于高温或工作时要求大间隙的配合，一般很少应用	适用于缓慢、松弛的动配合，工作条件较差（如农业机械）、受力变形或为了便于装配而需要大间隙的配合，高温时有相对运动的配合		适用于高速、重载的滑动轴承或大直径的滑动轴承。由于间隙较大，也可用于大跨距或多支点支承的配合	适用于一般转速转动配合。当温度影响不大时，广泛地应用在普通润滑油（或润滑脂）润滑的支承处	适合于不回转的精密滑动配合或缓慢间歇回转的精密配合	适用于不同精度要求的一般定位配合或缓慢移动和摆动配合

注：标注有▼符号的配合为优先配合。

表 1-15　尺寸至 500mm 常用和优先过渡配合的特征及应用

基准孔	基准轴	js	JS	k	K	m	M	n	N	p	r
H6	h5	$\frac{H6}{js5}$	$\frac{JS6}{h5}$	$\frac{H6}{k5}$	$\frac{K6}{h5}$	$\frac{H6}{m5}$	$\frac{M6}{h5}$	$\frac{H6}{n5}$			
H7	h6	$\frac{H7}{js6}$	$\frac{JS7}{h6}$	▼$\frac{H7}{k6}$	▼$\frac{K7}{h6}$	$\frac{H7}{m6}$	$\frac{M7}{h6}$	▼$\frac{H7}{n6}$	▼$\frac{N7}{h6}$	▼$\frac{H7}{p6}$	
H8	h7	$\frac{H8}{js7}$	$\frac{JS8}{h7}$	$\frac{H8}{k7}$	$\frac{K8}{h7}$	$\frac{H8}{m7}$	$\frac{M8}{h7}$	$\frac{H8}{n7}$	$\frac{N8}{h7}$	$\frac{H8}{p7}$	$\frac{H8}{r7}$

续表

基准件 \ 配合种类 \ 基本偏差	轴与孔									
	js	JS	k	K	m	M	n	N	p	r
出现过盈百分率	低 ———————————————————→ 高									
应用场合	适用于易于装拆定位配合或加紧固件可传递一定静载荷的配合		适用于稍有振动的定位配合。加紧固件可传递一定的载荷。装拆方便		适用于定位精度较高且能抗振的定位配合。加键能传递较大的载荷。一般可用木锤装配，但在最大过盈时要求相当大的压入力		适用于精确定位或紧密组件的配合。加键能传递大转矩或冲击性载荷。由于拆卸较困难，一般大修时才拆卸		适用于加键后能传递很大转矩和抗振动及冲击的配合。因拆卸困难，故用于装配后不再拆卸的配合	

注：1. $\dfrac{H6}{n5}$ 和 $\dfrac{H7}{p6}$ 当公称尺寸大于 3mm 时，$\dfrac{H8}{r7}$ 当公称尺寸大于 100mm 时，为过盈配合。

2. 标注有 ▼ 符号的配合为优先配合。

表 1-16　尺寸至 500mm 常用和优先过盈配合的特征及应用

基准件 \ 配合种类 \ 基本偏差	轴与孔															
	n	N	p	P	r	R	s	S	t	T	u	U	v	V	x	X	y	Y	z	Z
H6　h5	$\dfrac{H6}{n5}$	$\dfrac{N6}{h5}$	$\dfrac{H6}{p5}$	$\dfrac{P6}{h5}$	$\dfrac{H6}{r5}$	$\dfrac{R6}{h5}$	$\dfrac{H6}{s5}$	$\dfrac{S6}{h5}$	$\dfrac{H6}{t5}$	$\dfrac{T6}{h5}$										
H7　h6			▼$\dfrac{H7}{p6}$	$\dfrac{P7}{h6}$	$\dfrac{H7}{r6}$	$\dfrac{R7}{h6}$	▼$\dfrac{H7}{s6}$	▼$\dfrac{S7}{h6}$	$\dfrac{H7}{t6}$	$\dfrac{T7}{h6}$	▼$\dfrac{H7}{u6}$	▼$\dfrac{U7}{h6}$	$\dfrac{H7}{v6}$		$\dfrac{H7}{x6}$		$\dfrac{H7}{y6}$		$\dfrac{H7}{z6}$	
H8　h7					$\dfrac{H8}{r7}$		$\dfrac{H8}{s7}$		$\dfrac{H8}{t7}$		$\dfrac{H8}{u7}$									
配合类型	轻型				中型				重型				特重型							
装配方法	用锤子或压力机				用压力机、热胀孔或冷缩轴法				用热胀孔或冷缩轴法				用热胀孔或冷缩轴法							
应用场合	适用于精确的定位配合。上列多数配合不能靠过盈产生的紧固性传递载荷，要传递转矩或轴向力时，须加紧固件				在传递较小转矩或轴向力时不用加紧固件，若承受较大载荷或动载荷时，应加紧固件				不加紧固件能传递和承受很大的转矩和动载荷，但材料的许用应力要大				能传递和承受很大的转矩和动载荷，目前使用的经验和资料还很长，须经试验后才可应用							

注：1. $\dfrac{H6}{n5}$ 和 $\dfrac{H7}{p6}$ 当公称尺寸小于或等于 3mm 时，$\dfrac{H8}{r7}$ 当公称尺寸小于或等于 100mm 时，为过渡配合。

2. 标注有 ▼ 符号的配合为优先配合。

当具体工作情况与典型配合的应用场合有所不同时，应对配合的松紧（间隙量和过盈量）进行修正，最后确定选用哪种配合。具体内容见表 1-17。

表 1-17　不同的工作情况下选择间隙量和过盈量修正表

具体工作情况		间隙量	过盈量	具体工作情况		间隙量	过盈量
工作温度	孔高于轴时	减小	增大	生产类型	单件小批量	增大	减小
	轴高于孔时	增大	减小		大批量	减小	—
表面粗糙度较大		减小	增大	材料的线膨胀系数	孔大于轴	减小	增大
配合面几何误差较大		增大	减小		轴大于孔	增大	减小
润滑油黏度较大		增大	—	两支承距离较大或多支承		增大	—

具体工作情况	间隙量	过盈量	具体工作情况	间隙量	过盈量
经常拆卸	—	减小	工件中有冲击	减小	增大
旋转速度较高	增大	增大	有轴向运动	增大	—
定心精度或配合精度较高	减小	增大	配合长度较大	增大	减小

表 1-18 给出了各种配合的应用实例，可供设计时参考。

表 1-18　配合的应用实例

配合	基本偏差	配合特性	应用实例
间隙配合	a、b	可得到特别大的间隙，应用很少	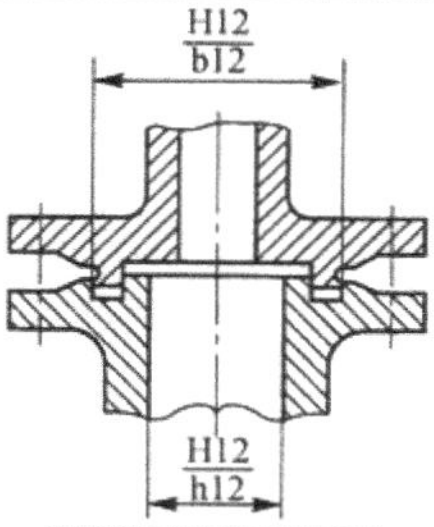 管道法兰连接座的配合
	c	可得到很大的间隙，一般用于缓慢、松弛的动配合。用于工作条件较差（如农业机械），受力变形，或为了便于装配，而必须保证有较大的间隙时，推荐配合为 H11/c11。其较高等级的配合适用于轴在高温工作时的紧密动配合，如内燃机排气阀和导管	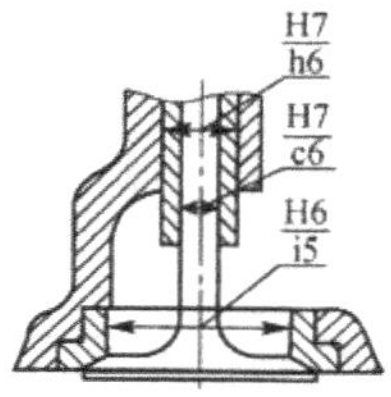 内燃机气门导杆与座的配合
	d	一般用于 IT7～IT11 级，适用于松的转动配合，如密封盖，滑轮、空转带轮等与轴的配合，也适用于大直径滑动轴承配合，如透平机、球磨机、轧滚成形和重型弯曲机及其他重型机械中的一些滑动支撑	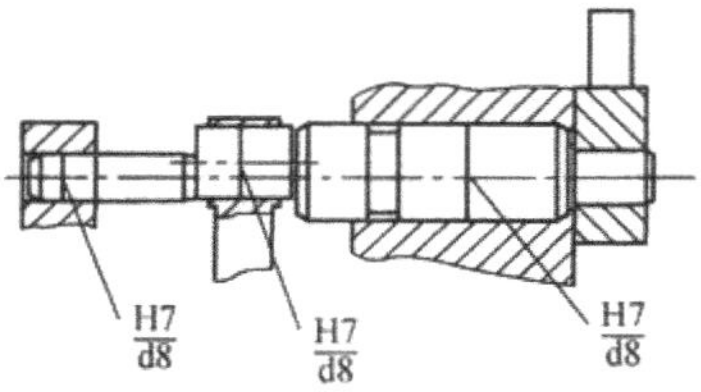 C616 车床座中偏心轴与尾座体孔的结合
	e	多用于 IT7～IT9 级，通常适用于要求有明显间隙，易于转动的支承配合，如大跨距支承、多支点支承等配合。高的公差等级的 e 轴适用于大的、高速、重载支承，如蜗轮发动机、大电动机的支承及内燃机主要轴承，凸轮轴支承，摇臂支承等配合	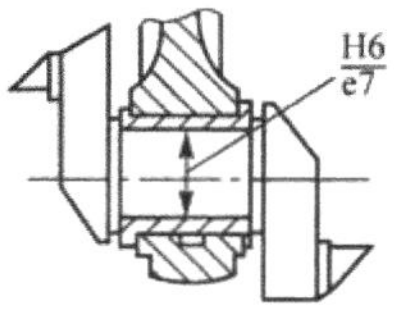 内燃机主轴承
	f	多用于 IT6～IT8 级的一般转动配合，当温度影响不大时，被广泛用于普通润滑油（或润滑脂）润滑的支承，如齿轮箱、小电动机、泵等的转轴与滑动支承的配合	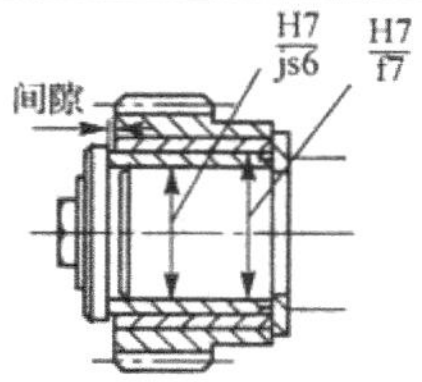 齿轮轴套与轴的配合

续表

配合	基本偏差	配合特性	应用实例
间隙配合	g	多用于 IT5～IT7 级，配合间隙很小，制造成本高，除很轻负荷的精密装置外，不推荐用于转动配合。最适合不回转的精密滑动配合，也用于插销等定位配合，如精密连杆轴承、活塞及滑阀、连杆销等	钻套与衬套的结合
	h	多用于 IT4～IT11 级，广泛用于无相对转动的零件，作为一般的定位配合。若没有温度、变形的影响，也用于精密滑动配合	车床尾座体孔与顶尖套筒的结合
过盈配合	js	为完全对称偏差（±IT2），平均松紧状态为稍有间隙的配合，多用于 IT4～IT7 级，要求间隙配合时，并允许略有过盈的定位配合，如联轴器齿圈与钢制轮毂。可用于手或木锤装配	齿圈与钢轮辐的结合
	k	平均松紧为过盈的配合，适用于 IT4～IT7 级，推荐用于稍有过盈的定位配合，如为了消除振动用的定位配合。一般用木锤装配	车床主轴后轴承座与箱体孔的结合
	m	平均松紧为过盈量不大的过渡配合，适用于 IT4～IT7 级。一般可用木锤装配，但在最大过盈时，要求相当的压入力	蜗轮青铜轮缘与轮辐的结合
	n	平均过盈比用 m 轴时稍大，很少得到间隙，适用于 IT4～IT7 级。用锤或压力机装配。通常推荐用于紧密的组件配合，H6/n5 配合时为过盈配合	冲床齿轮与轴的结合
	p	与 H6 或 H7 配合时为过盈配合；与 H8 孔配合时，则为过渡配合。对非铁制零件为较轻的压入配合，当需要时易于拆卸。对钢、铸铁或铜—钢组件装配是标准压入配合	卷扬机的绳轮与齿圈的结合

续表

配合	基本偏差	配合特性	应用实例
过盈配合	r	对铁制零件为中等打入配合，对非铁制零件为轻打入的配合，当需要时，可以拆卸。与 H8 孔配合：直径在 100mm 以上时为过盈配合；直径小时为过渡配合	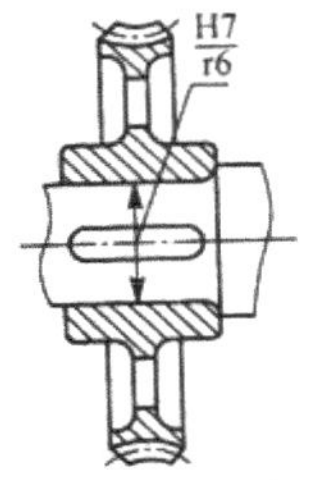 蜗轮与轴的结合
	s	用于钢和铁制零件的永久性和半永久性装配，可产生相当大的结合力。当用子弹性材料，如轻合金时，配合性质与铁制零件的基本偏差为 p 的轴相当。如套环压装在轴上、阀座等配合。尺寸较大时，为了避免损伤配合表面，需要热胀或冷缩法装配	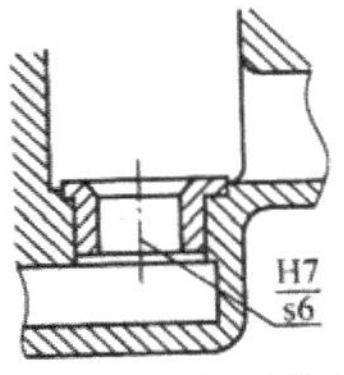 水泵阀座与壳体的结合
	t、u、v、x、y、z	过盈量依次增大，除 u 外，一般不推荐	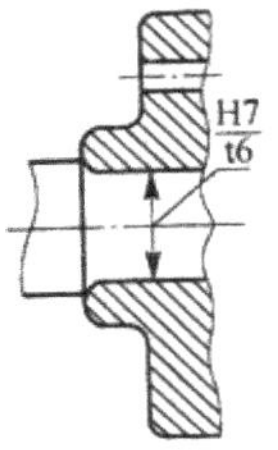 联轴器与轴的结合

1-4 极限与配合的标注

一、零件图上的标注方法

尺寸公差的标注方法有三种形式，见表 1-19。

表 1-19 尺寸公差的标注方法

标注方法	说明	示例
只标注极限偏差，不标注公差带代号	一般在工厂企业的实际生产图样中比较为常见	如：$\phi 30 \begin{smallmatrix} -0.015 \\ -0.025 \end{smallmatrix}$ mm、$\phi 40 \begin{smallmatrix} +0.033 \\ 0 \end{smallmatrix}$ mm 等
只标注公差带代号，不标注具体极限偏差数值	一般采用专用量具（如塞规、卡规）检验，以适应大批量生产的需要	如：$\phi 25F8$、$\phi 50h7$ 等
同时标注公差带代号和极限偏差数值	一般适用于产量不定的情况，既便于专用量具检验，又便于通用量具检验，但此时极限偏差应加上圆括弧	如：$\phi 50H8 \begin{smallmatrix} +0.039 \\ 0 \end{smallmatrix}$、$\phi 50f7$ $\begin{pmatrix} -0.025 \\ -0.050 \end{pmatrix}$

二、装配图上的标注方法

1. 基孔制的标注

如图 1-16 所示，衬套外表面与基座孔的配合为过渡配合 $\phi 70H7/m6$，衬套内表面与轴的配合为间隙配合 $\phi 60H7/f6$。

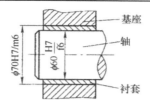

图 1-16　基孔制的标注

2．基轴制的标注

如图 1-17 所示，活塞销与活塞上的孔相对静止，配合要求紧一些，用过渡配合 $\phi 30M6/h5$；活塞销与连杆孔需要有小角度的相对移动，用间隙小些的间隙配合 $\phi 30G6/h5$。要用基孔制，活塞销就需要加工成阶梯轴，如图 1-17（b）所示，这样既不利于加工也不利于装配，所以直轴较为合理。

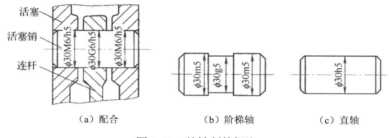

（a）配合　　　　　　　　（b）阶梯轴　　　　　（c）直轴

图 1-17　基轴制的标注

思考与习题

1．什么叫孔？什么叫轴？

2．公称尺寸是如何确定的？

3．什么叫极限尺寸？极限尺寸的作用是什么？

4．什么叫偏差？什么叫极限偏差？极限偏差是如何分类的？各用什么代号表示？

5．公差和偏差有何区别和联系？

6．用已知数值，确定下表中各项数值（单位：mm）。

孔或轴	上极限尺寸	下极限尺寸	上极限偏差	下极限偏差	公差	尺寸标注
孔 $\phi 18$	18.034	18.016				
孔 $\phi 30$			+0.033	0		
孔 $\phi 45$			−0.017		0.025	
轴 $\phi 60$		60.0			0.046	
轴 $\phi 80$						$\phi 80^{-0.010}_{-0.040}$
轴 $\phi 150$	150.100			0		

7．计算下列孔和轴的极限尺寸和尺寸公差，并分别绘出尺寸公差带图。

（1）孔 $\phi 50^{+0.030}_{0}$　（2）轴 $\phi 45^{-0.050}_{-0.089}$　（3）孔 $\phi 125^{+0.041}_{-0.022}$　（4）轴 $\phi 80^{+0.105}_{+0.059}$

8．判断下列各组配合的类别，并计算配合有极限间隙或极限过盈及配合公差。

（1）孔为 $\phi 60^{+0.030}_{0}$，轴为 $\phi 60^{-0.010}_{-0.029}$。

（2）孔为 $\phi 70^{+0.030}_{0}$，轴为 $\phi 70^{+0.030}_{+0.010}$。

（3）孔为 $\phi 90^{+0.035}_{0}$，轴为 $\phi 90^{+0.113}_{+0.091}$。

（4）孔为 $\phi 100^{+0.090}_{+0.036}$，轴为 $\phi 100^{0}_{-0.054}$。

9．什么是基孔制？什么是基轴制？

10．配合代号是如何组成的？举例说明。

11．线性尺寸有一般公差在标注上有什么特点？它主要用于什么场合？线性尺寸一般公差分为哪几个等级？

12．公差等级选用的原则是什么？主要的选用方法是什么？

13．配合制选用的原则有哪两条？为什么在一般情况下应优先采用基孔制？

第2章 几何公差

2-1 概 述

零件在加工过程中，由于机床精度、加工方法等多种因素的影响，不仅会使零件产生尺寸误差，还会使几何要素的实际形状和位置对于相对理想的形状和位置发生差异，从而产生误差，即几何误差。如图 2-1 (a) 所示为一理想形状的销轴，加工后实际形状则上轴线弯了，如图 2-1 (b) 所示。

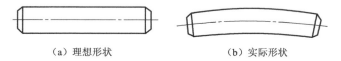

（a）理想形状　　　　　　　　（b）实际形状

图 2-1　销轴的几何误差

零件的几何误差同样会影响零件的使用性能和互换性。因此，零件图样上除规定尺寸公差来限制尺寸误差外，还应规定几何公差来限制几何误差，以满足零件的功能要求。

一、几何公差的特征项目及符号

几何公差分为形状公差、方向公差、位置公差和跳动公差四类。各项目的名称和符号见表 2-1。

表 2-1　几何公差的特征项目及符号

公差类型	几何特征	符号	有无基准要求
形状公差	直线度	—	无
	平面度	▱	无
	圆度	○	无
	圆柱度	⌭	无
	线轮廓度	⌒	无
	面轮廓度	⌓	无
方向公差	平行度	∥	有
	垂直度	⊥	有
	倾斜度	∠	有
	线轮廓度	⌒	有
	面轮廓度	⌓	有
位置公差	位置度	⊕	有或无
	同心度（用于中心点）	◎	有
	同轴度（用于轴线）	◎	有
	对称度	⹀	有
	线轮廓度	⌒	有
	面轮廓度	⌓	有
跳动公差	圆跳动	↗	有
	全跳动	↗↗	有

二、几何公差的代号与基准符号

1．几何公差的代号

在技术图样上，几何公差应采用代号标注。只有在无法采用代号标注或采用代号标注过于复杂时，才允许用文字说明几何公差要求。几何公差的代号包括几何公差有关项目的符号、几何公差框格和指引线、几何公差数值和其他符号、基准符号等。

公差框格分成两格或多格，可水平放置或垂直放置，自左至右依次填写几何特征符号、公差值（以 mm 为单位）、基准字母。第 2 格及其后各格中还可能填写其他有关符号，如图 2-2 所示。

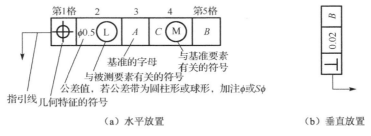

（a）水平放置　　　　　　　　　　（b）垂直放置

图 2-2　几何公差的代号

指引线可从框格的任一端引出，引出段必须垂直于框格；引向被测要素时允许弯折，但不得多于两次。

2．基准符号

基准是确定要素之间几何关系方向或位置的依据，在几何公差标注中，与被测要素相关的基准用一个大写的字母表示。字母标注在基准方格内，与一个涂黑的或空白的三角形相连以表示基准，如图 2-3 所示。涂黑的和空白的基准三角形含义相同。

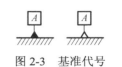

图 2-3　基准代号

根据关联被测要素所需基准的个数与构成某基准的零件上要素的个数，图样上标出的基准可归纳为三种，见表 2-2。

表 2-2　基准种类

种类	说明	图示
单一基准	由一个要素建立的基准称为单一基准，如一个平面、中心线或轴线等	
组合基准	由两个或两上以上要素（理想情况下这些要素共线或共面）构成、起单一基准作用的基准称为组合基准。在公差框格中标注时，将各基准字母用短横线相连并写在同一格内，以表示作为单一基准使用	

续表

种类	说明	图示
基准体系	若某个被测要素由两个或三个相互具有确定关系的基准共同确定，这种基准称为基准体系。常见的形式有：相互垂直的两平面基准或三平面基准，相互垂直的一直线基准和一平面基准。按组合基准的形式标注	

提示　应用基准体系时，要特别注意基准的顺序。填写在框格第三格的称为第一基准，填写在其后的依次称为第二、第三基准。

三、零件的几何要素

尽管零件的形状特征不同，但均可将其分解成若干个基本几何体，基本几何体都由一些点、线、面按一定几何关系组成。构成零件几何特征的点、线、面统称几何要素，简称要素。

如图 2-4 所示的零件，可以看成由球面、圆锥面、端面、圆柱面、轴线、球心等构成。

零件的几何误差就是关于零件各个几何要素的自身形状、方向、位置、跳动所产生的误差，几何公差就是对这些几何要素的形状、方向、位置、跳动所提出的精度要求。

零件的几何要素可按不同角度进行分类。

1．按存在的状态分类

（1）理想要素

具有几何意义的要素称为理想要素。理想要素是没有任何误差的要素，图样用来表达设计的理想，如图 2-5 所示。它是评定实际要素几何误差的依据。理想要素在生产中是不可能得到的。

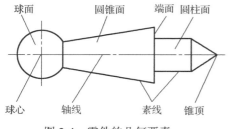

图 2-4　零件的几何要素

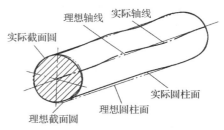

图 2-5　理想要素和实际要素

（2）实际要素

零件上实际存在的要素称为实际要素。由于加工误差的存在，实际要素具有几何误差。标准规定，零件的实际要素在测量时用测得要素代替。由于测量误差的不可避免，因此实际要素并非该要素的真实状况。

2．按在几何公差中所处的地位分类

根据零件的功能要求，图样上对某些要素给出了几何公差，加工中，要对几何中公差进

行控制，加工后要进行检测，判断其误差是否在给定的公差范围内，这些给出了几何公差的要素称为被测要素。

如图 2-6 所示，ϕd_1 圆柱面和台阶面、ϕd_2 圆柱的轴线等都给出了几何公差要求，因此 ϕd_1 圆柱面、ϕd_2 圆柱面的轴线和台阶面就是被测要素。

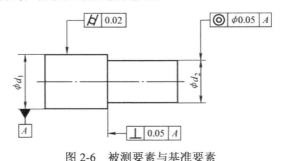

图 2-6　被测要素与基准要素

被测要素按功能关系又分为单要素和关联要素。

1）单一要素。图样上仅对其本身做出了几何公差要求的要素称为单一要素。此要素与零件上的其他要素无功能关系，如图 2-6 中 ϕd_1 圆柱面，它与零件上其他要素无相对位置要求，该要素为单一要素。

2）关联要素。与零件上其他要素有功能关系的要素称为关联要素。在图样上对关联要素均给出了几何公差中的位置公差要求，如图 2-6 中 ϕd_2 圆柱面的轴线对 ϕd_1 圆柱的轴线有同轴度要求，ϕd_1 圆柱的台阶对 ϕd_1 圆柱的轴线有垂直度要求，因此以，ϕd_2 圆柱面的轴线和 ϕd_1 圆柱的台阶面均为被测关联要素。

四、几何公差带

零件加工后，构成其形体的各实际要素其形状和位置在空间的各个方向都有可能产生误差，为限制这两种误差，可根据零件的功能要求对实际要素给出一个允许变动的区域。若实际要素位于这一区域内，便为合格，超出这一区域时则为不合格。这个限制实际要素变动的区域称为几何公差带。

图样上所给出的几何公差要求，实际上都是对实际要素规定的一个允许变动的区域，即给定一个公差带。一个确定的几何公差带由形状、大小、方向和位置四个要素确定。

1. 公差带的形状

公差带的形状是由公差项目及被测要素与基准要素的几何特征来确定的。如图 2-7（a）所示，圆度公差带是两同心圆之间的区域。而对直线度，当被测要素为给定平面内的直线时，公差带形状是两平行直线间的区域；当要素为轴线时，公差带的形状是一个圆柱内的区域，如图 2-7（b）、图 2-7（c）所示。

几何公差带的形状较多，主要有表 2-3 所列的几种。

2. 公差带大小

几何公差大小用以体现几何精度要求的高低，是由图样给出的几何公差值确定的，一般指公差宽度、直径或半径的大小。

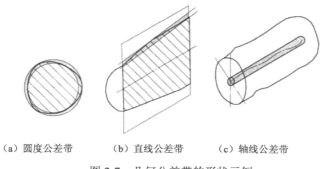

（a）圆度公差带 （b）直线公差带 （c）轴线公差带

图 2-7 几何公差带的形状示例

表 2-3 几何公差带的形状

序号	公差带	形状	应用项目特征
1	两平行直线		给定平面内的直线度、平面内直线的位置度等
2	两等距曲线		线轮廓度
3	两同心圆		圆度、径向圆跳动
4	一个圆		平面内点的位置度、同轴（心）度
5	一个球		空间点的位置度
6	一个圆柱		轴线的直线度 、平行度、垂直度、倾斜度、位置度、同轴度
7	两同轴圆柱		圆柱度、径向全跳动
8	两平行平面		平面度、平行度、垂直度、倾斜度、位置度、对称度、轴向全跳动等
9	两等距曲面		面轮廓度

3. 公差带的方向

公差带的方向是指公差带的几何要素的延伸方向。

从图样上看，公差带的方向理论上应与图样上公差代号的指引线箭头方向垂直。如图 2-8（a）

中平面度公差带的方向为水平方向，图2-8（b）中垂直度公差带的方向为铅垂方向。公差实际方向是相对形状公差带而言的，它由最小条件决定，如图2-9（a）所示；就位置公差带而言，其实际方向就应与基准的理想要素保持正确的方向关系，如图2-9（b）所示。

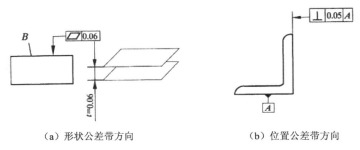

（a）形状公差带方向   （b）位置公差带方向

图 2-8 公差带的理论方向

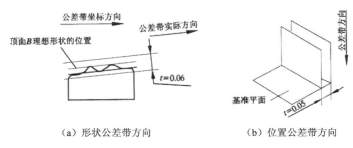

（a）形状公差带方向   （b）位置公差带方向

图 2-9 公差带的实际方向

4．公差带的位置

几何公差带的位置分浮动和固定两种，见表2-4。

表 2-4 几何公差带的位置

位置分类	含义	图示	说明
浮动	指几何公差带的尺寸公差带内随实际（组成）要素的不同而变动，其实际位置与实际（组成）要素有关		平行度公差带的两个不同位置
固定	指几何公差带的位置由图样上给定的基准和理论正确尺寸确定		同轴度公差带为一圆柱的区域，该圆柱面的轴线应和基准在一条直线上，因而其位置由基准确定，此时的理论正确尺寸为零

提示　在形状公差带中，公差带位置均为浮动；在位置公差带中，同轴度、对称度和位置度的公差带为固定。有基准要求的轮廓公差带位置为固定；无特殊要求，其他位置公差的公差带位置为浮动。

2-2　几何公差的标注

一、被测要素的标注

被测要素在标注时，是用箭头的指引线将被测要素与公差框格的一端相连，指引线的箭头指向被测要素公差宽度或直径方向。

标注时应注意：

1）几何公差框格应水平或垂直绘制。

2）指引线原则上从框格一端的中间位置引出。

3）被测要素是组成要素时，指引线的箭头应指在该要素的轮廓线或其延长线上，并应明显地与尺寸线错开，如图 2-10 所示。

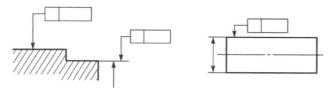

图 2-10　被测要素为组成要素时的标注

4）被测要素是导出要素时，指引线的箭头应与确定该要素的轮廓尺寸线对齐，如图 2-11 所示。

5）当同一被测要素有多项几何公差要求，且测量方向相同时，可将这些框格绘制在一起，并共用一根指引线，如图 2-12 所示。

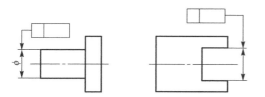

图 2-11　被测要素为导出要素时的标注　　　图 2-12　同一被测要素有多项几何公差要求时的标注

6）当多个要素有相同的几何公差要求时，可从框格引出的指引线上绘制多个指示箭头并分别与各被测要素相连，如图 2-13 所示。

7）公差框格中所标注的几何公差有其他附加要求时，可在公差框格的上方或下方附加文字说明。

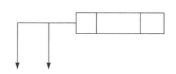

图 2-13　不同被测要素有相同几何公差要求时的标注

属于被测要素数量的说明，应写在公差框格的上方，如图 2-14（a）所示；属于解释性的说明，应写在公差框格的下方，如图 2-14（b）所示。

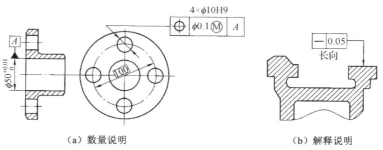

（a）数量说明　　　　　　　　　　（b）解释说明

图 2-14　几何公差的附加说明

二、基准要素的标注

基准要素采用基准符号标注，并从几何公差框格中的第三格起，填写相应的基准符号字母，基准符号中的连线应与基准要素垂直。无论基准符号在图样中方向如何，方框内字母应水平书写，如图 2-15 所示。

基准要素标注时应注意：

1）基准要素为组成要素时，基准符号的连线应指在该要素的轮廓线及其延长线上，并应明显地与尺寸线错开，如图 2-16 所示。

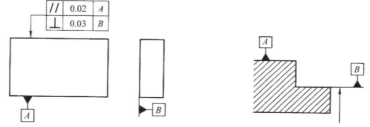

图 2-15　基准要素的标注　　　图 2-16　基准要素为组成要素时的标注

2）基准要素是导出要素时，基准符号的连线应与确定该要素轮廓的尺寸线对齐，如图 2-17 所示。

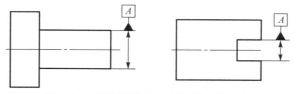

图 2-17　基准要素为导出要素时的标注

3）基准要素为公共轴线时的标注，如图 2-18 所示，基准要素为外圆 ϕd_1 的轴线 A 与外圆 ϕd_3 的轴线 B 组成的公共轴线 A-B。

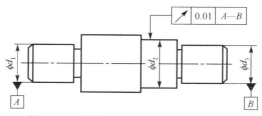

图 2-18　基准要素为公共轴线时的标注

当轴类零件以两端中心孔工作锥面的公共轴线作为基准时，可采用如图 2-19 所示的标注方法。其中图 2-19（a）为两端中心孔参数不同时的标注，图 2-19（b）为两端中心孔参数相同时的标注。

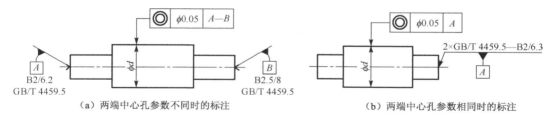

（a）两端中心孔参数不同时的标注   （b）两端中心孔参数相同时的标注

图 2-19   以中心孔的公共轴线为基准时的标注

三、几何公差的其他标注规定

几何公差有如下的其他标注规定。

1）公差框格中所标注的公差值如无附加说明，则被测范围为箭头所指的整个组成要素或导出要素。

2）如果被测范围仅为被测要素的一部分，应用粗点画线画出该范围，并标出尺寸。标注方法如图 2-20 所示。

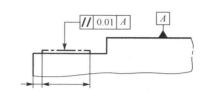

图 2-20   被测范围为部分被测要素时的标注

3）如果须给出被测要素任一固定长度（或范围）的公差值，其标注方法如图 2-21 所示。

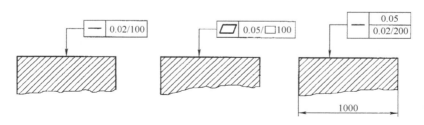

图 2-21   公差值有附加说明时的标注

第一种表示在任一 100mm 长度上的直线度公差值为 0.02mm；第二种表示在任一 100mm×100mm 的正方形面积内，平面度公差数值为 0.05mm；第三种表示在 1000mm 全长上的直线度公差为值 0.05mm，在任一 200mm 长度上的直线度公差数值为 0.02mm。

4）当给定的公差带形状为圆或圆柱时，应在公差数值前加注"ϕ"，如图 2-22（a）所示；当给定的公差带形状为球时，应在公差数值前加注"$S\phi$"，如图 2-22（b）所示。

（a）为圆（或圆柱）的标注   （b）为球时的标注

图 2-22   公差带为圆（或圆柱）或球时的标注

5）几何公差有附加要求时，应在相应的公差数值后加注有关符号，见表 2-5。

表 2-5　几何公差的附加符号

符号	含义	标注标例
（+）	若被测要素有误差，则只允许中间向材料外凸起	▭ 0.01(+)
（−）	若被测要素有误差，则只允许中间向材料外凹下	▱ 0.05(−)
（▷）	若被测要素有误差，则只允许按符号的小端方向逐渐缩小	⌀ 0.05(▷)
		∥ 0.05(▷) | A

2-3　公　差　原　则

根据零件的使用功能和互换性要求，在设计时对于零件上重要的几何要素，通常同时给出尺寸公差和几何公差。一般情况下，这两种公差是彼此独立的，分别满足各自的要求。但由于零件上被测要素的实际形状是综合了其尺寸误差和几何误差的结果，因而尺寸公差和几何公差之间又存在一定的联系，在一定的条件下，两者相互补偿。我们把这种确定几何公差与尺寸公差之间相互关系的原则称为公差原则。公差原则包括独立原则和相关要求。

一、基本术语

1．边界

即设计给出的具有理想形状的极限包容面。边界的尺寸为极限包容面的直径或距离。

2．理论正确尺寸

即确定提取要素的理想形状、方向、位置的尺寸。该尺寸不带公差，如 100、45°。

3．几何图框

用以确定一组要素之间和它们与基准之间正确关系的图形。

4．动态公差图

用来表示提取要素或（和）基准要素尺寸变化而使几何公差值变化关系的图形。

5．作用尺寸

（1）体外作用尺寸

即在提取要素的给定长度上，与实际内表面体外相接的最大理想面或与实际外表面体外相接的最小理想面的直径或宽度，如图 2-23（a）所示的 ϕd_{fe}。对于关联要素，该理想面的轴线或中心平面必须与基准保持图样给定的几何关系，如图 2-23（a）所示的 ϕd_{fer}。假设图样给出了 ϕd 圆柱面的轴线对轴肩 A 的垂直度公差[图 2-23（b）]。用 D_{fe}、d_{fe} 表示内、外表面的体外作用尺寸，如图 2-24 所示。

（2）体内作用尺寸

即在提取要素的给定长度上，与实际内表面体内相接的最小理想面或与实际外表面体内相接的最大理想面的直径或宽度。用 D_{fi} 表示内表面体内作用尺寸，用 d_{fi} 表示外表面体内作用尺寸，如图 2-24 所示。

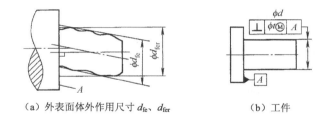

（a）外表面体外作用尺寸 d_{fe}、d_{fer}　　　　（b）工件

图 2-23　工件及作用尺寸

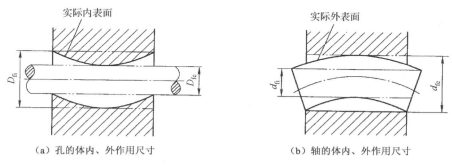

（a）孔的体内、外作用尺寸　　　　（b）轴的体内、外作用尺寸

图 2-24　体外作用尺寸和体内作用尺寸

6. 实体状态和实体尺寸

（1）最大实体状态

即 Maximum Material Condition，简称 MMC，是指假定提取实际（组成）要素的局部尺寸处处位于极限尺寸，且具有实体最大时的状态，即拥有材料量最多时的状态。

（2）最小实体状态

即 Least Material Condition，简称 LMC，是指假定提取实际（组成）要素的局部尺寸处处位于极限尺寸，且具有实体最小时的状态，即拥有材料量最少时的状态。

（3）最大实体尺寸

即 Maximum Material Size，简称 MMS，是实际（组成）要素在最大实体状态下的极限尺寸。对于孔，最大实体尺寸等于最小极限尺寸，即 $D_{MMS} = D_{min}$；对于轴，最大实体尺寸等于最大极限尺寸，即 $d_{MMS} = d_{max}$。

（4）最小实体尺寸

即 Least Material Size，简称 LMS，实际（组成）要素在最小实体状态下的极限尺寸。对于孔，最小实体尺寸等于最小极限尺寸，即 $D_{LMS} = D_{max}$；对于轴，最小实体尺寸等于最大极限尺寸，即 $d_{LMS} = d_{mim}$。

7. 实体边界

（1）最大实体边界

即 Maximum Material Boundary，简称 MMB，是指最大实体状态的理想形状的极限包容面。

（2）最小实体边界

即 Least Material Boundary，简称 LMB，是指最小实体状态的理想形状的极限包容面。

8. 实体实效状态和实体实效尺寸

（1）最大实体实效状态

即 Maximum Material Virtual Condition，简称 MMVC，是指尺寸要素的最大实体尺寸与其导出要素的几何误差（形状、方向或位置）等于给出公差值的状态。

（2）最大实体实效尺寸

即 Maximum Material Virtual Size，简称 MMVS，是最大实体实效状态下的共同作用尺寸。

如图 2-25 所示，对于轴，最大实体实效尺寸 $d_{MMVS} = d_{MMS} + t = d_{max} + t$；对于孔，最大实体实效尺寸 $D_{MMVS} = D_{MMS} - t = D_{min} - t$。

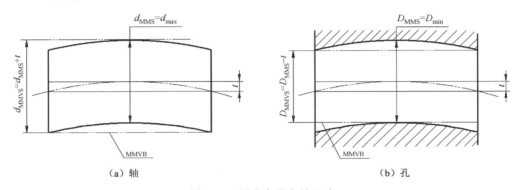

（a）轴　　　　　　　　　　　　　（b）孔

图 2-25　最大实体实效尺寸

（3）最小实体实效状态

即 Least Material Virtual Condition，简称 LMVC，是指尺寸要素的最小实体尺寸与其导出要素的几何误差（形状、方向或位置）等于给出公差值的状态。

（4）最小实体实效尺寸

即 Least Material Virtual Size，简称 LMVS，是最小实体实效状态下的共同作用尺寸。

如图 2-26 所示，对于轴，最大实体实效尺寸 $d_{LMVS} = d_{LMS} - t = d_{min} - t$；对于孔，最大实体实效尺寸 $D_{LMVS} = D_{LMS} + t = D_{max} + t$。

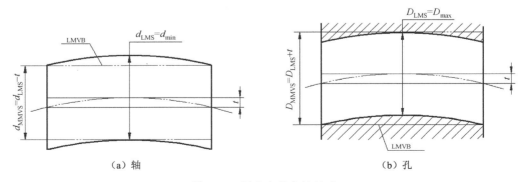

（a）轴　　　　　　　　　　　　　（b）孔

图 2-26　最小实体实效尺寸

9．实体实效边界

（1）最大实体实效边界

即 Maximum Material Virtua Boundary，简称 MMVB，是指最大实体实效状态对应的极限包容面。

（2）最小实体实效边界

即 Least Material Virtua Boundary，简称 LMVB，是指最小实体实效状态对应的极限包容面。

二、独立原则

1．独立原则的含义

独立原则是指图样上给定的每个尺寸和几何（形状、方向或位置）要求均是相互独立，彼此无关，分别满足要求的公差原则。如果对尺寸和几何（形状、方向或位置）要求之间的相互关系有特定要求，应在图样上规定。即极限尺寸只控制实际要素尺寸，不控制要素本身的几何误差；不论要素的实际尺寸大小如何，被测要素均应在给定的几何公差带内，并且其几何误差允许达到最大值。遵守独立原则时，实际要素尺寸一般用两点法测量，几何误差使用通用量仪测量。

2．独立原则的识别

凡是对给出的尺寸公差和几何公差未用特定符号或文字说明它们有联系者，就表示其遵守独立原则。应在图样或技术文件中注明："公差原则按 GB/T 4249—2009"。

3．独立原则的应用

尺寸公差和几何公差按独立原则给出，总可以满足零件的功能要求。独立原则是确定尺寸公差和几何公差关系的基本原则。

1）影响要素使用性能的，视其影响的主要是几何误差还是尺寸误差，这时采用独立原则能经济合理地满足要求。例如，图 2-27 所示的印刷机滚筒的圆柱度误差与其直径的尺寸误差、测量平板的平面度误差与其厚度的尺寸误差，都是前者（圆柱度或平面度误差）对功能要求起决定性影响；而油道或气道孔轴线的直线度误差与其直径的尺寸误差相比，一般前者功能影响较小。

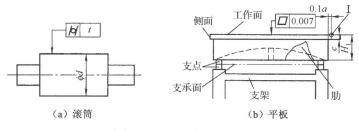

（a）滚筒　　　　　　　　　（b）平板

图 2-27　独立原则的应用

2）要素的尺寸公差和其某方面的几何公差直接满足的功能不同，需要分别满足要求。如齿轮箱上孔的尺寸公差（满足与轴承的配合要求）和相对其他孔的位置公差（满足齿轮的啮合要求，如合适的侧隙、齿面接触精度等）就应遵守独立原则。

3）在制造过程中需要对要素的尺寸做精确度量以进行选配或分组装配时，要素的尺寸公差和几何公差之间应遵守独立原则。

采用独立原则时，图样上标注的尺寸公差仅控制被测要素的局部实际尺寸，不控制要素本身的几何误差，几何误差由标注的几何公差控制。即不论要素的局部实际尺寸如何，被测要素均应位于给定的几何公差带内。

运用独立原则时，在图样上对几何公差与尺寸公差应采取分别标注的形式，不附加任何标记。如图 2-28 所示。该轴加工后其尺寸和轴线直线度误差应分别进行检验。要求轴的尺寸为 $\phi 29.979 \sim \phi 30\text{mm}$，轴的直线度误差为 $0 \sim \phi 0.12\text{mm}$。

图 2-28　独立原则的标注示例

独立原则一般用于非配合零件，或对几何精度要求严格，而对尺寸精度要求相对较低的场合。

三、相关要求

相关要求是指图样上给定的几何公差和尺寸公差相互有关的公差要求，包含包容要求、最大实体要求、最小实体要求及可逆要求。

1. 包容要求

（1）包容要求的含义

包容要求是要求提取组成要素处处不得超越最大实体边界，其局部尺寸不得超出最小实体尺寸的一种公差要求，即实际（组成）要素应遵守最大实体边界，体外作用尺寸不超出（对孔不小于，对轴不大于）最大实体尺寸。

按照此要求，如果实际要素达到最大实体状态，就不得有任何几何误差；只有在实际要素偏离最大实体状态时，才允许存在与偏离量相关的几何误差。很自然，遵守包容要求时，提取组成要素的局部实际尺寸不能超出（对孔不大于，对轴不小于）最小实体尺寸，如图 2-29 所示。包容要求适用于单一要素，如圆柱表面或平行对应面单一尺寸要素。

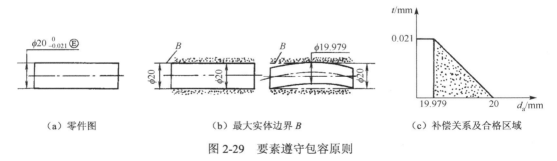

（a）零件图　　　　　（b）最大实体边界 B　　　　　（c）补偿关系及合格区域

图 2-29　要素遵守包容原则

（2）包容要求的标注

采用包容要求时，图样或文件中应注明："公差要求按 GB/T 4249—2009"。

按包容要求给出公差时，须在尺寸的上、下极限偏差后面或尺寸公差带代号后面加注符号Ⓔ，如图 2-29（a）所示；遵守包容要求且对形状公差需要进一步要求时，须另用框格注出形状公差。当然，形状公差值一定小于尺寸公差值，如图 2-30 所示，表明尺寸公差与形状公差彼此相关。

（3）包容要求的应用

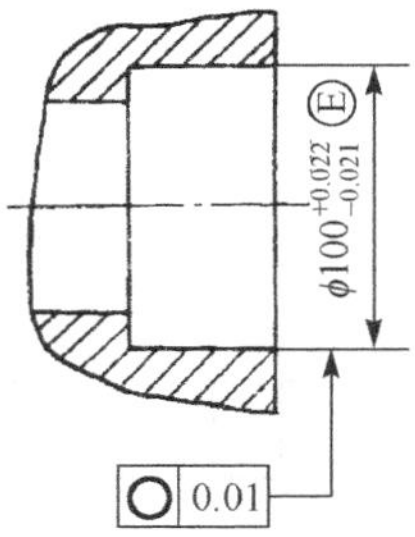

包容要求常用于有较高配合要求的场合。例如，$\phi 20H7$（$^{+0.021}_{0}$）Ⓔ孔与 $\phi 20h6$（$^{0}_{-0.013}$）Ⓔ轴的间隙配合中，所需要的间隙是通过孔和轴各自遵守最大实体边界来保证的，这样才不会因孔和轴的形状误差在装配时产生过盈。

2．最大实体要求

（1）最大实体要求的含义

图 2-30　遵守原则的进一步要求

它是当被测要素或基准要素偏离其最大实体状态时，几何公差可获得补偿值，即所允许的几何误差值增大的一种尺寸要求；而且被测要素的实际轮廓遵守（不得超越）最大实体实效边界。

最大实体要求适用于导出要素（如中心点、线、面），不能应用于组成要素（如轮廓要素）。采用最大实体要求应在几何公差框格值中的公差值或（和）基准符号后加注符号 Ⓜ 。

（2）最大实体要求的应用特点

1）几何公差值是被测要素或基准要素的实际轮廓处于最大实体状态的前提下给定的，目的是为保证装配互换性。

2）被测要素的体外作用尺寸不得超过其最大实体实效尺寸。

3）当被测要素的实际（组成）要素偏离最大实体尺寸时，其几何公差值可以增大，所允许的几何误差为图样上给定几何公差值与实际尺寸对最大实体尺寸的偏离量之和。

4）被测要素的实际（组成）要素应处于最大实体尺寸和最小实体尺寸之间。

（3）最大实体要求用于被测要素时

① 被测要素的实际轮廓在给定的长度上处处不得超出最大实体实效边界，即其体外作用尺寸不应超出最大实体实效尺寸，且其提取要素的局部尺寸不得超出最大实体尺寸和最小实体尺寸。

② 当被测要素是成组要素，基准要素体外作用尺寸对控制边界偏离所得的补偿量，只能补偿给成组要素（几何图框），而不是补偿给每一个被测要素。

（4）当最大实体要求的应用

1）当最大实体要求应用于基准要素时：

① 基准要素本身采用最大实体要求，应遵守最大实体实效边界。

② 基准要素本身不采用最大实体要求，而采用独立原则或包容要求时，应遵守最大实体边界。

2）当最大实体要求用于被测要素时，可用于形状公差、方向或位置公差。

如图 2-31 所示为轴线直线度公差采用最大实体要求。轴应满足：

① 实际尺寸为 $\phi 19.7 \sim \phi 20\text{mm}$。

② 轴实际轮廓不超出最大实体实效边界，$D_{mv} = d_M + t = (20 + 0.1) = 20.1\text{mm}$。

③ 最小实体状态时，轴线直线度误差达到最大值 $\phi 0.4\text{mm}$（为给定的直线度公差 0.1mm ＋尺寸公差 0.3mm）。

如图 2-32 所示为轴线垂直度公差采用最大实体要求。孔应满足：

① 实际尺寸为 $\phi 50 \sim \phi 50.13\text{mm}$。

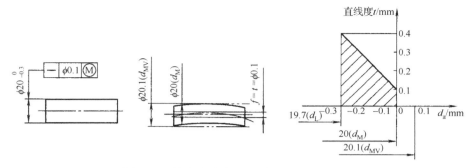

图 2-31　轴线直线度公差采用最大实体要求

② 孔实际轮廓不超出关联最大实体实效边界，$D_{MV} = D_M - t = (50-0.08) = 49.92$mm。

③ 最小实体状态时，轴线垂直度误差达到最大值 ϕ 0.21mm（为给定的直线度公差 ϕ 0.108mm +尺寸公差 0.13mm）。

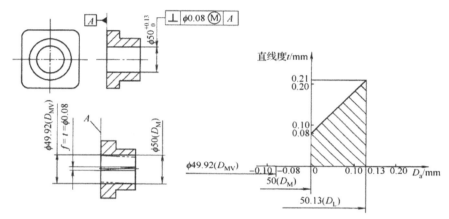

图 2-32　轴线垂直度公差采用最大实体要求

3）最大实体要求应用于基准要素时，基准要素应遵守相应的边界，若体外作用尺寸偏离相应的边界尺寸，则允许基准在一定范围内浮动，其浮动范围等于基准要素的体外作用尺寸与其相应的边界尺寸之差。

① 基准要素自身采用最大实体要求时，应遵守的边界为最大实体实效边界，基准符号应直接标注在形成该最大实体实效边界几何公差框格的下面，如图 2-33 所示。基准的最大实体实效边界为 $d_{MV} = d_M + t$。

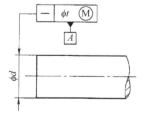
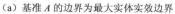
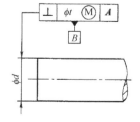

（a）基准 A 的边界为最大实体实效边界　　　（b）基准 B 的边界为最大实体实效边界

图 2-33　基准要素自身采用最大实体要求时的标注

② 基准要素自身不采用最大实体要求时，即采用独立原则，如图 2-34（a）所示，或包容原则，如图 2-34（b）所示。其所遵守的边界为最大实体边界。

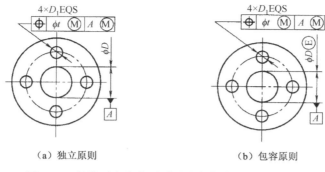

（a）独立原则　　　　　　　　　（b）包容原则

图 2-34　基准要素自身不采用最大实体要求时的标注

③ 确定基准要素边界尺寸。如图 2-35 和图 2-36 所示为基准要素本身遵守独立原则，其边界尺寸均为最大实体尺寸 $\phi 10$mm。

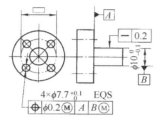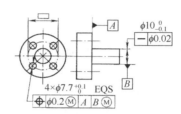

图 2-35　基准要素本身遵守独立原则（一）　　图 2-36　基准要素本身遵守独立原则（二）

如图 2-37 所示，为基准 B 本身采用最大实体要求的直线度公差，且基准 B 的基准符号直接标注在形成该最大实体实效边界的几何公差框格下面，其边界尺寸等于相应的最大实体尺寸加直线度公差，即 $\phi 10.02$mm。

如图 2-38 所示，为基准 B 本身采用最大实体要求的垂直度与对称公差，且基准 B 的基准符号直接标注在垂直公差的几何公差框格下面，其边界尺寸等于相应的最大实体尺寸加垂直度公差，而不必计算对称度公差，即 $\phi 10.08$mm。

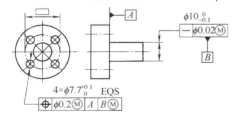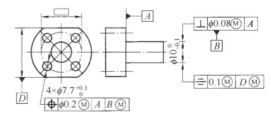

图 2-37　基准要素本身采用最大实体要求（一）　　图 2-38　基准要素本身采用最大实体要求（二）

4）最大实体要素同时应用于被测要素与基准要素如图 2-39 所示，被测轴应满足：

① 实际尺寸为 $\phi 11.95 \sim \phi 12$mm。

② 关联最大实体实效尺寸 $d_{MV} = d_M + t = (12 + 0.04) = 12.04$mm。

③ 最小实体状态时，同轴度误差达到最大值（$f = \phi 0.09$mm），即等于图样给出的同轴度公差 t（$\phi 0.04$mm）与轴的尺寸公差 T_1（0.05mm）之和，关联最大实体实效尺寸 $d_{1MV} = 12.04$mm。

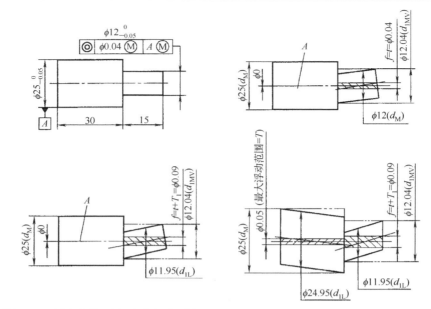

图 2-39　最大实体要素同时应用于被测要素与基准要素（基准自身采用独立原则）

　　基准要素 A 自身遵守独立原则，当基准轴 A 处于最大实体边界时，即 $d_M = 25$mm 时，基准轴线不浮动。当基准 A 偏离最大实体尺寸 $d_M = 25$mm 时，基准轴可以浮动。当其等于最小实体尺寸 $d_L = 24.95$mm 时，基准轴线浮动达到最大值 $\phi 0.05$mm（$= d_M - d_L$）。

　　图 2-40 所示为最大实体要求用于被测要素和基准要素时的动态公差图，A 基准自身采用包容原则。

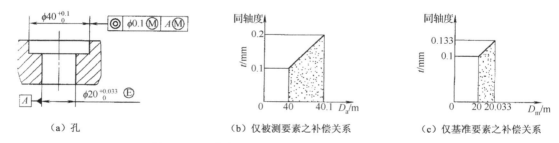

（a）孔　　　　　　　　　（b）仅被测要素之补偿关系　　　　　（c）仅基准要素之补偿关系

图 2-40　最大实体要求应用于被测要素和基准要素

　　5）如图 2-41 所示，成组要素的位置度公差，且被测要素和基准要素同时采用最大实体要求时，各被测孔应满足要求为：

　　① 孔实际尺寸为 $\phi 8.1 \sim \phi 8.2$mm。

　　② 孔的最大实体实效尺寸 $D_{MV} = D_M - t = (8.1 - 0.1) = 8$mm。

　　③ 当各被测孔均处于最小实体状态时，其轴线位置度达到最大值，即给定公差之和为 $T_D + t_位 = 0.1 + 0.1 = 0.2$mm，且基准轴线 A 不能浮动。

　　④ 当基准的体外作用尺寸偏离最大实体尺寸时，基准轴线 A 的最大浮动范围为 $\phi 0.2$mm。

　　6）如图 2-42 所示，最大实体要求采用零几何公差时，被测孔应满足要求为：

　　① 实际孔尺寸不大于 $\phi 50.13$mm。

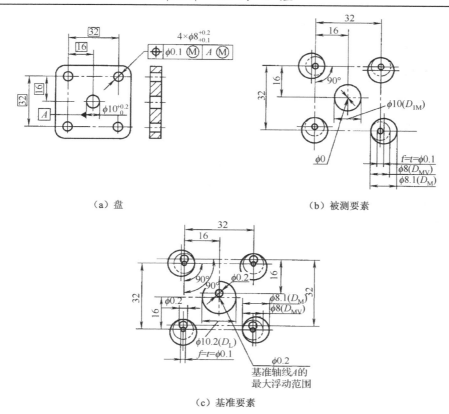

（a）盘　　　　　　　　　　　　　　（b）被测要素

（c）基准要素

图 2-41　成组要素采用最大实体要求

② 关联体外作用尺寸不小于最大实体实效尺寸 $D_M = 49.92\text{mm}$。

③ 当孔均处于最大实体状态时，其轴线对基准 A 的垂直度误差为零。

④ 当孔均处于最小实体状态时，其轴线对基准 A 的直线度误差最大，为孔的尺寸公差值 $\phi 0.21\text{mm}$。

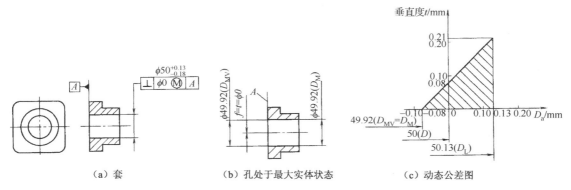

（a）套　　　　　　　　（b）孔处于最大实体状态　　　　　　（c）动态公差图

图 2-42　最大实体要求采用零几何公差

3．最小实体要求

最小实体要求是控制被测要素的实际轮廓处于其最小实体实效边界之内的一种公差要求。当其实际尺寸偏离最小实体尺寸时，允许其几何误差超出在最小实体状态下给出的公差值。

最小实体要求同样适用于零件的中心要素，其符号用 Ⓛ 表示，如图 2-43 所示。

4．可逆原则

可逆要求是指中心要素的几何误差值小于给出的几何公差值时，允许在满足零件功能要求的前提下扩大尺寸公差的一种要求。

采用了可逆原则后，在不影响零件的功能前提下，几何公差可补偿尺寸公差。可逆原则用于被测要素时通常与最大实体要求或最小实体要求一起应用。此时其设计意图，即表达尺寸公差与几何公差的补偿关系与零几何公差用于最大、最小实体要求相似。

可逆原则用符号 Ⓡ 表示，标注时置于 Ⓜ 或 Ⓛ 后面，如图 2-44 所示。

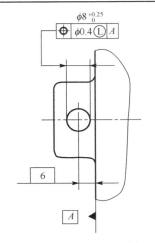

图 2-43　最小实体要求的标注

图 2-44　可逆原则的图样标注示例

2-4　几何公差项目的应用与选择

一、几何公差项目的应用

1．形状公差

（1）直线度公差

限制被测实际直线相对于理想直线的变动。被测直线可以是平面内的直线、直线回转体（圆柱、圆锥）上的素线、平面间的交线和轴线等。

（2）平面度公差

限制实际平面相对于理想平面的变动。

（3）圆度公差

限制实际圆相对于理想圆的变动。圆度公差应用于回转体表面（圆柱、圆锥和曲线回转体）任一正截面的圆轮廓提出的形状精度要求。

（4）圆柱度公差

限制实际圆柱面相对于理想圆柱面的变动。圆柱度公差综合控制圆柱面的形状精度。

（5）无基准线轮廓度公差

限制实际平面曲线对其理想曲线的变动。它是对零件上非圆曲线提出的形状精度要求。无基准时理想轮廓的形状由理论正确尺寸（尺寸数字外面加上框格）确定，其位置是不定的。

提示　理论正确尺寸是指当给出一个或一组要素的位置、方向或轮廓度公差时，分别用来确定其正确位置、方向或线轮廓的尺寸。该尺寸不附带公差，而该要素的形状、方向和位置误差由给定的几何公差来控制。理论正确尺寸必须以框格框出。

（6）无基准面轮廓度公差

限制曲面对其理想曲面的变动。它是对零件上曲面提出的形状精度要求。理想曲面由理论正确尺寸确定。

形状公差各项目的应用和解读详见表 2-6。

表 2-6　形状公差的应用和解读

示例	公差	解读	公差带	设计要求	
				说明	图示
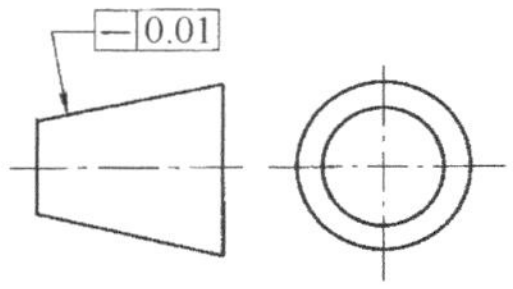	直线度	圆锥面素线直线度公差为0.01mm	距离为公差值0.01mm的两平行直线间的区域	圆锥面素线必须位于轴截面内，距离为公差值0.01mm的两条平行线之间	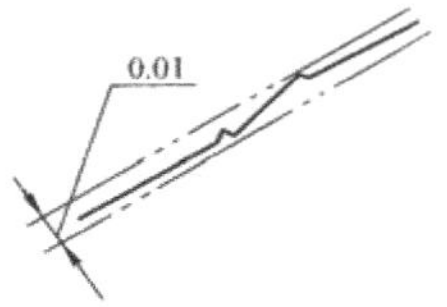
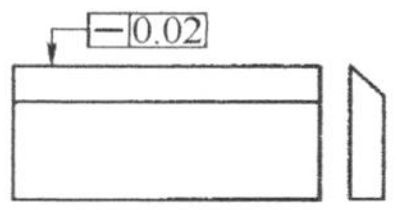		在垂直方向上棱线的直线度公差为0.02mm	距离为公差值0.02mm的两平行平面间的区域	零件上棱线必须位于垂直方向距离为公差值0.02mm的两平行平面之间	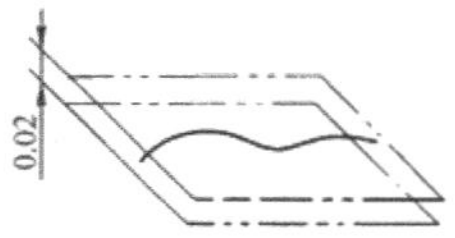
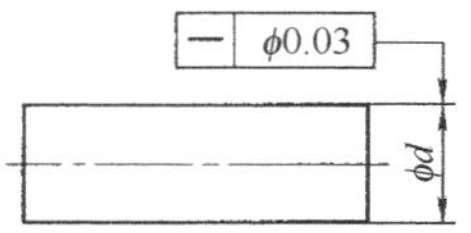		直径为 d 的外圆，其轴线的直线度公差为 $\phi0.03$mm	直径为公差值 $\phi0.03$mm 的圆柱面内的区域	直径为 d 的外圆的轴线必须位于直径为公差值 $\phi0.03$mm 的圆柱面内	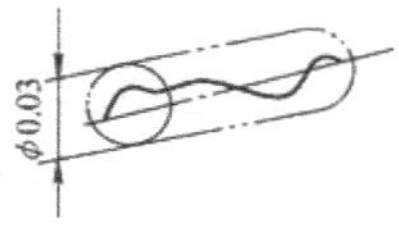
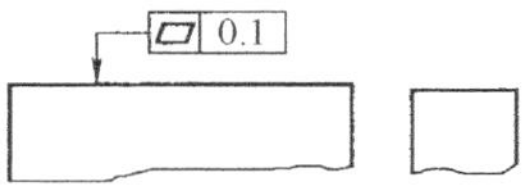	平面度	上表面的平面度公差为0.1mm	距离为公差值0.1mm的两平等互利平面炎间的区域	上表面必须位于距离为公差值0.1mm的两平行平面之间	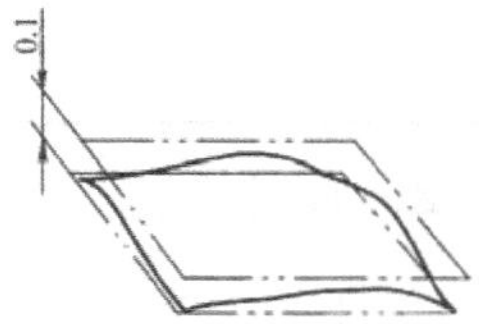
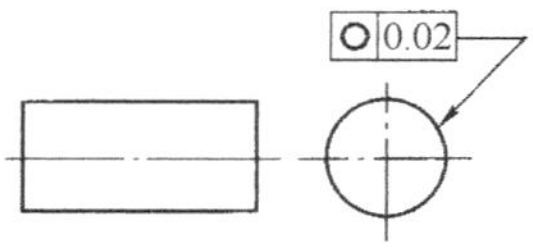	圆度	圆柱面的圆度公差为0.02mm	在任一正截面上半径差为公差值0.02mm的两同心圆之间的区域	在垂直于轴线的任一正截面上，实际圆必须位于半径差为公差值0.02mm的两同心圆之间	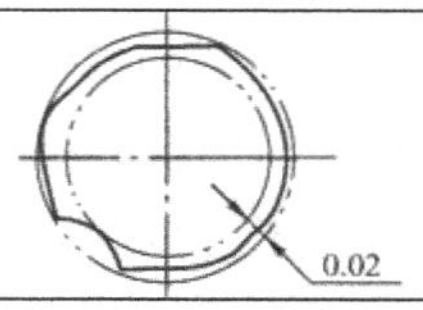
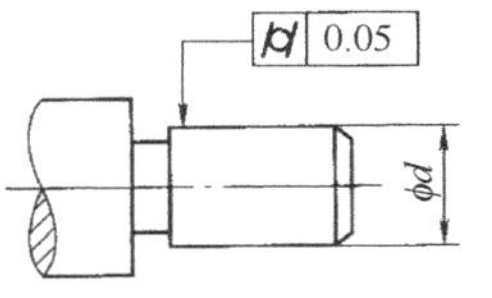	圆柱度	直径为 d 的圆柱面的圆柱度公差为0.05mm	半径差为公差值0.05mm的两同轴圆柱面之间的区域	实际圆柱面必须位于半径差为公差值0.05mm的两同轴圆柱面之间	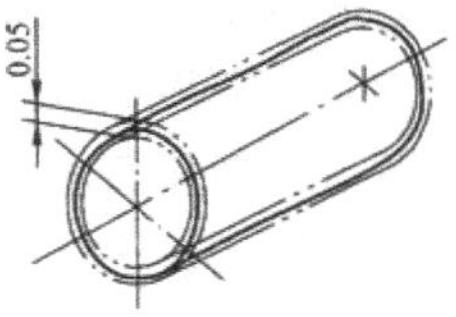
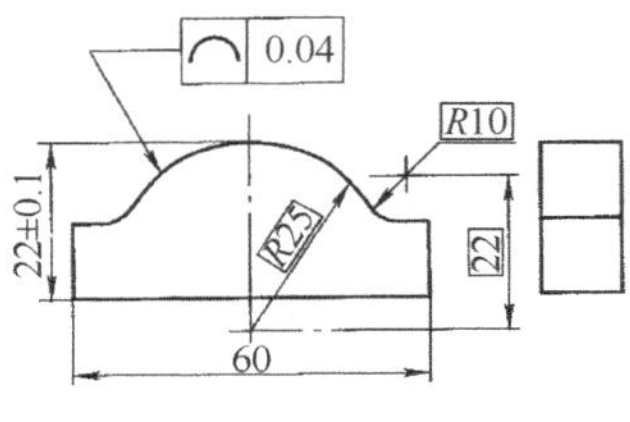	无基准的线轮廓度	外形轮廓的线轮廓度公差为0.04mm	包络一系列直径为公差值0.04mm的圆的两包络线之间的区域，诸圆圆心应位于理论正确几何形状上	在平行于正投影面的任一截面上，实际轮廓线必须位于包络一系列直径为公差值0.04mm且圆心在理想轮廓线上的圆的两包络线之间	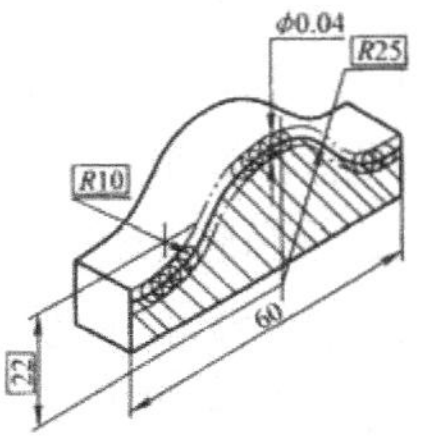

续表

示例	公差	解读	公差带	设计要求	
				说明	图示
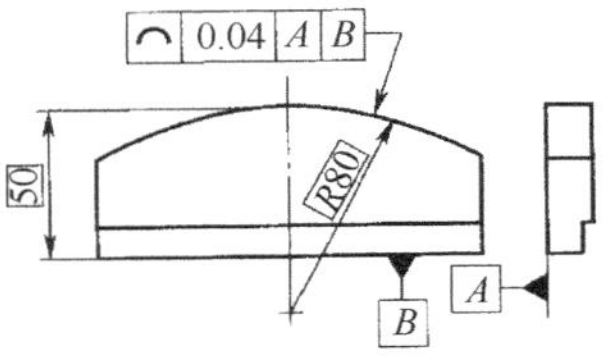	有基准的线轮廓度	外形轮廓相对基准A、B的线轮廓公差值为0.04mm	包络一系列直径为公差值0.04mm 的圆的两包络线之间的区域，诸圆圆心应位于由基准平面A和基准平面B确定的被测要素理论正确几何形状上	实际轮廓线必须位于包络一系列直径为公差值0.04mm，圆心位于基准确定的理论正确几何形状上的圆的两包络线之间	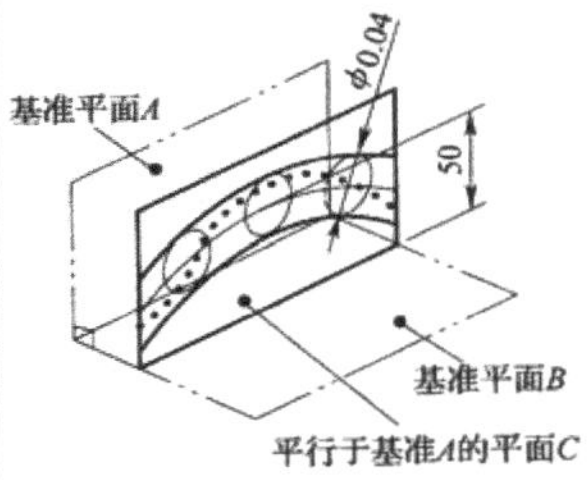
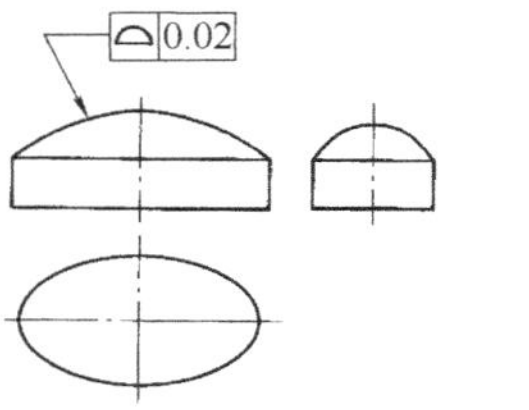	无基准的面轮廓度	上椭圆面的面轮廓公差为0.02mm	包络一系列直径为公差值0.02mm 的球的两包络面之间的区域，诸球球心应位于被测要素理论正确几何形状上	实际轮廓面必须位于包络一系列直径为公差值0.02mm，球心位于理论正确几何形状上的球的两等距包络面之间	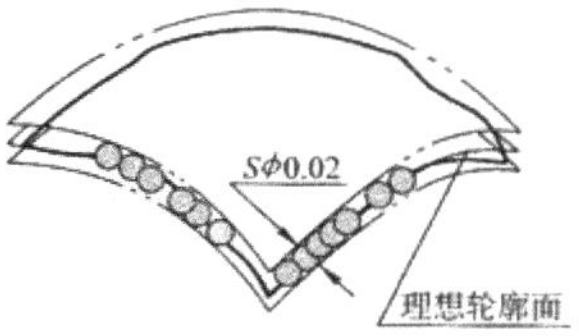
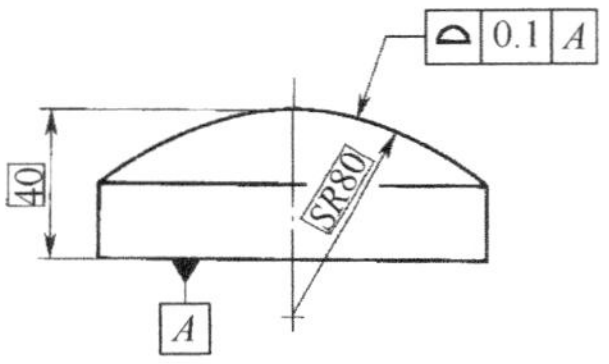	有基准的面轮廓度	上轮廓面相对基准A的面轮廓度公差值为0.1mm	包络一系列直径为公差值0.1mm 的球的两等距包络面之间，诸球球心应位于由基准平面A确定的被测要素理论正确几何形状上	实际轮廓面必须位于包络一系列直径为公差值0.1mm，球心位于由基准A确定的理论正确几何形状上的球的两等距包络面之间	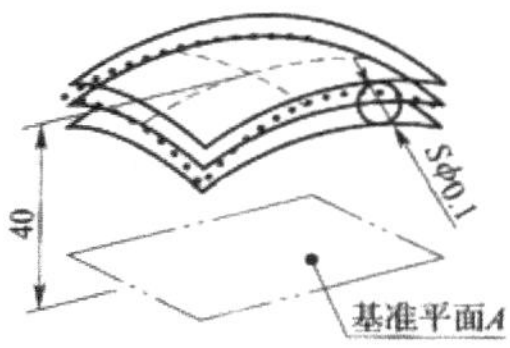

2．方向公差

方向公差限制实际被测要素相对于基准要素在方向上的变动。

方向公差的被测要素和基准一般为平面或轴线，因此，方向公差有面对面、线对线、面对线和线对线公差等。

（1）平行度公差

当被测要素与基准的理想方向成0°角时，为平行度公差。

（2）垂直度公差

当被测要素与基准的理想方向成90°角时，为垂直度公差。

（3）倾斜度公差

当被测要素与基准的理想方向成任意角度时，为倾斜面度公差。

（4）线轮廓度公差（有基准）

理想轮廓线的形状、方向由理论正确尺寸的基准确定，见表2-6中有基准的线轮廓度公差。

（5）面轮廓度公差（有基准）

理想轮廓面的形状、方向由理论正确尺寸的基准确定，见表2-6中有基准的面轮廓度公差。

方向公差其余各项目的应用和解读见表2-7。

表 2-7　方向公差的应用和解读

示例	公差	解读	公差带	设计要求	
				说明	图示
//|0.01|D	平行度	上平面对底面 D 的平行度公差为 0.01mm	距离为公差值 0.01mm，且平行于基准平面 D 的两平行平面之间的区域	上平面必须位于距离为公差值 0.01mm 且平行于基准平面 D 的两平行平面之间	
//|0.01|B		ϕD 孔的轴线对底面 B 的平行度公差为 0.01mm	距离为公差值 0.01mm，且平行于基准平面 B 的两平行平面之间的区域	ϕD 孔的轴线必须位于距离为公差值 0.01mm 且平行于基准平面 B 的两平行平面之间	
//|0.1|C		上平面对孔轴线的平行度公差为 0.1mm	距离为公差值 0.1mm，且平行于基准轴线 C 的两平行平面之间的区域	上平面必须位于距离为公差值 0.1mm 且平行于基准轴线 C 的两平行平面之间	
//|0.1|A		ϕD_1 孔的轴线对 ϕD_2 孔的轴线 A 在垂直方向上的平行度公差为 0.1mm	距离为公差值 0.1mm，且平行于基准轴线 A 的两平行平面之间的区域	ϕD_1 孔的轴线必须位于距离为公差值 0.1mm 且平行于基准轴线 A 的两平行平面之间	
//|ϕ0.03|A		ϕD_1 孔的轴线对 ϕD_2 孔的轴线 A 的平行度公差为 $\phi 0.03$mm	距离为公差值 0.03mm，且平行于基准轴线 A 的圆柱面内的区域	ϕD_1 孔的轴线必须位于直径为公差值 0.03mm 后轴线平行于基准轴线 A 的圆柱面内	
⊥|0.08|A	垂直度	右侧面对底面 A 的垂直度公差值为 0.08mm	距离为公差值 0.08mm，且垂直于基准平面 A 的两平行平面之间的区域	右侧面必须位于距离为公差值 0.08mm 且垂直于基准平面 A 的两平行平面之间	

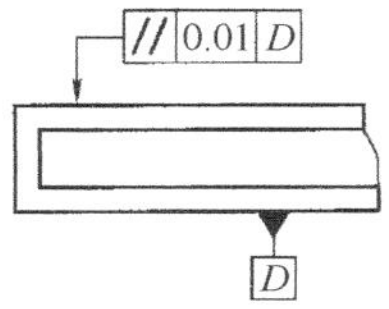

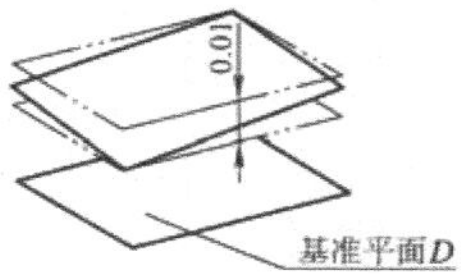

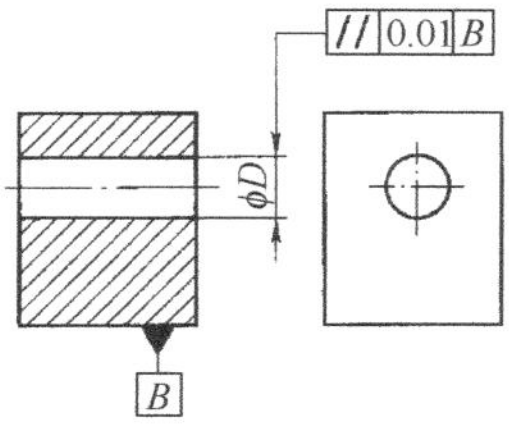

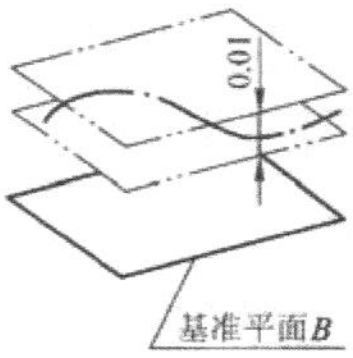

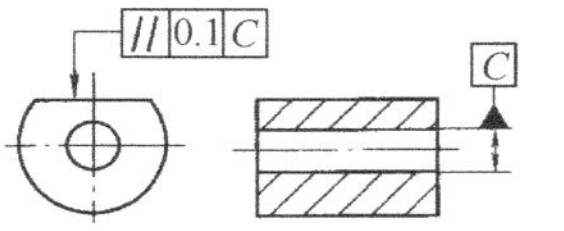

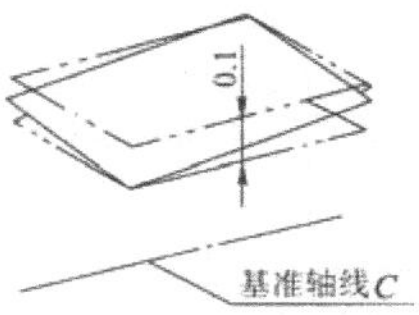

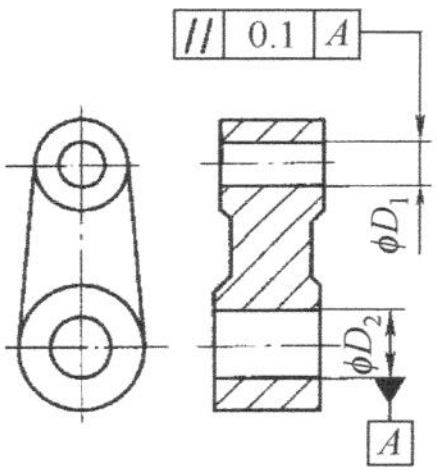

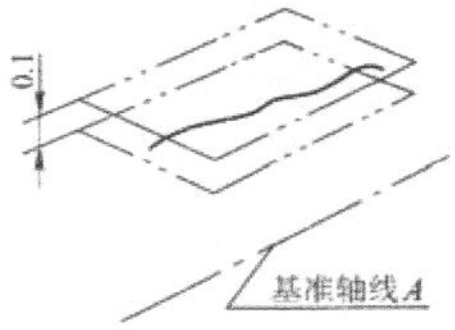

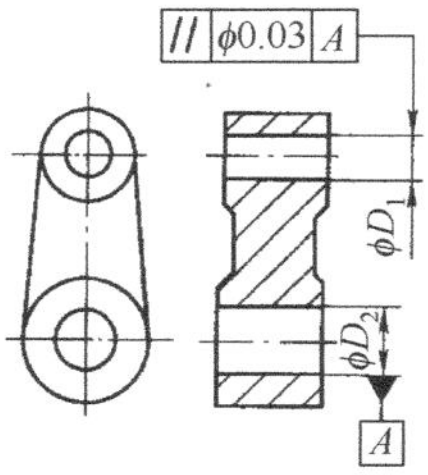

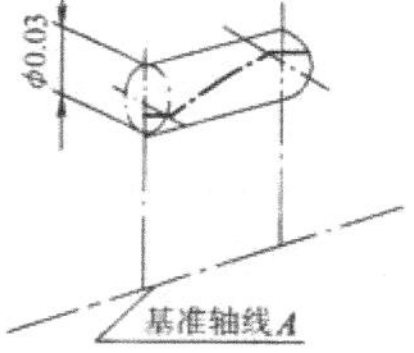

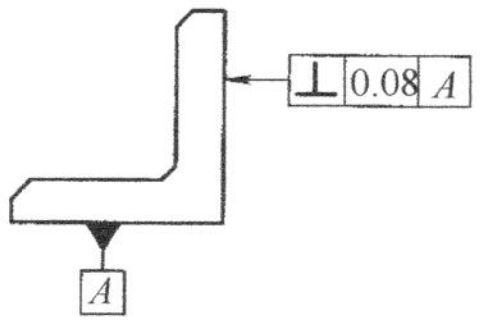

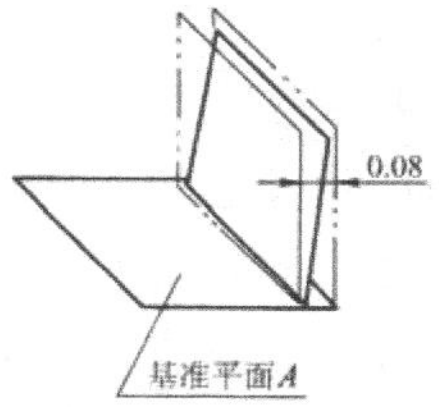

示例	公差	解读	公差带	设计要求	
				说明	图示
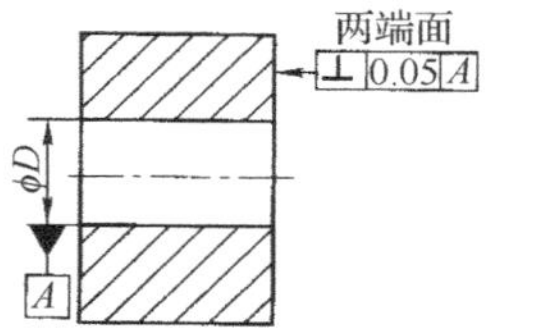 两端面 ⊥ 0.05 A（φD）		两端面对 φD 孔轴线 A 的垂直度公差为 0.05mm	距离为公差值 0.05mm，且垂直于基准轴线 A 的两平行平面之间的区域	被测端面必须位于距离为公差值 0.05mm 且垂直于基准轴线 A 的两平行平面之间	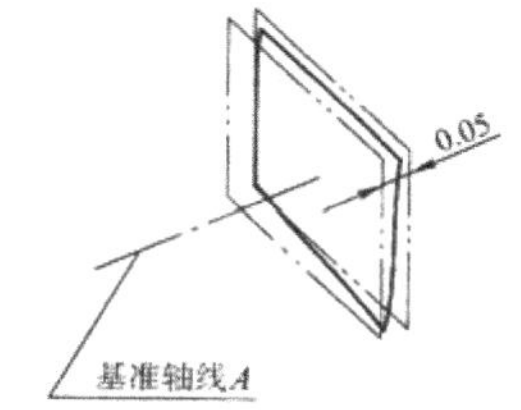
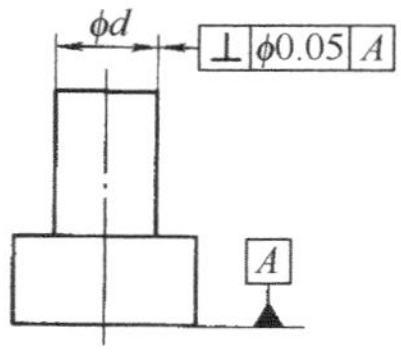 φd ⊥ φ0.05 A		φd 外圆的轴线对基准面 A 的垂直度公差值为 φ0.05mm	直径公差值为 φ0.05mm，且垂直于基准平面 A 的圆柱面内的区域	φd 外圆的轴线必须位于直径公差值为 φ0.05mm 且垂直于基准平面 A 的圆柱面内	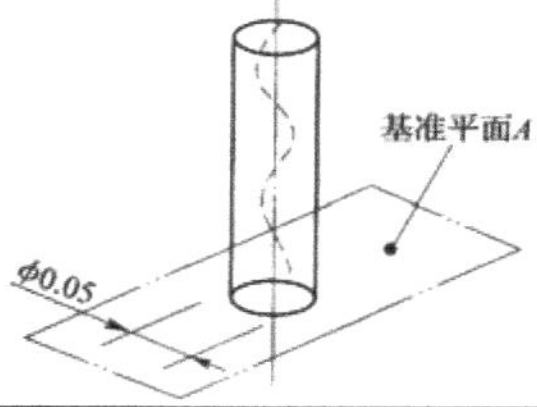
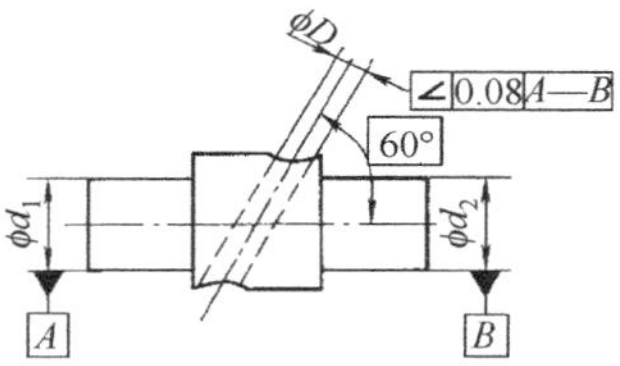 φD ∠ 0.08 A—B　60°　φd₁　φd₂　A　B	倾斜度	φD 孔轴线对基准 φd₁ 和 φd₂ 外圆的公共轴线 A-B 成 60°角的倾斜度公差为 0.08mm	距离为公差值 0.08mm，且与基准轴线 A-B 成 60°角的两平行平面之间的区域	φD 孔轴线必须位于距离为公差值 0.08mm 且与基准轴线 A-B 成 60°角两的两平行平面之间	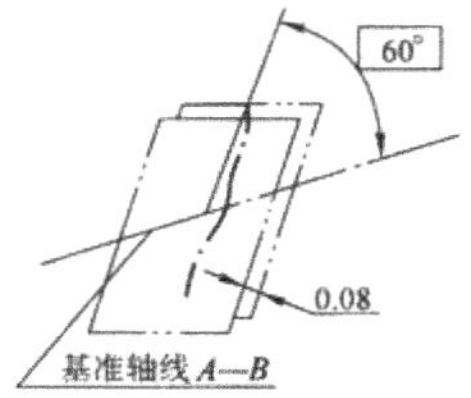
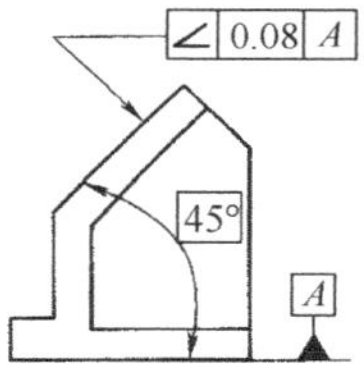 ∠ 0.08 A　45°　A		斜面对基准面 A 的倾斜度公差为 0.08mm	距离为公差值 0.08mm，且与基准平面 A 成 45°角的两平行平面之间的区域	斜面必须位于距离为公差值 0.08mm 且与基准平面 A 成 45°角的两平行平面之间	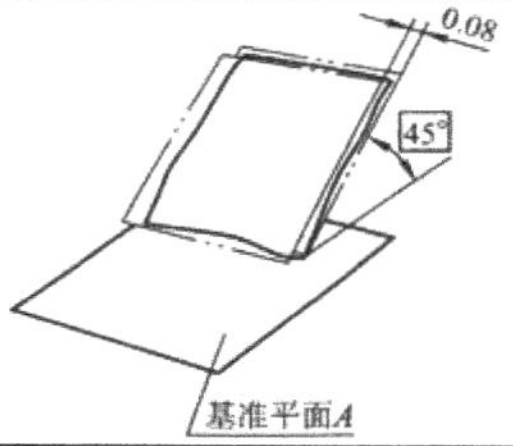
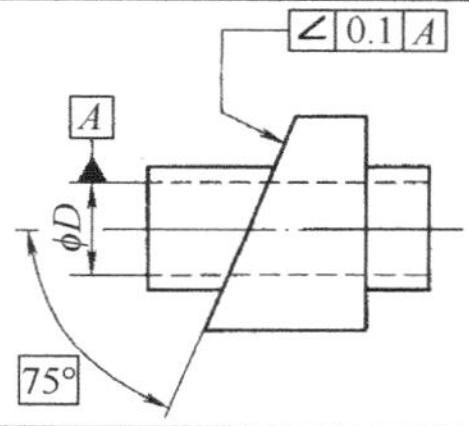 ∠ 0.1 A　A　φD　75°		斜面对基准轴线 A 的倾斜度公差为 0.1mm	距离为公差值 0.1mm，且与基准轴线 A 成 75°角的两平行平面之间的区域	斜面必须位于距离为公差值 0.1mm 且与基准平面 A 成 75°角的两平行平面之间	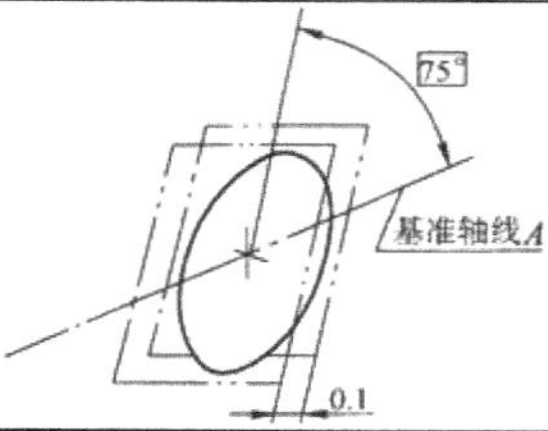

3．位置公差

位置公差限制实际被测要素相对于基准要素在位置上的变动。

（1）位置度公差

要求被测要素对一基准体系保持一定的位置关系。被测要素的理想位置是由基准和理论正确尺寸确定的。

（2）同轴（心）度公差

被测要素和基准要素均为轴线，要求被测要素的理想位置与基准同心或同轴。

（3）对称度公差

被测要素和基准要素为中心平面或轴线，要求被测要素理想位置与基准一致。

（4）线轮廓度公差（有基准）

理想轮廓线的形状、方向、位置由理论正确尺寸和基准确定，见表 2-7 中有基准的线轮廓度公差。

（5）面轮廓度公差（有基准）

理想轮廓面的形状、方向、位置由理论正确尺寸和基准确定，见表 2-8 中有基准的面轮廓度公差。

表 2-8　位置公差的应用和解读

示例	公差	解读	公差带	设计要求	
				说明	图示
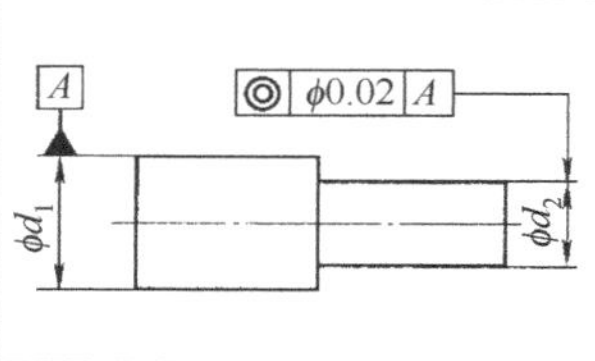	同轴（心）度	ϕd_2 外圆的轴线对于基准轴线 A（ϕd_1 的轴线）的同轴度公差为 $\phi 0.02mm$	直径为公差值 $\phi 0.02mm$，且与基准轴线同轴的圆柱面内的区域	ϕd_2 外圆的轴线必须位于直径公差要求为 $\phi 0.02mm$ 且与基准轴线 A 同轴的圆柱面内	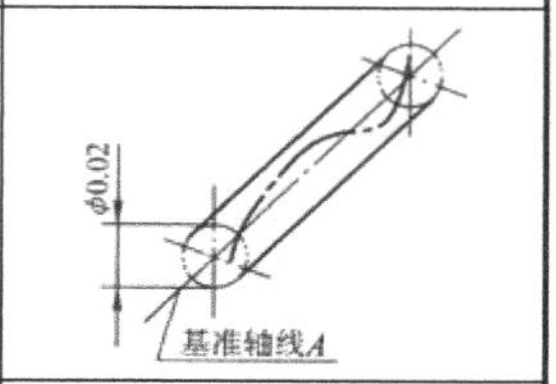
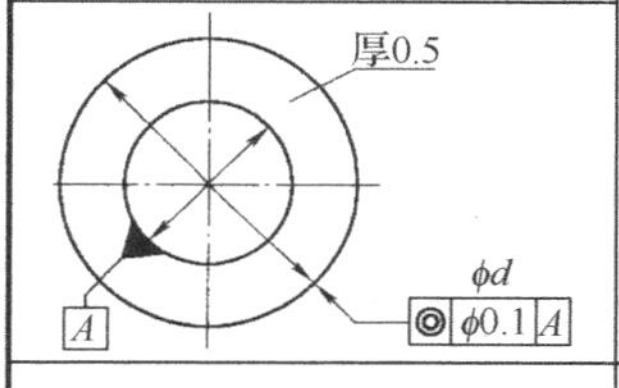		ϕd 圆心对基准圆心 A 的同心度公差为 $\phi 0.1mm$	直径为公差值 $\phi 0.1mm$，且与基准圆心 A 同心的圆内的区域	ϕd 圆心的圆心必须位于直径为公差值 $\phi 0.1mm$ 且与基准圆心 A 同心的圆内	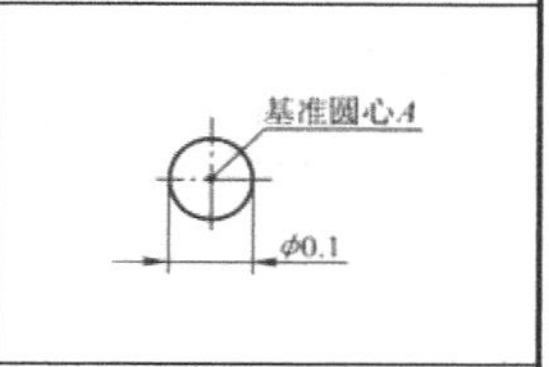
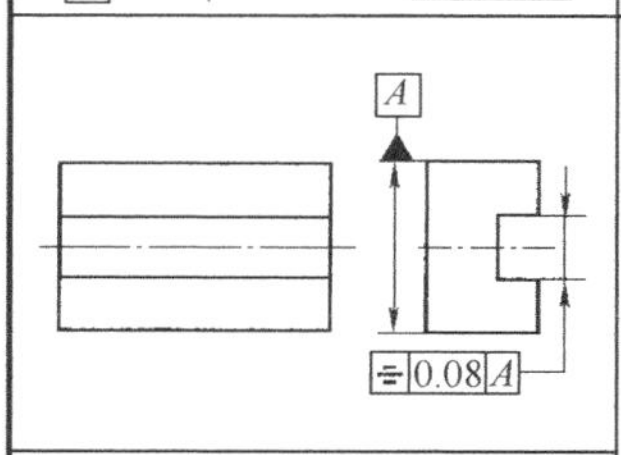	对称度	槽的中心平面对上、下面的基准中心平面 A 的对称度公差为 0.08mm	距离为公差值 0.08mm 且相对基准中心平面 A 对称配置的两平行平面之间的区域	槽的中心平面必须位于距离为公差值 0.08mm 且相对基准中心平面 A 对称配置的两平行平面之间	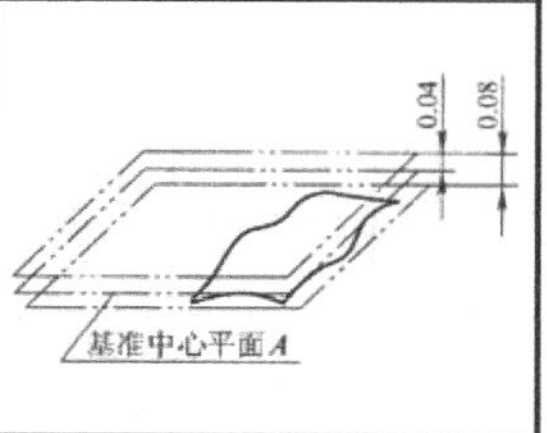
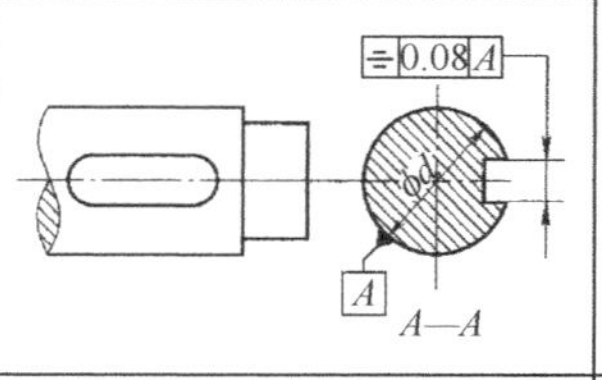		键槽 L 两侧面的中心对称平面对 ϕd 外圆的轴线 A 的对称度公差为 0.08mm	距离为公差值 0.08mm 且相对基准轴线 A 对称配置的两平行平面之间的区域	键槽 L 两侧面的中心对称平面必须位于距离为公差值 0.08mm 且相对基准轴线 A 对称配置的两平行平面之间	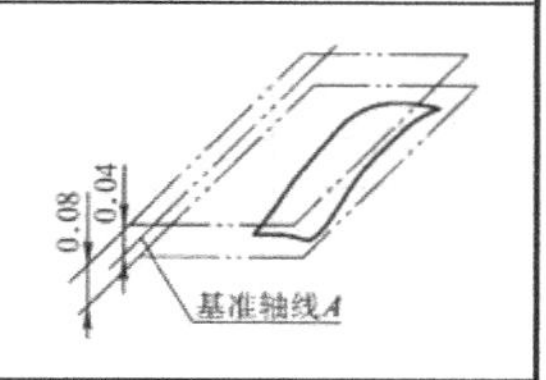
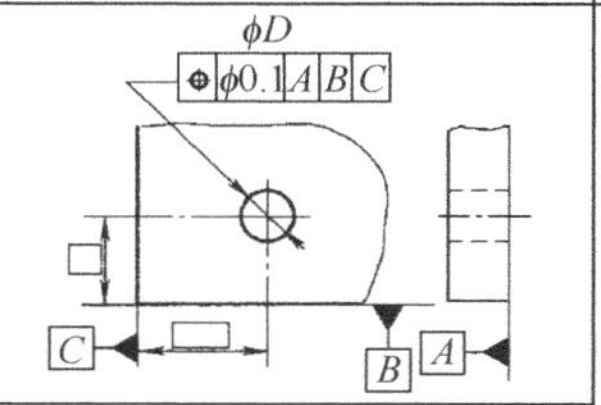	位置度	ϕD 孔轴线对三基准平面 A、B、C 的位置度公差为 $\phi 0.1mm$	直径为公差值 $\phi 0.1mm$，且以孔轴线的理想位置为轴线的圆柱面内的区域	ϕD 孔轴线必须位于直径为公差值 $\phi 0.1mm$ 且以孔轴线的理想位置为轴线的圆柱面内	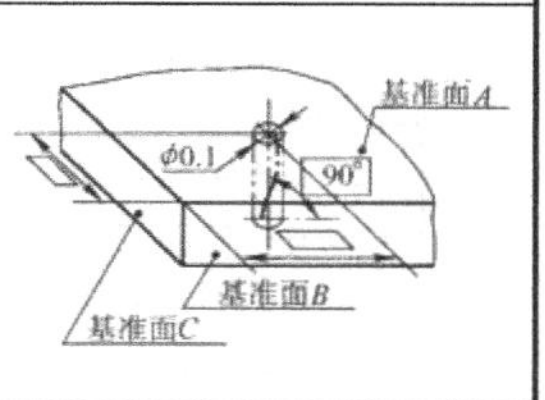
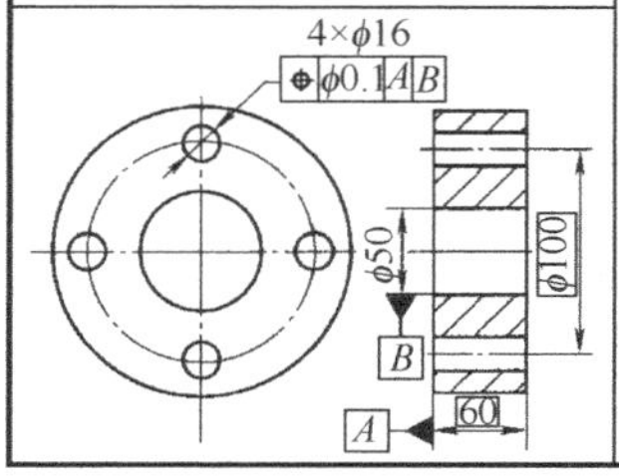		4 个圆周均匀分布的 $\phi 16$ 孔的轴线对端面 A 及 $\phi 50$ 孔轴线 B 的位置度公差为 $\phi 0.1mm$	直径为公差值 $\phi 0.1mm$，且以孔轴线的理想位置为轴线的圆柱面内的区域	4 个圆周均布的 $\phi 16$ 孔的轴线必须位于直径为公差值 $\phi 0.1mm$ 且以基准 A、B 所确定的理想位置为轴线的圆柱面内	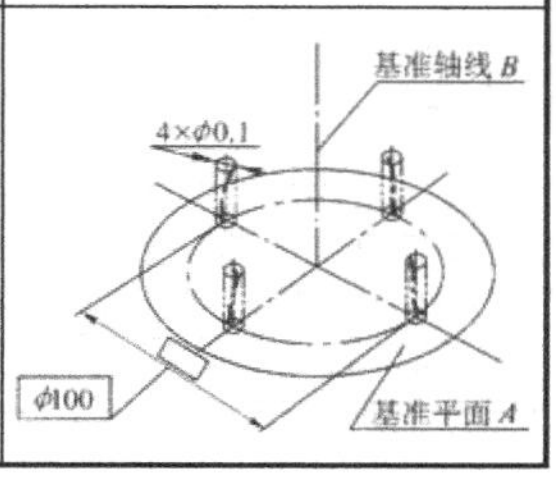

4．跳动公差

跳动公差限制被测要素表面对基准轴线的变动。跳动公差分为圆跳动和全跳动两种。

（1）圆跳动公差

圆跳动公差是指被测表面绕基准轴线一周时，在给定方向上的任一测量面上所允许的跳动量。圆跳动公差根据给定测量方向可分为径向圆跳动、轴向圆跳动和斜向圆跳动三种。

（2）全跳动公差

全跳动公差是指被测表面绕基准轴线连续回转时，在给定方向上所允许的最大跳动量。全跳动公差分为径向全跳动和轴向全跳动两种。

跳动公差各项目的应用和解读见表 2-9。

表 2-9　跳动公差的应用和解读

示例	公差	解读	公差带	设计要求	
				说明	图示
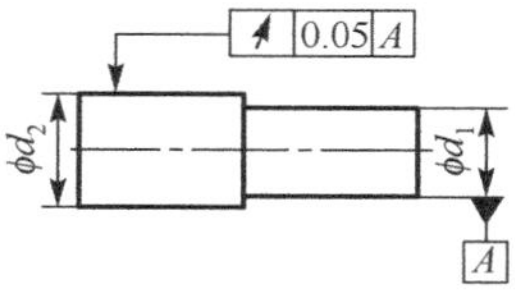	圆跳动	ϕd_2 圆柱面对基准轴线 A 的径向圆跳动公差为 0.05mm	在垂直于基准轴线 A 的任一测量平面内，半径为公差值 0.05且圆心在基准轴线上的两个同心圆之间的区域	ϕd_2 圆柱面绕基准轴线回转一周时，在垂直于基准轴线的任一测量平面内的径向跳动量均不大于公差值 0.05	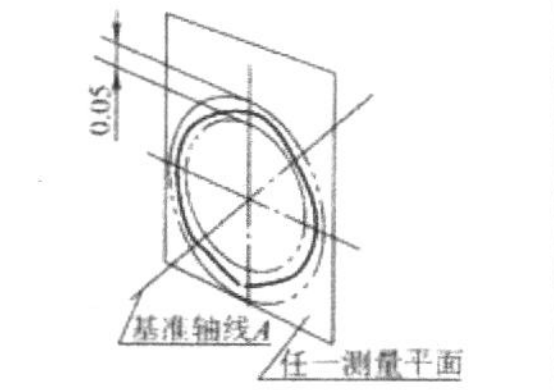
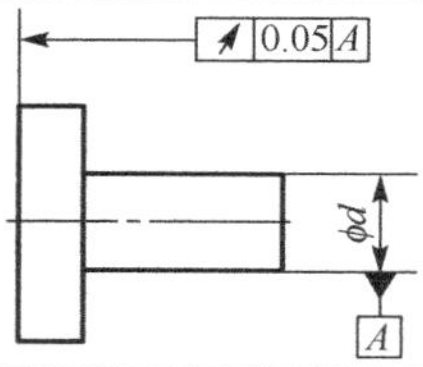	圆跳动	左端面对基准轴线 A 的轴向圆跳动公差为 0.05mm	在与基准轴线 A 同轴的任一直径位置的测量圆柱面上，沿素线方向宽度为 0.05mm 的圆柱面区域	左端面绕基准轴线回转一周时，在与基准轴线同轴的任一直径位置的测量圆柱面上的轴向跳动量均不大于公差值 0.05	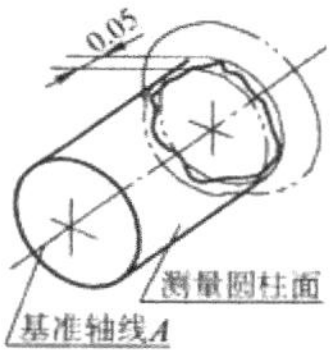
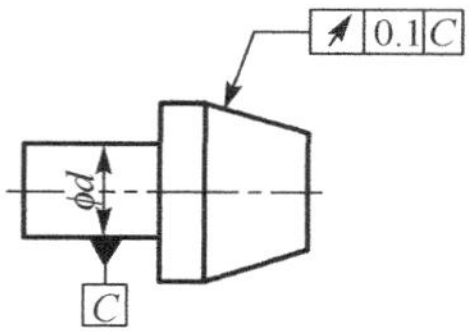	圆跳动	圆锥面对基准轴线 C 的斜向圆跳动公差为 0.1mm	在与基准轴线 C 同轴的任一测量圆锥面上，沿素线方向宽度为 0.1mm 的圆锥面区域（测量圆锥面的素线与被测圆锥面垂直）	圆锥面绕基准轴线回转一周时，在与基准轴线同轴的任一测量圆锥面（素线与被面垂直）上的跳动量均不得大于公差值 0.1mm	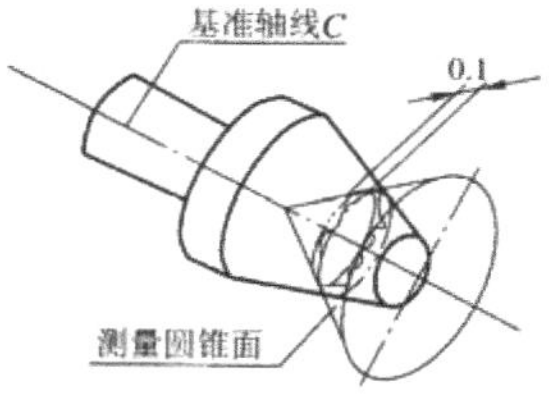
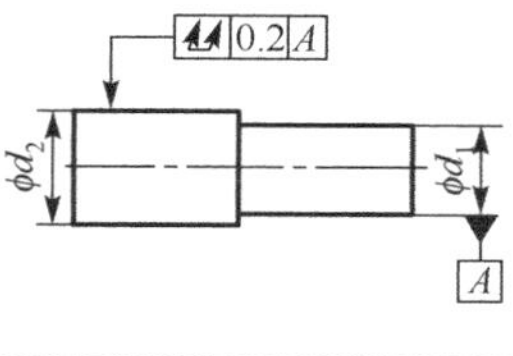	全跳动	ϕd_2 圆柱面对基准轴线 A 的径向全跳动公差为 0.2mm	半径差为公差值 0.2mm，且与基准轴线 A 同轴的两个圆柱面之间的区域	ϕd_2 圆柱面绕基准轴线连续回转，同时指示器相对于圆柱面作轴向移动，在 ϕd_2 整个圆柱表面上的径向跳动量不得大于公差值 0.2mm	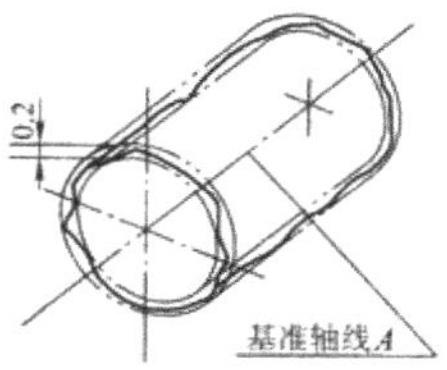
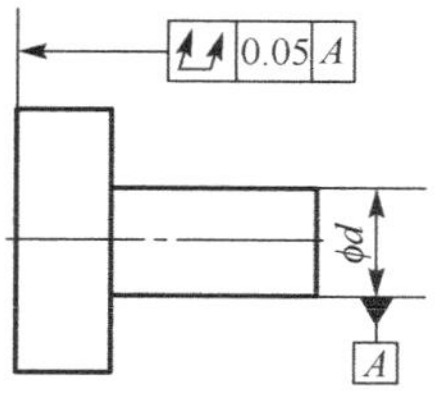	全跳动	左端面对基准轴线 A 的轴向全跳动公差为 0.05mm	距离为公差值 0.05mm，且与基准轴线垂直的两平行平面之间的区域	左端面绕基准轴线 A 连续回转，同时指示器相对于端面作径向移动，在整个端面上的轴向跳动量不得大于公差值 0.05mm	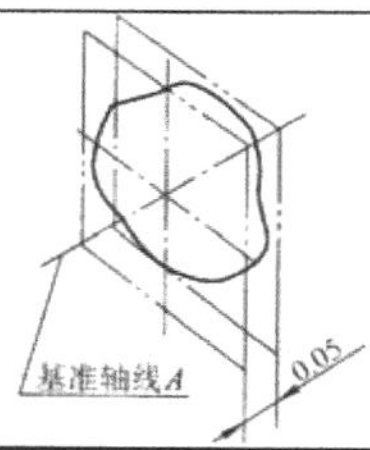

5. 几何公差之间的关系

如果功能需要，可规定一种或多种几何特征的公差以限定要素的几何误差，限定要素某种类型几何误差的几何公差，也限制该要素其他类型的几何误差，如：

要素的位置公差可同时限制该要素的位置意误差、方向误差和形状误差。

要素的方向公差可同时限制该要素的方向误差和形状误差。

要素的形状公差只能限制要素的形状误差。

二、几何公差值的选择

设计产品时，应按国家标准提供的统一数系选择几何公差值。国家标准对圆度和圆柱度划分为 13 个等级，对直线度、平面度、平行度、垂直度、倾斜度，同轴度、对称度、圆跳动、全跳动划分为 12 个等级。几何公差数值见表 2-10、表 2-11、表 2-12、表 2-13；对位置度没有划分等级，只提供了位置度系数，见表 2-14。国家标准没有对线轮廓度和面轮廓度规定公差值。

表 2-10　圆度、圆柱度

主参数 d (D) /mm	公差等级												
	0	1	2	3	4	5	6	7	8	9	10	11	12
	公差值/μm												
>6~10	0.12	0.25	0.4	0.6	1	1.5	2.5	4	6	9	15	22	36
>10~8	0.15	0.25	0.5	0.8	1.2	2	3	5	8	11	18	27	43
>18~30	0.2	0.3	0.6	1	1.5	2.5	4	6	9	13	21	33	52
>30~50	0.25	0.4	0.6	1	1.5	2.5	4	7	11	16	25	39	62
>50~80	0.3	0.5	0.8	1.2	2	3	5	8	13	19	30	46	74
>80~120	0.4	0.6	1	1.5	2.5	4	6	10	15	22	35	54	87
>120~180	0.6	1	1.2	2	3.5	5	8	12	18	25	40	63	100
>180~250	0.8	1.2	2	3	4.5	7	10	14	20	29	46	72	115

注：d（D）为被测要素的直径。

表 2-11　直线度、平面度

主参数 L/mm	公差等级											
	1	2	3	4	5	6	7	8	9	10	11	12
	公差值/μm											
≤10	0.2	0.4	0.8	1.2	2	3	5	8	12	20	30	60
>10~16	0.25	0.5	1	1.5	2.5	4	6	10	15	25	40	80
>16~25	0.3	0.6	1.2	2	3	5	8	12	20	30	50	100
>25~40	0.4	0.8	1.5	2.5	4	6	10	15	25	40	60	120
>40~63	0.5	1	2	3	5	8	12	20	30	50	80	150
>63~100	0.6	1.2	2.5	4	6	10	15	25	40	60	100	200
>100~160	0.8	1.5	3	5	8	12	20	30	50	80	120	250
>160~250	1	2	4	6	10	15	25	40	60	100	150	300

注：L 为被测要素的长度。

表 2-12　平行度、垂直度、倾斜面度

主参数 d (D)、L/mm	公差等级											
	1	2	3	4	5	6	7	8	9	10	11	12
	公差值/μm											
≤10	0.4	0.8	1.5	3	5	8	12	20	30	550	80	120
>10~16	0.5	1	2	4	6	10	15	25	40	60	100	150

续表

主参数 d（D）、L/mm	公差等级											
	1	2	3	4	5	6	7	8	9	10	11	12
	公差值/μm											
>16～25	0.6	1.2	2.5	5	8	12	20	30	50	80	120	200
>25～40	0.8	1.5	3	6	10	15	25	40	60	100	150	250
>40～63	1	2	4	8	12	20	30	50	80	120	200	300
>63～100	1.2	2.5	5	10	15	25	40	60	100	150	250	400
>100～160	1.5	3	6	12	20	30	50	80	120	200	300	500
>160～250	2	4	8	15	25	40	60	100	150	250	400	600

表 2-13　直线度、平面度

主参数 d（D），B/mm	公差等级											
	1	2	3	4	5	6	7	8	9	10	11	12
	公差值/μm											
>6～10	0.6	1	1.5	2.5	4	6	10	15	30	60	100	200
>10～18	0.8	1.2	2	3	5	8	12	20	40	80	120	250
>18～30	1	1.5	2.5	4	6	10	15	25	50	100	150	300
>30～50	1.2	2	3	5	8	12	20	30	60	120	200	400
>50～20	1.5	2.5	4	6	10	15	25	40	80	150	250	500
>120～250	2	3	5	8	12	20	30	50	100	200	300	600

注：B 为被测要素的宽度。

表 2-14　位置度系数　　　　　　　　（μm）

1	1.2	1.5	2	2.5	3	4	5	6	8
1×10^{n}	1.2×10^{n}	1.5×10^{n}	2×10^{n}	2.5×10^{n}	3×10^{n}	4×10^{n}	5×10^{n}	6×10^{n}	8×10^{n}

注：n 为正整数。

在选择公差值时，应根据零件的功能要求来选择，这就要求：

1）通过类比或计算，并考虑加工经济性和零件的结构、刚性等情况。

2）协调各种公差值之间的合理性。

3）单项公差应小于综合公差。

4）与轴承、花键和齿轮等配合的零件，其几何公差的选择应按其功能、精度级别要求单独选择。

5）位置度公差通常须计算后确定。

6）为简化制图及获得其他好处，对一般机床加工能保证的几何精度及要素的几何公差值大于未注公差值时，要采用未注公差值，不必将几何公差一一标注在图样上。实际要素的误差由未注几何公差控制。

国家标准对直线度、垂直度、对称度、圆跳动分别规定了未注公差值，见表 2-15～表 2-18，都分为 H、K、L 三种公差等级。对其他项目未注说明如下：

1）圆度未注公差值等于其尺寸公差值，但不能大于径向圆跳动的未注公差值。

2）圆柱度的未注公差未作规定。实际圆柱面的误差由其构成要素（截面圆、轴线、素线）的注出公差或未注公差控制。

3）平行度的未注公差值等于给出的尺寸公差值或直线度（平面度）未注公差值中的相应公差值取较大者，并取较长要素作为基准。

4）同轴度的未注公差未作规定，可考虑与径向圆跳动的未注公差相等。

5）其他项目（线轮廓度、面轮廓度、倾斜度、位置度、全跳动）由各要素注出或未注出几何公差、线性尺寸公差或角度公差控制。

6）若采用标准规定的未注公差，如采用 K 级，应在标题栏附近或在技术要求、技术文件中注出标准号及公差等级代号，如 GB/T 1184—K。

表 2-15　直线度、平面度未注公差值　　　　　　　　　（mm）

基本长度范围	公差等级			基本长度范围	公差等级		
	H	K	H		H	K	L
≤10	0.02	0.05	0.1	>100~300	0.2	0.4	0.8
>10~30	0.05	0.1	0.2	>300~1000	0.3	0.6	1.2
>30~100	0.1	0.2	0.4	>1000~3000	0.4	0.8	1.6

表 2-16　垂直未注公差值　　　　　　　　　（mm）

基本长度范围	公差等级			基本长度范围	公差等级		
	H	K	H		H	K	L
≤100	0.2	0.4	0.6	>300~1000	0.4	0.8	1.5
>100~300	0.3	0.6	1	>1000~3000	0.5	1	2

表 2-17　对称度未注公差值　　　　　　　　　（mm）

公差等级	基本长度范围			
	≤100	>100~300	>300~1000	>1000~3000
H	0.5			
K	0.6		0.8	1
L	0.6	1	1.5	2

表 2-18　圆跳动未注公差值　　　　　　　　　（mm）

公差等级	公差值
H	0.1
K	0.2
L	0.5

思考与习题

1．什么叫做被测要素？什么叫基准要素？

2．什么叫组成要素？什么叫导出要素？

3．几何公差有哪些项目？它们的符号是什么？

4．什么是几何公差带？几何公差带由哪几个要素组成？

5．在图 2-45 中标注出下列几何公差要求。

1）$\phi 32_{-0.03}^{\;0}$ mm 圆柱面对两 $\phi 20_{-0.021}^{\;0}$ mm 公共轴线的圆跳动公差 0.015mm。

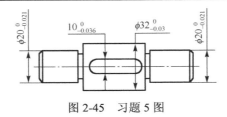

图 2-45　习题 5 图

2）两 $\phi 20_{-0.021}^{0}$ mm 轴颈的圆度公差 0.01mm。

3）$\phi 32_{-0.03}^{0}$ mm 左右两端面对面 $\phi 20_{-0.021}^{0}$ mm 公共轴线的轴向圆跳动公差 0.02mm。

4）键槽 $10_{-0.036}^{0}$ mm 中心平面对 $\phi 32_{-0.03}^{0}$ mm 轴线的对称度公差 0.015mm。

6．指出图 2-46 中几何公差标注上的错误，并加以改正（不变更几何公差项目）。

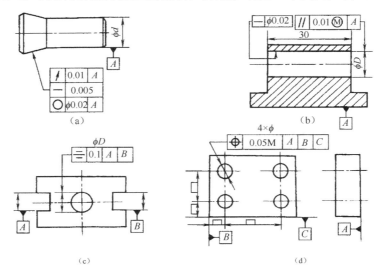

图 2-46　习题 6 图

7．说明图 2-47 所示零件中所标注的几何公差的内容与设计要求。

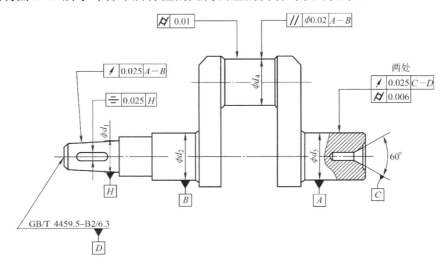

图 2-47　习题 7 图

8. 测量图 2-48 所示零件的对称度误差，得 $\Delta = 0.03$mm，问对称度是否超差？为什么？

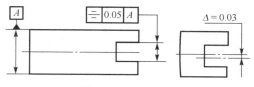

图 2-48　习题 8 图

9. 按图 2-49 所示，填写下表。

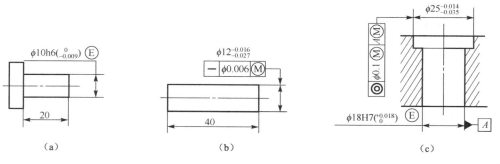

图 2-49　习题 9 图

图号	最大实体尺寸/mm	最小实体尺寸/mm	最大实体状态时的几何公差值/μm	理想边界名称及边界尺寸/mm	实际尺寸合格范围/mm
a					
b					
c					

第3章　表面粗糙度

3-1　基本术语与评定参数

一、表面粗糙度的定义

表面粗糙度反映的是零件被加工表面上的微观几何形状误差。表面粗糙度主要是由加工过程中刀具和零件表面间的摩擦、切屑分离时表面金属层的塑性变形及工艺系统的高频振动等原因形成的。

表面粗糙度不同于由机床几何精度方面的误差引起的表面宏观几何误差，也不同于在加工过程中由机床-刀具-工件系统的振动、发热和运动不平衡等因素引起的介于宏观和微观几何误差之间的表面波度。通常可按波形起伏间距 λ 和幅度 h 的比值 λ/h 来划分，如图 3-1 所示。

比值小于 40 为表面粗糙度，比值大于 1000 为形状误差，介于两者之间为表面波度。

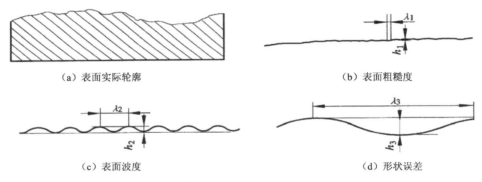

（a）表面实际轮廓　　　　　　　　　（b）表面粗糙度

（c）表面波度　　　　　　　　　　　（d）形状误差

图 3-1　加工误差示意图

二、表面粗糙度对零件使用性能的影响

1．对配合性质的影响

对于间隙配合，表面粗糙度值过大则易磨损，使间隙很快地增大，从而引起配合性质的改变。特别是在零件尺寸小和公差小的情况下，此影响更为明显。

对于过盈配合，表面粗糙度值过大会减小实际有效过盈量，从而降低连接强度。

因此，提高零件的表面质量，可以提高间隙配合的稳定性或过盈配合的连接强度，更好地满足零件的使用要求。

2．对摩擦、磨损的影响

两个不平的表面接触时首先是表面的凸峰接触。当两个表面相对运动时，凸峰之间的作用会产生凸峰的弹性和塑性变形及相互的剪切，从而形成摩擦阻力。表面越粗糙，阻力越大，摩擦系数也就越大，因摩擦而消耗的能量也越大。此外，表面越粗糙，两配合表面的实际有效接触面积越小，单位面积压力越大，因而更易磨损。

但在某些场合（如滑动轴承及液压导轨面的配合处），如表面过于光滑，则不利于润滑油的存储，使之形成半干摩擦甚至干摩擦，有时还会增加零件接触面的吸附力，反而使摩擦系数增大，加剧磨损。

故此，为有效地减小零件的摩擦和磨损，应选取合适的表面粗糙度。

3．对抗腐蚀性的影响

零件的表面越粗糙，则其凹谷处越容易积聚腐蚀性的物质，然后逐渐渗透到金属材料的表层，形成表面锈蚀。

4．对零件强度的影响

零件表面越粗糙，则表面上凹痕就越深，产生的应力集中现象就越严重，在交变载荷的作用下，其疲劳强度会降低，因而有可能因应力集中产生疲劳断裂。因此，为增加零件的抗疲劳强度，在加工中要特别注意提高零件沟槽和台阶圆角处的表面质量。

5．对接触刚度的影响

零件表面越粗糙，表面间的实际接触面积就越小，单位面积受力就越大，这就会使峰顶处的塑性变形增大，降低接触刚度，从而影响机器的工作精度和抗振性能。

6．对结合密封性的影响

当两个表面接触时，由于表面微观不平的存在，使得两个表面只在局部接触，形成中间缝隙影响密封性。降低表面粗糙度值，对提高零件的密封性能很重要。因此，对零件的表面粗糙度数值进行合理的确定，能提高机械零件的使用性能和寿命。

三、表面粗糙度评定参数

1．相关术语

（1）实际轮廓
实际轮廓是指平面与实际表面相交所得的轮廓线。

按平面相对于加工纹理方向的位置不同，实际轮廓可分为横向轮廓和纵向轮廓，见表 3-1。

表 3-1　实际轮廓

分类	图示	说明
横向轮廓	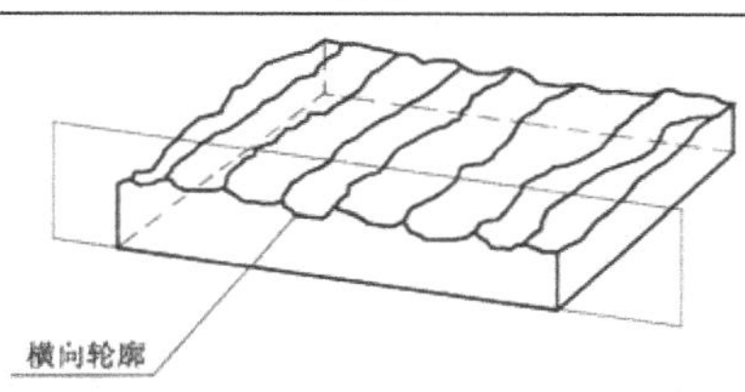 横向轮廓	指垂直于表面加工纹理的平面与表面相交所得的轮廓线

分类	图示	说明
纵向轮廓	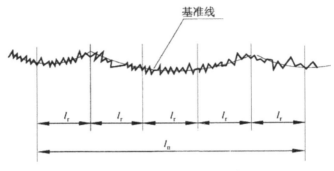	指平行于表面加工纹理的平面与表面相交所得的轮廓线

在评定表面粗糙度时，除非特别指明，否则通常均指横向轮廓，因为在此轮廓上可得到高度参数的最大值。

（2）取样长度（l_r）

取样长度是指用于判别具有表面粗糙度特征的一段基准线长度，如图 3-2 所示。

图 3-2　取样长度和评定长度

在实际轮廓上测量表面粗糙度时，必须有一个合理的取样长度，如 l_r 过长，有可能将表面波度的成分引入表面粗糙度的结果中；l_r 过短，将不能反映待测表面粗糙度的实际情况。为了限制和削弱表面波度对表面粗糙度测量结果的影响，在测量范围内较好反映粗糙度的实际情况，国家标准规定取样长度按表面粗糙程度选取相应的数值，一般不少于 5 个以上的轮廓峰和轮廓谷。

（3）评定长度（l_n）

评定长度是指评定轮廓所必需的一段长度，它可以包括一个或几个取样长度，如图 3-2 所示。

由于被测表面上表面粗糙度的不均匀性，所以只根据一个取样长度的测量结果来评定整个表面的粗糙度，显然是不够准确和合理的。为较充分和客观地反映被测表面的粗糙度，须连续取几个取样长度，测量后取其平均值作为测量结果。

一般情况下，按标准推荐取 $l_n = 5l_r$。若被测表面均匀性好，可选用小于 $5l_r$ 的评定长度值；反之，均匀性差的表面应选用大于 $5l_r$ 的评定长度。

（4）基准线

基准线是用以评定表面粗糙度参数的给定的线（图 3-2）。国家标准规定采用中线制，即以中线为基准线评定轮廓的计算制。

中线有轮廓的最小二乘中线和轮廓的算术平均中线两种，见表 3-2。

表 3-2　轮廓中线

分类	图示	说明
轮廓的最小二乘中线	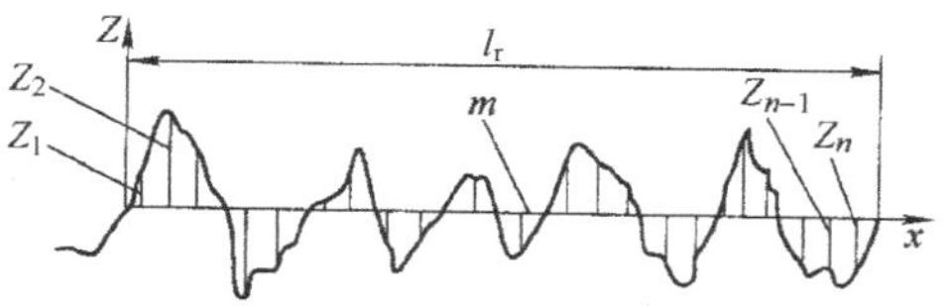	简称中线，是指具有几何轮廓形状并划分轮廓的基准线，在取样长度内使轮廓线上各点的轮廓偏距的平方和为最小。也就是说在取样长度内，使轮廓上各点至一条假想线距离的平方和为最小，即 $\sum_{i=1}^{n} Z_i^2 = \min$，这条假想线就是最小二乘中线
轮廓的算术平均中线	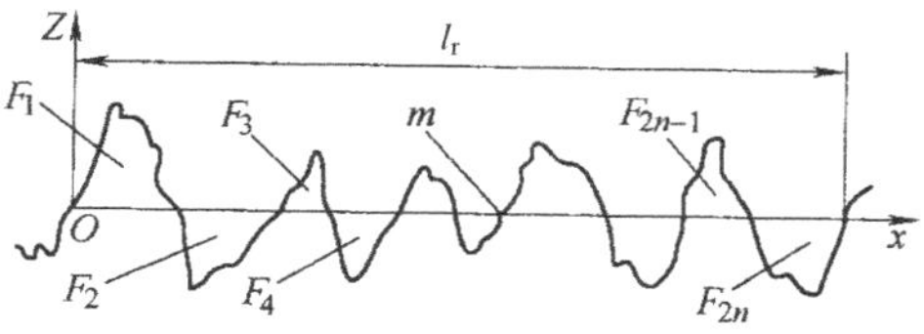	指具有几何轮廓形状在取样长度内与轮廓走向一致的基准线，在取样长度内由该线划分轮廓使上下两边的面积相等。也就是说在取样长度内，由一条假想线将实际轮廓分为上、下两部分，且上部分面积之和等于下部分面积之和，即 $\sum_{i=1}^{n} F_i = \sum_{i=1}^{n} F_i'$，这条假想线就是算术平均中线

标准规定，一般以轮廓的最小二乘中线为基准线。由于在轮廓图形上确定最小二乘中线的位置比较困难，因此标准又规定了轮廓的算术平均中线，其目的是用图解法近似地确定最小二乘中线，即用算术平均中线代替最小二乘中线。通常轮廓算术平均中线可以用目测法来确定。

（5）轮廓峰与轮廓谷

轮廓峰是指在取样长度内轮廓与中线相交，连接两相邻交点向外（从材料向周围介质）的轮廓部分，如图 3-3 所示。轮廓谷是指在取样长度内轮廓与中线相交，连接两相邻交点向内（从周围介质到材料）的轮廓部分，如图 3-4 所示。

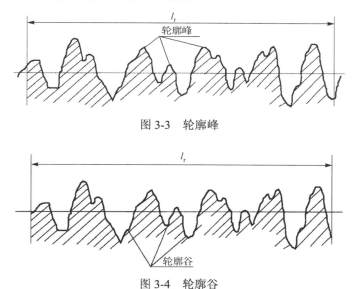

图 3-3　轮廓峰

图 3-4　轮廓谷

（6）极限值判断规则

完工零件的表面按检验规范测得轮廓参数值后，须与图样上给定的极限值比较，以判断其是否合格。极限值判断规则有两种：

1）16%规则。运用本规则时，当被检表面测得的全部参数值中超过极限值的个数不多于总个数的16%时，该表面是合格的。

2）最大规则。运用本规则时，被检的整个表面上测得的参数值一个也不应超过给定的极限值。

16%规则是所有表面结构要求标注的默认规则，即当参数代号后未注明"max"字样时，均默认为应用16%规则。反之，则应用最大规则。

2．表面粗糙度评定参数

（1）高度特性参数

1）算术平均偏差。这是指在一个取样长度 l_r 范围内，纵坐标 $Z(x)$ 绝对值的算术平均值，用 Ra 表示，如图3-5所示。

其表达式为：

$$Ra = \frac{1}{l_r} \int_0^l |Z(x)| \mathrm{d}x$$

或近似为：

$$Ra = \frac{1}{n} \sum_{i=1}^n |Z(x_i)|$$

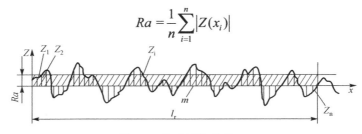

图3-5　算术平均偏差 Ra

Ra 参数能充分反映表面微观几何形状高度方向的特性，且测量方便，因而标准推荐优先选用 Ra。

2）轮廓最大高度。这是指在一个取样长度内，最大轮廓峰高线与最大轮廓谷底线之间的距离，如图3-6所示，用 Rz 表示。

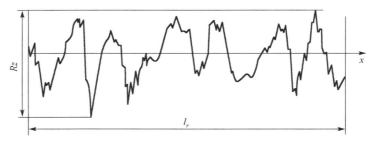

图3-6　轮廓最大高度 Rz 示意图

（2）间距参数

1）轮廓微观不平度的平均间距。轮廓微观不平度的平均间距指在取样长度内轮廓微观不平度的间距的平均值，用 S_m 表示。所谓微观不平度的间距是指含有一个轮廓峰和相邻轮廓谷的一段中线长度，如图3-7所示。

2）轮廓的单峰平均间距。轮廓的单峰平均间距是指在取样长度内轮廓的单峰间距的平均值，用 S 表示。所谓轮廓的单峰间距是指两相邻单峰最高点之间的距离在中线上投影的长度，如图 3-7 所示。

S_m 和 S 的数值已标准化，表 3-3 为 S_m，S 的系列值，表 3-4 为 S_m，S 的补充系列值。国家标准规定优先选用表 3-3 中的数值。

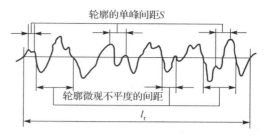

图 3-7　轮廓微观不平度的间距和轮廓的单峰间距

表 3-3　S_m，S 的系列值　　　　　　　（mm）

S_m，S	0.006	0.1	1.6
	0.0125	0.2	3.2
	0.025	0.4	6.3
	0.05	0.8	12.5

表 3-4　S_m，S 的补充系列值　　　　　　（mm）

S_m，S	0.002	0.032	0.50	8.0
	0.003	0.040	0.63	10.0
	0.004	0.063	1.00	
	0.005	0.080	1.25	
	0.008	0.125	2.0	
	0.010	0.160	2.5	
	0.016	0.25	4.0	
	0.020	0.32	5.0	

（3）轮廓支承长度率

轮廓支承长度率用 t_p 表示，是指轮廓支承长度 η_p 与取样长度之比。轮廓支承长度 η_p 是指在取样长度内，一平行中线的线与轮廓相截所得到的各段截线长度之和，如图 3-8 所示。用算式表示为：

$$\eta_p = b_1 + b_2 + \cdots + b_i + \cdots + b_n$$

式中，b_i——第 i 段截线长度。

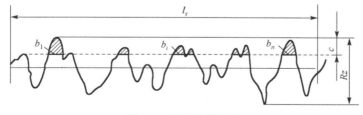

图 3-8　轮廓支承长度

（4）一般规定

国家标准采用中线制轮廓法评定表面粗糙度，粗糙度的评定参数一般从 Ra、Rz 中选取，参数值见表 3-5、表 3-6。表中的"系列值"应优先选用。

表 3-5　轮廓算术平均偏差（Ra）的数值　　　　　　　　　　　　　　　（μm）

系列值	补充系列	系列值	补充系列	系列值	补充系列	系列值	补充系列
	0.008						
	0.010						
0.012			0.125		1.25	12.5	
	0.016		0.160	1.6			16.0
	0.020	0.20			2.0		20
0.025			0.25		2.5	25	
	0.032		0.32	3.2			32
	0.040	0.40			4.0		40
0.050			0.50		5.0	50	
	0.063		0.63	6.3			63
	0.080	0.80			8.0		80
0.100			1.00		10.0	100	

表 3-6　轮廓最大高度（Rz）的数值　　　　　　　　　　　　　　　（μm）

系列值	补充系列	系列值	补充系列	系列值	补充系列	系列值	补充系列	系列值	补充系列	系列值	补充系列
			0.125		1.25	12.5			125		1250
			0.160	1.60			16.0		160	1600	
		0.20			2.0		20	200			
0.025			0.25		2.5	25			250		
	0.032		0.32	3.2			32		320		
	0.040	0.40			4.0		40	400			
0.050			0.50		5.0	50			500		
	0.063		0.63	6.3			63		630		
	0.080	0.80			8.0		80	800			
0.100			1.00		10.0	100			1000		

提示　在常用的参数值范围内（ Ra 为 0.025 ~ 6.3μm， Rz 为 0.10 ~ 25μm ），推荐优先选用 Ra 。

　　国家标准 GB/T 3505—2009 虽然定义了 R 、 W 、 P 三种高度轮廓，但常用的是 R 轮廓。当零件表面有功能要求时，除选用高度参数 Ra 、 Rz 之外，还可选用附加的评定参数。

3-2　表面粗糙度的标注

一、表面粗糙度的符号与代号

1. 表面粗糙度符号

　　表面粗糙度的基本符号如图 3-9 所示，在图样上用粗实线画出。表面粗糙度符号的含义见表 3-7。

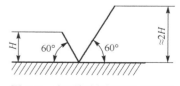

图 3-9　表面粗糙度的基本符号

表 3-7　表面粗糙度符号的含义

符号	名称	说明
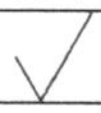 √	基本图形符号	仅用于简化代号标注，没有补充说明时不能单独使用
 √	扩展图形符号	表示用去除材料方法获得的表面，如通过机械加工获得的表面
 √		表示不去除材料的表面，如铸、锻、冲压成形、热轧、冷轧、粉末冶金等；也用于保持上道工序形成的表面，不管这种状况是通过去除材料或不去除材料形成的
 √ √ √	完整图形符号	当要求标注表面粗糙度的补充说明时，应在原符号上加一横线

2. 表面结构补充要求的注写位置

国家标准规定，为明确表面结构要求，除了标注表面参数和数值外，必要时还应标注补充要求，补充要求包括传送带、取样长度、加工工艺、表面纹理与方向、加工余量等。其标注内容的具体位置如图 3-10 所示。图中位置 $a \sim e$ 分别标注的内容见表 3-8。

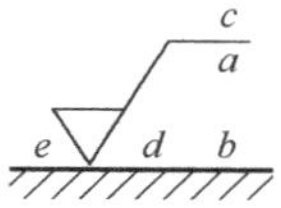

图 3-10　表面粗糙度完整图形符号

表 3-8　表面结构补充要求的注写位置内容

位置符号	标注内容
a	注写表面结构的单一要求。当有两个以上表面结构要求时，在位置 a 注写第一个表面结构要求
b	当有两个结构表面要求时，在位置 b 注写第二个表面结构要求或更多个表面结构要求
c	注写加工方法、表面处理、涂层或其他加工工艺要求等，如车、铣、磨、铰等加工表面
d	注写表面纹理和方向、标注采用符号方法
e	注写所要求的加工余量，以 mm 为单位给出数值

（1）表面粗糙度代号的含义

表面粗糙度的代号是在其完整图形符号上标注各项参数构成的，其参数标注和含义见表 3-9。

表 3-9　表面粗糙度代号的含义

代号	含义
 √ Rz 0.4	表示不允许去材料，单向上限值，R 轮廓，表面粗糙度的最大高度为 0.4μm，评定长度为 5 个取样长度（默认），"16%" 规则（默认）
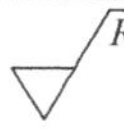 √ Rzmax 0.2	表示去除材料，单向上限值，R 轮廓，表面粗糙度最大高度为 0.2μm，评定长度为 5 个取样长度（默认），"最大规则"
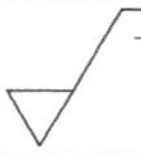 √ −0.8/Ra3 3.2	表示去除材料，单向上限值，表面粗糙度的最大高度为 0.8μm，算术平均偏差为 3.2μm，评定长度包含 3 个取样长度，"16%" 规则（默认）
 √ U Ramax 3.2 L Ra 0.8	表示不允许去除材料，双向极限值，R 轮廓，上限值：算术平均偏差 3.2μm，评定长度为 5 个取样长度（默认），"最大规则"，下限值：算术平均偏差、偏差 0.8μm，评定长度为 5 个取样长度（默认），"16%规则"（默认）
 √ 车 Rz 3.2	零件的加工表面的表面粗糙度要求由指定的加工方法获得时，用文字标注在符号上边的横线上
 √ Fe/Ep·Ni15pCr0.3r Rz 0.8	在符号的横线上面可注写镀（涂）覆或其他表面处理要求。镀覆后达到的参数值等要求也可在图样的技术要求中说明

代号	含义
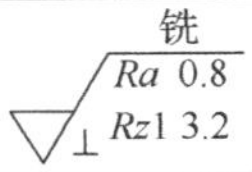 铣 $\sqrt{}$ Ra 0.8 $\perp$ Rz1 3.2	需要控制表面加工纹理方向时，可在完整符号的右下方加注加工纹理方向符号
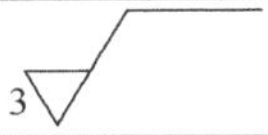 $\sqrt{}$ 3	在同一图样中，有多道加工工序的表面可标注加工余量。加工余量标注在完整符号的左下方，单位为 mm

提示　表面粗糙度代号中的参数在表示单向极限值时，只标注参数代号、默认值，默认为参数的上限值；在表示双向极限值时应标注极限代号，上限值在上方用 U 表示，下限值在下方用 L 表示。如果同一参数具有双向极限要求，在不引起争议的情况下可以不加 U、L。

（2）加工纹理方向

需要控制表面加工纹理方向时，可在符号的右边加注加工纹理方向符号，常见的加工纹理方向符号见表 3-10。

表 3-10　常见的加工纹理方向符号

符号	说明	示意图
=	纹理平行于标注符号视图的投影面	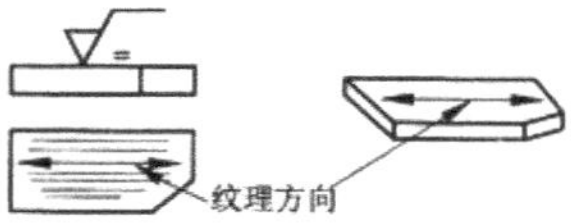
$\perp$	纹理垂直于标注符号视图的投影面	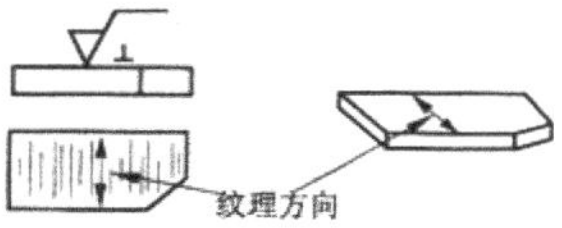
×	纹理呈两斜向交叉且与视图所在的投影面相交	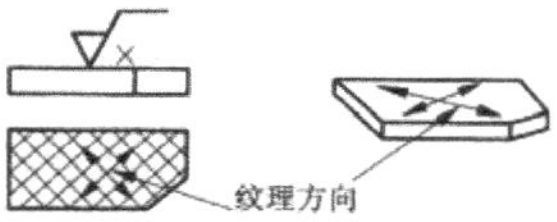
M	纹理呈多方向	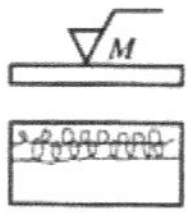
C	纹理呈近似同心圆且圆心与表面中心相关	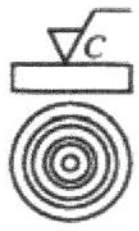
R	纹理呈近似放射状且与表面圆心有关	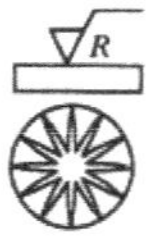
P	纹理无方向或凸起的细粒状	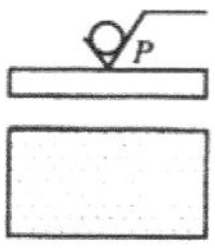

提示　若表面纹理不能清楚地用这些符号表示，应在图样上用文字说明。

二、表面粗糙度在图样上的标注

国家标准中，表面粗糙度代（符）号可标注在轮廓线、尺寸界线或其延长线上，其符号应从材料外指向并接触表面，其参数的注写和读取方向与尺寸数字的注写和读取方向一致，如图 3-11 所示。必要时，表面粗糙度代（符）号可用带黑点或箭头的指引线引出标注，如图 3-12 所示。在不致引起误解时，表面粗糙度代（符）号还可以标注在给定的尺寸线上，如图 3-13 所示。表面粗糙度代（符）号还可标注在几何公差框格上方，如图 3-14 所示。

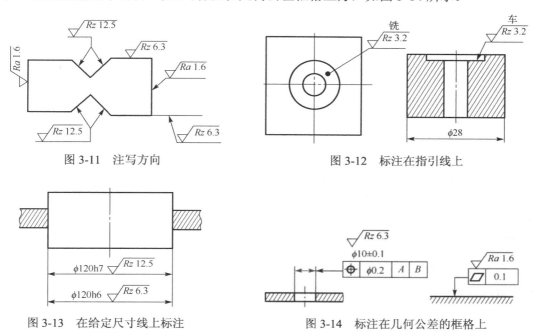

图 3-11　注写方向　　　　　　　　图 3-12　标注在指引线上

图 3-13　在给定尺寸线上标注　　　图 3-14　标注在几何公差的框格上

如果工件的大部分（包括全部）表面有相同的表面粗糙度要求，这个表面粗糙度可统一标注在图样的标题栏附近。此时表面粗糙度的符号后应有：在圆括号内给出无任何其他标注的基本符号，或在圆括号内给出不同的表面结构要求，如图 3-15 所示。

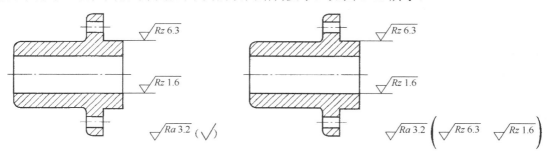

图 3-15　有相同表面结构要求的简化注法

当多个表面具有相同的表面结构要求或图样空间有限时，可以采用简化注法。可用带字母的完整符号，以等式的形式，在图形或标题栏附近，对有相同表面结构要求的表面进行简化标注，如图 3-16 所示。

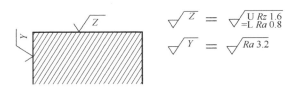

图 3-16　多个表面有共同要求的简化注法

由几种不同的工艺方法获得的同一表面，当需要明确每种工艺方法的表面结构要求时，可用虚线分开标注，如图 3-17 所示。

对于圆柱和棱柱的表面粗糙度要求只标注一次，如果每个棱柱表面有不同的表面粗糙度要求，则应分别单独标注，如图 3-18 所示。

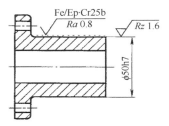

图 3-17　两种或多种工艺获得同一表面的注法

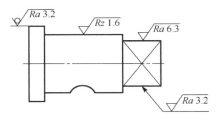

图 3-18　在圆柱和棱柱表面上的标注

三、表面粗糙度参数的选用

表面粗糙度参数（R 轮廓参数）的选择应遵循在满足表面功能要求的前提下，尽量选用较大的粗糙度参数值的基本原则，以便简化加工工艺，降低加工成本。

表面粗糙度参数值的选择一般采用类比法，参见表 3-11，具体选择时应考虑下列因素。

1）在同一零件上，工作表面一般比非工作表面的粗糙度参数值要小。

2）摩擦表面比非摩擦表面的粗糙度参数值要小，滚动摩擦表面比滑动摩擦表面的粗糙度参数值要小，运动速度高、压力大的摩擦表面比运动速度低、压力小的摩擦表面的粗糙度参数值要小。

3）承受循环载荷的表面及易引起应力集中的结构（圆角、沟槽等），其粗糙度参数值要小。

4）配合精度要求高的结合表面、配合间隙小的配合表面及要求连接可靠且承受重载的过盈配合表面，均应取较小的粗糙度参数值。

5）配合性质相同时，在一般情况下，零件尺寸越小，则粗糙度参数值应越小；在同一精度等级时，小尺寸比大尺寸、轴比孔的粗糙度参数值要小；通常在尺寸公差、表面形状公差小时，粗糙度参数值要小。

6）防腐性、密封性要求越高，粗糙度参数值应越小。

表 3-11 给出了粗糙度参数值在某一范围内的表面特征及应用，供选用时参考。

表 3-11　表面粗糙度参数的表面特征与应用

	表面特征	$Ra/\mu m$	$Rz/\mu m$	应用举例
粗糙表面	可见刀痕	>20～40	>80～160	半成品粗加工过的表面，非配合的加工表面，如轴端面、倒角、钻齿轮和带轮侧面、键槽底面、垫圈接触面等
	微见刀痕	>10～20	>40～80	

续表

表面特征		Ra/μm	Rz/μm	应用举例
半光表面	微见加工痕迹	>5～10	>20～40	轴上不安装轴承或齿轮处非配合表面、紧固件的自由装配表面、轴和孔的退刀槽等
	微辨加工痕迹	>2.5～5	>10～20	半精加工表面，箱体、支架、端盖、套筒等和其他零件结合无配合要求的表面，需要发蓝的表面
	看不清加工痕迹	>1.25～2.5	>6.3～10	接近于精加工表面、箱体上安装轴承的镗孔表面、齿轮工作面
光表面	可辨加工痕迹方向	>0.63～1.25	>3.2～6.3	圆柱销、圆锥销、与滚动轴承配合的表面，普通车床导轨面，内、外花键定心表面等
		>0.32～0.63	>1.6～3.2	要求配合性质稳定的配合表面，工作时受交变应力的重要零件，较高精度车床的导轨面
	不可辨加工痕迹方向	>0.16～0.32	>0.8～1.6	精密机床主轴锥孔，顶尖圆锥面，发动机曲轴、凸轮轴工作表面，高精度齿轮齿面
极光表面	暗光泽面	>0.08～0.16	>0.4～0.8	精度机床主轴颈表面、一般量规工作表面、汽缸套内表面、活塞销表面等
	亮光泽面	>0.04～0.08	>0.2～0.4	精度机床主轴颈表面、滚动轴承的滚动体、高压油泵中柱塞和柱塞套配合的表面
	镜状光泽面	>0.01～0.04	>0.05～0.2	
	镜面	≤0.01	≤0.05	高精度量仪、量块的工作表面，光学仪器中的金属镜面

各种加工方法所能达到的 Ra 值范围见表 3-12。

表 3-12　各种加工方法所达能到的 Ra 值范围

加工方法		Ra 值（μm）												
		0.012	0.025	0.05	0.1	0.2	0.4	0.8	1.6	3.2	6.3	12.5	25	50	100
锉							■	■	■	■	■	■			
铲刮							■	■	■	■	■				
刨削	粗										■	■	■	■	
	半精								■	■	■	■			
	精						■	■	■	■					
车外圆	粗										■	■	■	■	
	半精								■	■	■	■			
	精						■	■	■	■					
车端圆	粗										■	■	■		
	半精								■	■	■	■			
	精						■	■	■	■					
钻孔							■	■	■	■	■	■			
扩孔	粗										■	■	■		
	精							■	■	■	■				
铰孔	粗										■	■			
	半精							■	■	■					
	精					■	■	■							
镗孔	粗										■	■	■	■	
	半精							■	■	■	■				
	精					■	■	■							
金刚镗孔				■	■	■	■								

续表

加工方法		Ra 值（μm）													
		0.012	0.025	0.05	0.1	0.2	0.4	0.8	1.6	3.2	6.3	12.5	25	50	100
铣端面	粗									▬	▬	▬			
	半精						▬	▬	▬	▬					
	精					▬	▬	▬							
磨外圆	粗							▬	▬						
	半精				▬	▬	▬								
	精			▬	▬										
磨平圆	粗								▬	▬					
	半精					▬	▬	▬							
	精			▬	▬										
珩磨	平面			▬	▬	▬									
	圆柱	▬	▬	▬	▬										
研磨	粗					▬	▬	▬							
	精	▬	▬	▬											
抛光	一般				▬	▬									
	精	▬	▬	▬											

思考与习题

1. 什么是表面粗糙度？表面粗糙度对零件的使用性能有什么影响？
2. 什么是取样长度？为什么评定表面粗糙度必须确定一个合理的取样长度？
3. 试说明评定长度与取样长度的关系，并说明评定长度的作用。
4. 为什么在评定表面粗糙度的两个高度参数中，标准规定优先选用 Ra 参数？
5. 表面结构符号有哪几种？试说明各自的含义。
6. 什么是表面结构代号？画图说明标准规定各参数在符号上的标注位置。
7. 试说明最大规则和 16%规则在意义和标注上的区别。
8. 表面结构符号、代号在图样上标注时有哪些基本规定？
9. R 轮廓参数（表面粗糙度参数）的选用一般采用什么方法？其遵循的基本原则是什么？

第4章 圆锥的公差配合

在机器结构和工具中，有许多使用圆锥面配合的场合，如车床主轴锥孔与顶尖的配合，车床尾座锥孔与麻花钻锥柄的配合等，如图4-1所示。常见的圆锥零件有圆锥齿轮、锥形主轴、带锥孔的齿轮、锥形手柄等，如图4-2所示。

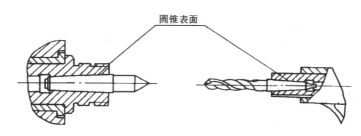

图 4-1 圆锥面零件配合实例

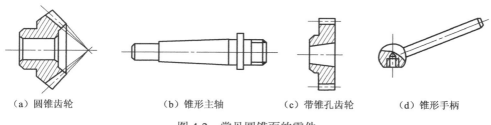

（a）圆锥齿轮　　　　　（b）锥形主轴　　　　（c）带锥孔齿轮　　　　（d）锥形手柄

图 4-2 常见圆锥面的零件

4-1 圆锥的基本知识

一、圆锥面的特点

圆锥面配合的主要特点是：

1）当圆锥角较小（在3°以下）时，可以传递很大的转矩。

2）圆锥配合同轴度较高，能做到无间隙配合。

3）装卸方便，虽经多次装卸，仍能保证精确的定心作用。

加工圆锥面时，除了尺寸精度、形位精度和表面粗糙度具有较高要求外，还有角度（或锥度）的精度要求。角度的精度用加、减角度的分或秒表示。

二、圆锥的术语与定义

1. 圆锥表面和圆锥

圆锥表面是由与轴线成一定角度且一端相交于轴线的一条直线段（母线），绕该轴线旋转一周所形成的表面，如图 4-3 所示。由圆锥表面和一定轴向尺寸、径向尺寸所限定的几何体，称为圆锥。圆锥又可以分为外圆锥和内圆锥两种，如图 4-4 所示。

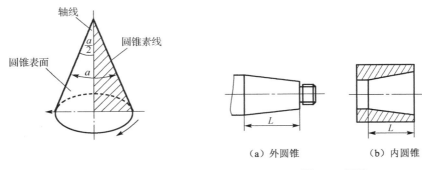

图 4-3　圆锥表面　　　　　　　　　　　　图 4-4　圆锥

2. 圆锥各部分的尺寸和计算

圆锥概念与各部分尺寸的计算见表 4-1。

表 4-1　圆锥各部分尺寸的计算

名称术语	代号	定义	计算公式
圆锥角	α	在通过圆锥轴线的截面积内，两长素线之间的夹角	—
圆锥半角	$\alpha/2$	圆锥角的一半	$\tan\dfrac{\alpha}{2}=\dfrac{D-d}{2L}=\dfrac{C}{2}$ $\dfrac{\alpha}{2}\approx 28.7^{\circ}\times C=28.7^{\circ}\times\dfrac{D-d}{L}$
最大圆锥直径	D	简称大端直径	$D=d+CL=d+L\tan\dfrac{\alpha}{2}$
最小圆锥直径	d	简称小端直径	$d=D-CL=D-2L\tan\dfrac{\alpha}{2}$
圆锥长度	L	最大圆锥直径与最小圆锥直径之间的轴向距离	$L=\dfrac{D-d}{C}=\dfrac{D-d}{2\tan\alpha/2}$
锥度	C	圆锥大、小端直径之差与长度之比	$C=\dfrac{D-d}{L}$
工件全长	L_0	—	—

提示　当 $\alpha/2<6^{\circ}$ 时，才可用近似法计算公称圆锥半角。另外，计算结果是"度"，度以后的小数部分是十进位的，而角度是 60 进位的。应将含有小数部分的计算结果转化成度、分、秒。例如 5.35° 并不等于 5°35′。要用小数部分去乘 60′，即 60×0.35 = 21′，所以 5.35° 应为 5°21′。

在零件图样上，对圆锥只要标注一个圆锥直径、圆锥角和圆锥长度，或者标注最大与最小圆锥直径和圆锥长度，则该圆锥就被完全确定了，见表 4-2。

表 4-2　圆锥尺寸的标注

标注方法	图例	标注方法	图例
由最大端圆锥直径 D、圆锥角 α 和圆锥长度 L 组合		由最小端圆锥直径 d、圆锥角 α 和圆锥长度 L 组合	
由最大端圆锥直径 D 和最小端圆锥直径 d 及圆锥长度 L 组合		增加附加尺寸 $\alpha/2$，此时 $\alpha/2$ 应加括号作为参考尺寸	

三、锥度与锥角系列

为了制造和使用方便，降低生产成本，常用的工具与刀具上的圆锥都已经标准化（即圆锥的各部分尺寸，都符合几个号码的规定）。使用时，只要号码相同，则能互换。常用标准工具的圆锥有莫氏圆锥与米制圆锥两种。

1. 莫氏圆锥（MORSE）

莫氏圆锥是机器制造业中应用最为广泛的一种，如车床主轴锥孔、顶尖、钻头柄、铰刀柄等都是莫氏圆锥。莫氏圆锥分为 0 号、1 号、2 号、3 号、4 号、5 号和 6 号七种，最小的是 0 号，最大的是 6 号。莫氏圆锥是从英制换算来的，当号数不同时，圆锥半角的尺寸也不同。莫氏圆锥的锥度和圆锥半角见表 4-3。

表 4-3　莫氏圆锥

圆锥号数	锥度 C	圆锥角 α	圆锥半角 $\alpha/2$	$\tan\alpha/2$
0	1:19.212 = 0.05205	2°58′46″	1°29′23″	0.026
1	1:20.048 = 0.04988	2°51′20″	1°25′40″	0.0249
2	1:20.020 = 0.04995	2°51′32″	1°25′46″	0.025
3	1:190922 = 0.050196	2°52′25″	1°26′12″	0.0251
4	1:19.254 = 0.051938	2°58′24″	1°29′12″	0.026
5	1:19.002 = 0.0526265	3°0′45″	1°30′22″	0.0263
6	1:19.180 = 0.052138	2°59′4″	1°29′32″	0.0261

2. 米制圆锥

米制圆锥分 4 号、6 号、80 号、100 号、120 号、140 号、160 号和 200 号八种，其中 140 号较少采用。它们的号码表示的是大端直径，锥度固定不变，即 $C = 1:20$。圆锥半角 $\alpha/2 = 1°25′56″$。

除了常用标准工具的圆锥外，还经常遇到各种专用的标准圆锥，其锥度大小及应用场合见表 4-4。

表 4-4　常用标准圆锥的锥度

锥度 C	圆锥角 α	圆锥半角 α/2	应用举例
1:4	14°15′	7°7′30″	车床主轴法及轴头
1:5	11°25′16″	5°42′38″	易于拆卸的连接，砂轮主轴与砂轮法兰的结合，锥形摩擦离合器等
1:7	8°10′16″	4°5′8″	管件的开关塞、阀等
1:12	4°46′19″	2°23′9″	部分滚动轴承内环锥孔
1:15	3°49′6″	1°54′23	主轴与齿轮的配合部分
1:16	3°34′47″	1°47′24″	圆锥管螺纹
1:20	2°51′51″	1°25′56″	米制工具圆锥，锥形主轴颈
1:30	1°54′35″	0°57′23″	锥柄的铰刀和扩孔钻与柄的配合
1:50	1°8′45″	0°34′23″	圆锥定位销及锥铰刀
7:24	16°35′39″	8°17′50″	铣床主轴孔及刀杆的锥体
7:64	6°15′38″	3°7′49″	刨齿机工作台的心轴孔

3．锥度在图样上的标注

在零件图样上，锥度用特定的图形符号（或分数）来标注，见表 4-5。

表 4-5　标注方法

标注方法	由锥度 C、最大端直径 D 和圆锥长度 L 组合	由锥度 C、最小端直径 d 和圆锥长度 L 组合	采用莫氏锥度时，用相应标准中规定的标记表示
图示	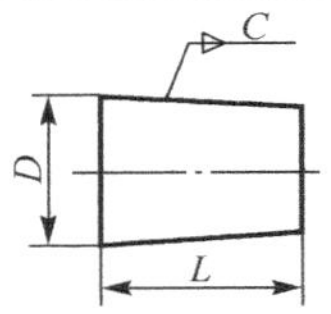	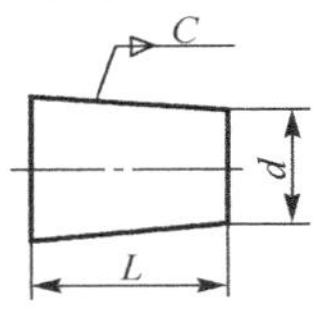	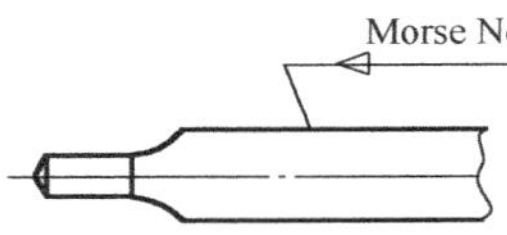 Morse No.3

提示　在图样上标注了锥度，就不必标注圆锥角，两者不应重复标注。

四、圆锥公差的术语与定义

1．公称圆锥

由设计给定的理想形状的圆锥，如图 4-5 所示。

公称圆锥可用两种形式确定：

1）一个公称圆锥直径（最大圆锥直径 D、最小圆锥直径 d、给定截面圆锥直径 d_x）、公称圆锥长度 L、公称圆锥角 α 和公称圆锥度 C。

2）两个公称圆锥直径和公称圆锥长度 L。

2．实际圆锥

实际圆锥是实际存在并与周围介质分隔，可通过测量得到的圆锥，如图 4-6 所示。

（1）实际圆锥直径

实际圆锥上的任一直径，如图 4-6 所示，用符号 d_a 表示。

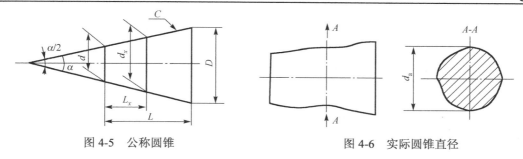

图 4-5　公称圆锥　　　　　　　　　　　图 4-6　实际圆锥直径

（2）实际圆锥角

实际圆锥的任一截面内，包容其素线且距离为最小的两对平行直线之间的夹角，如图 4-7 所示。

3. 极限圆锥

与公称圆锥共轴且圆锥角相等，直径分别为上极限直径和下极限直径的两个圆锥。在垂直圆锥轴线的任一截面上，这两个圆锥的直径差都相等，如图 4-8 所示。

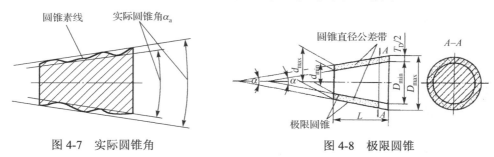

图 4-7　实际圆锥角　　　　　　　　　图 4-8　极限圆锥

（1）极限圆锥直径

极限圆锥上的任一直径，如图 4-8 中的 D_{max}、D_{min}、d_{max}、d_{min}。

（2）极限圆锥角

允许的上极限或下极限圆锥角，如图 4-9 所示，用符号 α_{max} 和 α_{min} 表示。

4. 圆锥直径公差和圆锥直径公差区

圆锥直径的允许变动量称为圆锥直径公差，用符号 T_D 表示（T_D 是绝对值），如图 4-8 中的表示。圆锥直径公差在整个圆锥长度内都适用。两个极限圆锥所限定的区域称为圆锥直径公差区。

5. 给定截面圆锥直径公差和给定截面圆锥直径公差区

在垂直于圆锥轴线的给定圆锥截面内，圆锥直径的允许变动量称为给定截面圆锥直径公差，用符号 T_{DS} 表示，如图 4-10 所示。它仅选用于该给定截面。在给定圆锥截面内，由两个同心圆所限定的区域称为给定截面圆锥直径公差区。

6. 圆锥角公差、圆锥角公差区

圆锥角公差用符号 AT 表示，它是指圆锥角的允许变动量。以长度为单位时，用代号 AT_D 表示。极限圆锥角 α_{max} 和 α_{min} 限定的区域称为圆锥角公差区。AT（AT_α、AT_D）为绝对值。

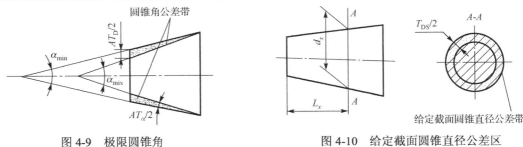

图 4-9 极限圆锥角   图 4-10 给定截面圆锥直径公差区

五、圆锥配合的术语与定义

1. 圆锥配合

公称圆锥相同的内、外圆锥直径之间，由于结合不同所形成的相互关系称为圆锥配合。圆锥配合分为三种：用于有相对运动的间隙配合，用于定心传递转矩的过盈配合和要求内外圆锥紧密接触、间隙为零或稍有过盈的紧密配合。

2. 圆锥配合的形成

圆锥配合的特征是通过规定相互结合的内外锥的轴向相对位置形成间隙或过盈。按其圆锥轴向位置的不同方法，圆锥配合的形成有两种方式。

（1）结构型圆锥配合

由内外圆锥的结构或基面距（内、外圆锥基准平面之间的距离）确定它们之间最终的轴向相对位置，并因此获得指定配合性质的圆锥配合。

如图 4-11 所示为由内外圆锥的轴肩接触得到间隙配合，图 4-12 所示为由保证基面距 a 得到过盈配合的示例。

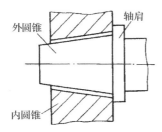 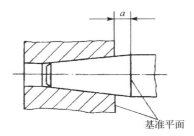

图 4-11 由结构形成的圆锥间隙配合   图 4-12 由基面距形成的圆锥过盈配合

（2）位移型圆锥配合

由内外圆锥实际初始位置 P_a 开始，作一定的相对轴向位移 E_a 或施加一定的装配力产生轴向位移而获得的圆锥配合。

如图 4-13 所示，是在不受力的情况下，以内外圆锥接触，由实际初始位置 P_a 开始，内圆锥向左作轴向位移 E_a，到达终止位置 P_f 而获得的间隙配合。图 4-14 所示是由实际初始位置 P_a 开始，对内圆锥施加一定的装配力，使内圆锥向右产生轴向位移 E_a，到达终止位置 P_f 而获得的过盈配合。

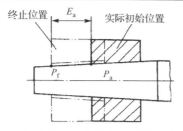 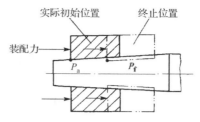

图 4-13　由相对轴向位移形成圆锥间隙配合　　图 4-14　由施加一定装配力形成圆锥过盈配合

提示　结构型圆锥配合由内外圆锥直径公差带决定其配合性质，位移型圆锥配合由内外圆锥相对轴向位移（E_a）决定其配合性质。

3. 位移型圆锥配合的初始位置和极限初始位置

在不施加力的情况下，相互结合的内外圆锥表面接触时的轴向位置称为初始位置，如图 4-15 所示。

初始位置所允许的变动界限称为极限初始位置。其中一个极限初始位置为最小极限内圆锥与最大极限外圆锥接触时的位置 P_1，另一个极限初始位置为最大极限内圆锥与最小极限外圆锥接触时的位置 P_2。实际初始位置必须位于极限初始位置的范围内。初始位置公差 T_p 表明初始位置的允许范围，即：

$$T_p = (T_{Di}+T_{De})/C$$

式中，C——锥度；

T_{Di}（T_{De}）——内（外）圆锥的直径公差。

图 4-15　极限初始位置和初始位置公差

4. 极限轴向位移和轴向位移公差

相互结合的内外圆锥从实际初始位置移动至终止位置的距离所允许的界限称为极限轴向位移。得到最小间隙 S_{min} 或最小过盈 δ_{min} 的轴向位移称为最小轴向位移 E_{amin}；得到最大间隙 S_{max} 或最大过盈 δ_{max} 的轴向位移称为最大轴向位移 E_{amax}。

实际轴向位移应在 E_{amin} 至 E_{amax} 范围内。轴向位移的变动量称为轴向位移公差 T_E，它等于最大轴向位移与最小轴向位移之差，即：

$$T_E = E_{amin}-E_{amax}$$

对于间隙配合：

$$E_{amim} = S_{mim}/C$$
$$E_{amax} = S_{max}/C$$
$$T_E = (S_{max} - S_{mim})/C$$

对于过盈配合：

$$E_{amim} =|\delta_{mim}|/C$$
$$E_{amax} =|\delta_{max}|/C$$
$$T_E = (|\delta_{max} - \delta_{mim}|)/C$$

对于过渡配合：

$$T_E = S_{max} + |\delta_{max}|/C$$

式中 C 为轴向位移折算为径向位移的系数，即锥度。

4-2　圆　锥　公　差

一、圆锥公差项目和给定方法

1. 圆锥的公差项目

圆锥是一个多参数零件，为满足其性能和互换性要求，国家标准对圆锥公差给出了四个项目。

（1）圆锥直径公差 T_D

以公称圆锥直径（一般取最大圆锥直径 D）为公称尺寸，按 GB/T 1800.3 规定的标准公差选取。

圆锥直径公差 T_D 共分 20 个等级，当给出圆锥长度 L 为 100mm 时，圆锥直径公差 T_D 所能限制的最大圆锥角误差 $\Delta\alpha_{max}$ 见表 4-6。

表 4-6　圆锥直径公差 T_D 所能限制的最大圆锥角误差

圆锥直径公差等级	圆锥直径/mm												
	>3	>3～6	>6～10	>10～18	>18～30	>30～50	>50～80	>80～120	>120～180	>180～250	>250～315	>315～400	>400～500
	$\Delta\alpha_{max}$/μrad												
IT01	3	4	4	5	6	6	8	10	12	20	25	30	40
IT0	5	6	6	8	10	10	12	15	25	30	40	50	60
IT1	8	10	10	12	15	15	20	25	35	45	60	70	80
IT2	12	15	15	20	25	25	30	40	50	70	80	90	100
IT3	20	25	25	30	40	40	50	60	80	100	120	130	150
IT4	30	40	40	50	60	70	80	100	120	140	160	180	200
IT5	40	50	60	80	90	110	130	150	180	200	230	250	270
IT6	60	80	90	110	130	160	190	220	250	290	320	360	400
TI7	100	120	150	180	210	250	300	350	400	460	520	570	630
IT8	140	180	220	270	330	390	460	540	630	720	810	890	970
IT9	250	300	360	43	520	620	740	870	1000	1150	1300	1400	1550
IT10	400	480	580	700	840	1000	1200	1400	1600	1850	2100	2300	2500
IT11	600	750	900	1000	1300	1600	1900	2200	2500	2900	3200	3600	4000
IT12	1000	1200	1500	1800	2100	2500	3000	3500	4000	4600	5200	5700	6300
IT13	1400	1800	2200	2700	3300	3900	4600	5400	6300	7200	8100	8900	9700
TI14	2500	3000	3600	4300	5200	6200	7400	8700	10000	11500	13000	14000	15500
IT15	4000	4800	5800	7000	8400	10000	12000	14000	16000	18500	21000	23000	25000
IT16	6000	7500	9000	11000	13000	16000	19000	22000	25000	29000	32000	36000	40000
IT17	10000	12000	15000	18000	21000	25000	30000	35000	40000	46000	52000	57000	63000
IT18	14000	18000	22000	27000	33000	39000	46000	54000	63000	72000	81000	89000	97000

说明：圆锥长度不等于 100mm 时，须将表中数值乘以 100/L，L 的单位为 mm。

（2）给出给定截面圆锥直径公差 T_{DS}

以给定截面圆锥直径 d_x 为公称尺寸，按 GB/T 1800.3 规定的标准公差选取。它仅适用于给定截面处的圆锥直径。

（3）圆锥角公差 AT

圆锥角公差 AT 共分 12 个公差等级，用 $AT1$、$AT2$、……、$AT12$ 表示。其中 $AT1$ 精度最高，等级依次降低，$AT12$ 精度最低。圆锥角公差值见表 4-7。

表 4-7　圆锥角公差值

公称圆锥长度 L/mm		圆锥角公差等级								
		AT1			AT2			AT3		
		AT_a		AT_D	AT_a		AT_D	AT_a		AT_D
大于	至	μrad	（″）	μm	μrad	（″）	μm	μrad	（″）	μm
自6	10	50	10	>0.3~0.5	80	16	>0.5~0.8	125	26	>0.8~1.3
10	16	40	8	>0.4~0.6	63	13	>0.6~1.0	100	21	>1.0~.6
16	25	31.5	6	>0.5~0.8	50	10	>0.8~1.3	80	16	>1.3~2.0
25	40	25	5	>0.6~1.0	40	8	>1.0~1.6	63	13	>1.6~2.5
40	63	20	4	>0.8~1.3	31.5	6	>1.3~2.0	50	10	>2.0~3.2
63	100	16	3	>1.0~1.6	25	5	>1.6~2.5	40	8	>2.5~4.0
100	160	12.5	2.5	>1.3~2.0	20	4	>2.0~3.2	31.5	6	>3.2~5.0
160	250	10	2	>1.6~2.5	16	6	>2.5~4.0	25	5	>4.0~6.3
250	400	8	1.5	>2.0~3.2	12.5	2.5	>3.2~5.0	20	4	>5.0~8.0
400	630	6.3	1	>2.5~4.0	10	2	>4.0~6.3	16	3	>63.~10.0

公称圆锥长度 L/mm		圆锥角公差等级								
		AT4			AT5			AT6		
		AT_a		AT_D	AT_a		AT_D	AT_a		AT_D
大于	至	μrad	（″）	μm	μrad	（′）（″）	μm	μrad	（′）（″）	μm
自6	10	200	41	>1.3~2.0	315	1′05″	>2.0~3.2	500	1′43″	>3.2~5.0
10	16	160	33	>1.6~2.5	250	52″	>2.5~4.0	400	1′22″	>4.0~6.3
16	25	125	26	>3.0~3.2	200	41″	>3.2~5.0	315	1′05″	>5.0~8.0
25	40	100	21	>2.5~4.0	160	33″	>4.0~6.3	250	52″	>6.3~10.0
40	63	80	16	>3.2~5.0	120	26″	>5.0~8.0	200	41″	>8.0~12.5
63	100	63	13	>4.0~6.3	100	21″	>6.3~10.0	160	33″	>10.0~16.0
100	160	50	10	>5.0~8.0	80	16″	>8.0~12.5	125	26″	>12.5~20.0
160	250	40	8	>6.3~10.0	63	13″	>10.0~16.0	100	21″	>16.0~25.0
250	400	31.5	6	>8.0~12.5	50	10″	>12.5~20.0	80	16″	>20.0~32.0
400	630	25	5	>10.0~16.0	40	8″	>16.0~25.0	63	13″	>25.0~40.0

公称圆锥长度 L/mm		圆锥角公差等级								
		AT7			AT8			AT9		
		AT_a		AT_D	AT_a		AT_D	AT_a		AT_D
大于	至	μrad	（′）（″）	μm	μrad	（′）（″）	μm	μrad	（′）（″）	μm
自6	10	800	2′45″	>5.0~8.0	1250	4′18″	>8.0~12.5	2000	6′52″	>12.5~20
10	16	630	2′10″	>6.3~10.0	1000	3′26″	>10.0~16.0	1600	5′30″	>16~25
16	25	500	1′43″	>8.0~12.5	800	2′45″	>125.~20.0	1250	4′18″	>20~32
25	40	400	1′22″	>10.0~16.0	630	2′10″	>16.0~25.0	1000	3′26″	>25~40
40	63	315	1′05″	>12.5~20.0	500	1′43″	>20.0~32.0	8000	2′45″	>32~50

续表

公称圆锥长度 L/mm		圆锥角公差等级								
		AT7			AT8			AT9		
		AT_a		AT_D	AT_a		AT_D	AT_a		AT_D
63	100	250	52″	>16.0~25.0	400	1′22″	>25.0~40.0	630	2′10″	>40~63
100	160	200	41″	>20.0~32.0	315	1′05″	>32.0~50.0	500	1′43″	>50~80
160	250	163	33″	>25.0~40.0	250	52″	>40.0~63.0	400	1′22″	>63~100
250	400	125	26″	>32.0~50.0	200	41″	>50.0~80.0	315	1′05″	>80~125
400	630	100	21″	>40.0~63.0	160	33″	>63.0~100.0	250	52″	>100~160

公称圆锥长度 L/mm		圆锥角公差等级								
		AT10			AT11			AT12		
		AT_a		AT_D	AT_a		AT_D	AT_a		AT_D
大于	至	μrad	(′) (″)	μm	μrad	(′) (″)	μm	μrad	(′) (″)	μm
自6	10	3150	10′49″	>20~32	5000	17′10″	>32~50	8000	27′28″	>50~80
10	16	2500	8′35″	>25~40	4000	13′44″	>40~63	6300	21′38″	>63~100
16	25	2000	6′52″	>32~50	3150	10′49″	>50~80	5000	17′10″	>80~125
25	40	1600	5′30″	>40~63	2500	8′35″	>63~100	4000	13′44″	>100~160
40	63	1250	4′18″	>50~80	2000	6′52″	>80~125	3150	10′49″	>125~200
63	100	1000	3′26″	>63~100	1600	5′30″	>100~160	2500	8′35″	>160~250
100	160	800	2′45″	>80~125	1250	4′18″	>125~200	2000	6′52″	>200~320
160	250	630	2′10″	>100~160	100	3′26″	>160~250	1500	5′30″	>250~400
250	400	500	1′43″	>1250~200	800	2′45″	>200~320	1250	4′18″	>320~500
400	630	400	1′22″	>160~250	630	2′10″	>250~400	1000	3′26″	>400~630

　　表中数值用于棱体的角度时，以该角的短边长度作为 L 选取公差值。如需要更高或更低等级的圆锥角公差时，按公比 1.6 向两端延伸得到，更高等级用 AT0、AT01、……表示，更低等级用 AT13、AT14、……表示。

　　圆锥公差可用 AT_a 或 AT_D 两种形式表示。

　　AT_a——以角度单位微弧度或度、分、秒表示，AT_D——以长度单位微米表示。其关系为：

$$AT_D = AT_a \times L \times 10^{-3}$$

式中，AT_D 单位为 μm；

　　　　AT_a 单位为 μrad；

　　　　L 单位为 mm。

　　提示　AT_D 值应按上式计算，表中仅给出圆锥长度 L 的尺寸段相对应的 AT_D 范围值，AT_D 计算结果的尾数按 GB/T 8170 的规定进行了修约，其有效数位与表中所列该 L 尺寸段的最大范围值的位数相同。

　　如：L 为 63mm，选用 AT7，查表得 AT_a 为 315μrad 或 1′05″，AT_D 为 20μm。当 L 为 50mm 时，选用 AT7，查表得 AT_a 为 315μrad 或 1′05″，则：

$$AT_D = AT_a \times L \times 10^{-3} = 315 \times 50 \times 10^{-3} = 15.78 \mu m$$

取 AT_D 为 15.8μm。

　　圆锥角的极限偏差可按单向或双向（对称或不对称）取值，如图 4-16 所示。为了保证内外圆锥的接触均匀性，圆锥角公差带通常采用对称于公称圆锥角分布。

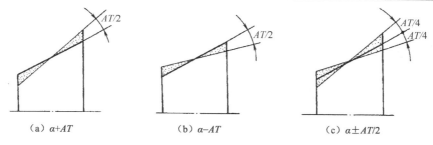

（a）$\alpha+AT$　　　　　　（b）$\alpha-AT$　　　　　　（c）$\alpha\pm AT/2$

图 4-16　圆锥角的极限偏差的取值

（4）圆锥的形状公差 T_F

圆锥的形状公差按 GB/T 15754—1995《技术制图　圆锥的尺寸和公差注法》的规定选取，GB/T 1184—1996《形状与位置未注公差值》可作为选取公差值的参考。一般由圆锥直径公差带限制而不单独给出。若需要，可给出素线直线度公差和横截面圆度公差，或者标注圆锥的面轮廓度公差。显然，面轮廓度公差不仅控制素线直线度误差和截面圆度误差，还控制圆锥角偏差。

2．圆锥公差的给定方法

1）给出圆锥的公称圆锥角 α（或锥度 C）和圆锥直径公 T_D，由 T_D 确定两个极限圆锥。此时圆锥角误差和圆锥的形状误差均应在极限圆锥所规定的区域内。

当对圆锥角公差和圆锥的形状公差有更高的要求时，可再给出圆锥角公差 AT 和圆锥的形状公差 T_F，此时，AT 和 T_F 仅占 T_D 的一部分。按这种方法给定圆锥公差时，推荐在圆锥直径公差后面加注符号 Ⓣ。

2）给出给定截面圆锥直径公差 T_{DS} 和圆锥角公差 AT。此时，给定截面圆锥直径和圆锥角应分别满足这两项公差的要求，当对圆锥形状公差有更高要求时，可再给出圆锥形状公差 T_F。该方法是假定圆锥素线为理想直线的情况下给定的。T_{DS} 和 AT 的关系如图 4-17 所示。

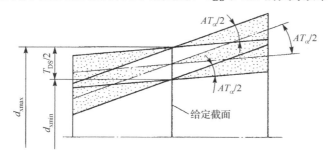

图 4-17　T_{DS} 和 AT 的关系

二、圆锥公差的标注

圆锥公差的标注应根据圆锥的功能要求和工艺特点选择公差项目。在图样上标注相配内外圆锥的尺寸和公差时，内外圆锥必须具有相同的公称圆锥角（或公称锥度），标注直径公差的圆锥直径必须具有相同的公称尺寸。圆锥公差通常可以采用面轮廓度法；有配合要求的结构型内外圆锥，也可采用公称锥度法，见表 4-8。当无配合要求时可采用公差锥度法标注，如图 4-18 所示。

表 4-8　圆锥公差标注示例

面轮廓度标注法 a	图示	公称锥度标注法 b	图示
给定圆锥角与最大端圆锥直径 D，给出面轮廓度公差 t		给定圆锥角 α 与最大圆锥直径与公差	
给定锥度 C 与最大端圆锥直径 D，给出面轮廓度公差 t		给定锥度与给定截面的圆锥直径与公差	
给定锥度 C 与轴向位置尺寸 L_x 和 d_x，以理论正确的 C 和 L_x、d_x 给出面轮廓度公差 t		给定锥度 C 及最大圆锥直径及公差，同时给出相对基准 A 的倾斜度公差 t，以限制实际圆锥面相对于基准 A 的倾斜	

说明：1. 相配合的圆锥面应注意其所给定尺寸的一致性。
　　　2. 进一步限制的要求除倾斜度外，还可用直线度、圆度等几何公差项目及控制量规涂色接触率等方法限制。

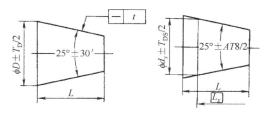

图 4-18　公差锥度法标注示例

三、圆锥直径公差区的选择

1. 结构型圆锥配合的内外锥直径公差区选择

　　结构型圆锥配合的配合性质由相互关联的内外圆锥直径公差区之间的关系决定。内圆锥直径公差区在外圆锥直径公差区之上的为间隙配合，内圆锥直径公差区在外圆锥直径公差区之下的为过盈配合，内外圆锥直径公差区交叠的为过渡配合。

　　结构型圆锥配合的内外圆锥直径的公差值和基本偏差值可分别从 GB/T 1800.1—2009 规定的标准公差系列和基本偏差系列中选取。

　　结构型圆锥配合也分为基孔制和基轴制配合。为减少刀具、量规的规格和数目以及内圆锥的公差区基本偏差为 H，应优先选用基孔制配合。为保证配合精度，内外圆锥的直径公差等级应不大于 IT9。

2. 位移型圆锥配合的内外锥直径公差区选择

位移型圆锥配合的性质由圆锥轴向位移或由装配力决定。因此，内外圆锥直径公差区仅影响装配时的初始位置，不影响配合性质。

位移型圆锥配合的内外圆锥直径公差区的基本偏差，采用 H/h 或 JS/js。基轴向位移的极限值按极限间隙或极限过盈来计算。

四、圆锥直径偏差和锥角偏差对基面距的影响

1. 圆锥直径偏差对基面距的影响

设基面距在大端，内外圆锥角均无偏差，仅圆锥直径有偏差。如图 4-19 所示，内圆锥直径偏差 ΔD_i 为正，外圆锥直径偏差 ΔD_e 为负，则基面将减小，即基面距偏差 $\Delta_1 E_a$ 为负值，得：

$$\Delta_1 E_a = (\Delta D_i/2 - \Delta D_e/2) = 1/C(\Delta D_i - \Delta D_e)$$

式中，$\Delta_1 E_a$——由直径偏差引起的基面距偏差；

C——公称圆锥的锥度；

ΔD_i——内圆锥直径偏差；

ΔD_e——外圆锥直径偏差。

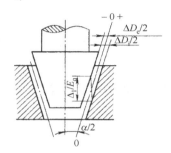

>🐟提示　计算 $\Delta_1 E_a$ 时，应注意 ΔD_i、ΔD_e 的正负号。

2. 斜角偏差对基面距的影响

设以内锥大端直径为公称直径，且内外锥大端直径均无误差，仅斜角有误差。

图 4-19　圆锥直径偏差对基面距的影响

1）当外锥斜角 $\alpha_e/2$ 大于内锥斜角 $\alpha_i/2$ 时，如图 4-20（a）所示，则内外锥将在大端接触，基面距的变化可忽略不计。但是因接触面积减小，易磨损，可能使内外圆锥相对倾斜。

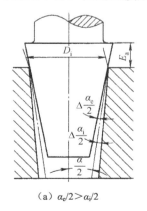

（a）$\alpha_e/2 > \alpha_i/2$

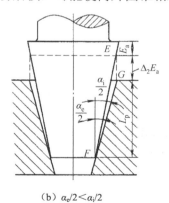

（b）$\alpha_e/2 < \alpha_i/2$

图 4-20　圆锥斜角偏差对基面距的影响

2）当外锥斜面角 $\alpha_e/2$ 小于内锥斜角 $\alpha_i/2$ 时，如图 4-20（b）所示，则内外锥将在小端接触倾斜角偏差所引起的基面距变动量为 $\Delta_2 E_a$。在 $\triangle EFG$ 中，由正弦定理可得：

$$\Delta_2 E_a = EG = \frac{FG \sin(\alpha_i/2 - \alpha_e/2)}{\sin(\alpha_e/2)} = \frac{L_P \sin(\alpha_i/2 - \alpha_e/2)}{\sin(\alpha_e/2)\cos(\alpha_i/2)}$$

斜角 $\alpha/2$ 的偏差很小，可取 $\cos(\alpha_i/2) \approx \cos(\alpha/2)$，$\sin(\alpha_e/2) \approx \sin(\alpha/2)$，$\sin(\alpha_i/2-\alpha_e/2) \approx 0.0003(\alpha_i/2-\alpha_e/2)$

式中，$(\alpha_i/2-\alpha_e/2)$ 的单位为分（'），$1' = 0.0003\text{rad}$。

则：

$$\Delta_2 E_a = \frac{0.0003L_p(\alpha_i/2-\alpha_e/2)}{\sin(\alpha/2)\cos(\alpha/2)} = \frac{0.0006L_p(\alpha_i/2-\alpha_e/2)}{\sin\alpha}$$

对常用工具锥，圆锥角很小，$\sin\alpha = 2\tan(\alpha/2) = C$

则：

$$\Delta_2 E_a = 0.0006L_p(\alpha_i/2-\alpha_e/2)\frac{1}{C}$$

实际上，圆锥直径偏差和斜角偏差同时存在，当 $\alpha_i/2$ 大于 $\alpha_e/2$ 和圆锥角较小时，基面距的最大可能变动量为：

$$\Delta E_a = \Delta_1 E_a + \Delta_2 E_a = \frac{1}{C}[(\Delta D_e-\Delta D_i)+0.0006L_p(\alpha_i/2-\alpha_e/2)]$$

上式为基面距变动量的一般关系式。若已确定了两个参数的公差，则可求得另一参数的公差。

3. 圆锥的形状误差对圆锥结合的影响

圆锥的形状误差主要是指素线直线度误差和圆锥的圆度误差，它们对基面距的影响很小，主要影响接触精度。

五、未注公差角度的极限偏差

未注公差角度的极限偏差见表 4-9。它是在车间通常加工条件下可以保证的公差。

表 4-9　未注公差角度尺寸的极限偏差

公差等级	长度/mm				
	≤10	>10～50	>50～120	>120～400	>400
f（精密级）、m（中等级）	±1°	±30'	±20'	±40'	±5'
c（粗糙级）	±1°30'	±1°	±30'	±15'	±10'
v（最粗级）	±3°	±2°	±1°	±30'	±20'

六、圆锥的表面粗糙度

圆锥的表面粗糙度的选用见表 4-10。

表 4-10　圆锥表面粗糙度推荐值（Ra 不大于/μm）

连接形式	内表面	外表面	连接形式	内表面	外表面
定心连接	0.4～1.6	0.8～3.2	支承轴	0.4	0.8
紧密连接	0.1～0.4	0.2～0.8	工具圆锥面	0.4	0.8
固定连接	0.4	0.6	其他	1.6～6.3	1.6～6.3

思考与习题

1．圆锥的配合分为哪几类？各用于什么场合？

2．圆锥公差的给定方法有哪几种？它们各适用于什么场合？

3．已知外圆锥最大直径 $D = 50$mm，圆锥最小直径 $d = 30$mm，圆锥长度 $L = 80$mm，试求锥度和圆锥角。

4．锥度 $C = 1 : 15$ 的圆锥配合，内、外圆锥的直径公差分别为 $\phi 45$H8 和 $\phi 45$h8，试求配合时的基面距极限偏差。

5．锥度 $C = 1 : 30$ 的圆锥配合，要求基面距公差为 0.8mm，配合圆锥的公称直径为 $\phi 50$mm，试确定内、外圆锥直径公差。

6．配合圆锥的锥度 $C = 1 : 50$，要求配合性质达到 H7/s6，配合圆锥的公称直径为 $\phi 100$mm，试计算轴向位移和轴向位移公差。

第5章 螺纹公差

在机械制造业中，有许多零件都要具有螺纹。由于螺纹既可用于连接、紧固及调节，又可用来传递动力或改变运动形式，因此应用十分广泛。

5-1 认 识 螺 纹

一、螺纹的种类与应用

螺纹是指在圆柱（或圆锥）表面上，沿着螺旋线所形成的具有规定牙型的连续的凸起和沟槽，如图5-1所示。

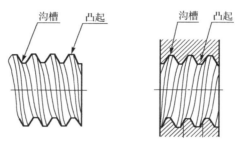

图 5-1　螺纹示意图

螺纹的应用广泛且种类繁多，可从用途、牙型、螺旋线方向、线数等方面进行分类。

1．按牙型分类

螺纹按牙型分类的基本情况见表5-1。

表 5-1　螺纹按牙型分类

分类		牙型截面	特点说明	应用
连接螺纹	普通螺纹（三角形螺纹）		牙型为三角形，牙型角60°；粗牙螺纹应用最广	用于各种紧固、连接、调节等
	管螺纹		牙型也呈三角形式，牙型角为55°	多用于水路、油路、气路及电器管路系统的连接
传动螺纹	锯齿形螺纹		牙型为锯齿形，牙型角为33°；牙根强度高	用于单向螺旋传动（多用于起重机械或压力机械）

分类		牙型截面	特点说明	应用
传动螺纹	矩形螺纹		牙型为矩形，牙型角为 0°；其传动效率高，但牙根强度低，精加工困难	多用于单向受力的传动机构
	梯形螺纹		牙型为梯形，牙型角为 30°；牙根强度高，易加工	广泛用于机床设备的螺旋传动

2. 按螺旋线方向分类

螺纹按旋向分类可分为左旋和右旋螺纹。顺时针旋入的螺纹为右旋螺纹，逆时针旋入的螺纹为左旋螺纹，如图 5-2 所示。

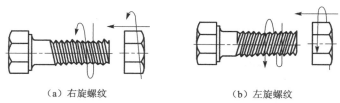

（a）右旋螺纹　　　　　　　　（b）左旋螺纹

图 5-2　螺纹的旋向

右旋螺纹和左旋螺纹的螺旋线方向，可用如图 5-3 所示的方法来判断，即把螺纹铅垂放置，右侧高的为右旋螺纹，左侧高的为左旋螺纹。也可以用右手法则来判断，即伸出右手，掌心对着自己，四指并拢与螺纹轴线平行，并指向旋入方向，若螺纹的旋向与拇指的指向一致，则为右旋螺纹，反之则为左旋螺纹，如图 5-4 所示。一般常用右旋螺纹。

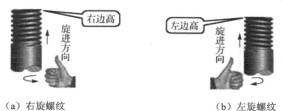

（a）右旋螺纹　　　　　　　　（b）左旋螺纹

图 5-3　螺纹旋向的判断

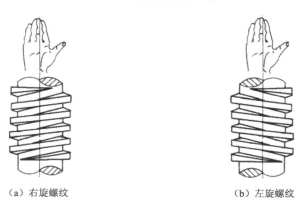

（a）右旋螺纹　　　　　　　　（b）左旋螺纹

图 5-4　右手法则判断螺纹的旋向

3．按螺旋线数分类

按螺旋线数分类可分为单线和多线，如图 5-5 所示。

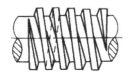 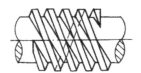

（a）单线螺纹　　　　　　　　　　（b）多线螺纹

图 5-5　按螺旋线分类

单线螺纹是沿一条螺旋线所形成的螺纹，多用于螺纹连接；多线螺纹是沿两条（或两条以上）在轴向等距分布的螺旋线所形成的螺纹，多用于螺旋传动。

4．按螺旋线形成表面分类

按螺旋线形成表面分类，螺纹可分为外螺纹和内螺纹，如图 5-6 所示。

（a）外螺纹　　　　　　　　　　（b）内螺纹

图 5-6　按螺旋线形成表面分类

5．按螺纹母体形状分类

按螺纹母体形状可分为圆柱螺纹和圆锥螺纹，如图 5-7 所示。

（a）圆柱螺纹　　　　　　　　　　（b）圆锥螺纹

图 5-7　按螺纹母体形状分类

二、螺纹的基本要素

螺纹牙型是螺纹轴线剖面上的螺纹轮廓形状。下面以普通螺纹的牙型为例（图 5-8），介绍螺纹的基本要素。

1．螺纹大径（d，D）

螺纹大径是指与外螺纹牙顶或内螺纹牙底相切的假想圆柱或圆锥的直径。外螺纹和内螺纹的大径分别用 d 和 D 表示。

提示　国家标准规定，对于普通螺纹，大径即为其公称直径。

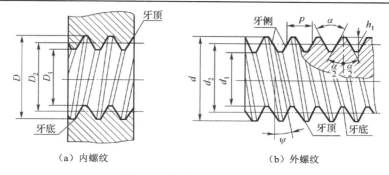

图 5-8　普通螺纹的基本要素

2．螺纹小径（d_1，D_1）

螺纹小径是指与外螺纹牙底或内螺纹牙顶相切的假想圆柱或圆锥的直径。外螺纹和内螺纹的小径分别用 d_1 和 D_1 表示。

3．螺纹中径（d_2，D_2）

螺纹中径是指一个假想圆柱或圆锥的直径，该圆柱或圆锥的素线通过牙型上沟槽和凸起宽度相等的地方。同规格的外螺纹中径 d_2 和内螺纹中径 D_2 的公称尺寸相等。

4．螺距 P

螺距是指相邻两牙在中径线上对应两点间的轴向距离。

5．导程 P_h

导程是指同一条螺旋线上相邻两牙在中径线上对应两点间的轴向距离。

导程可按下式计算：

$$P_h = nP$$

式中，P_h——导程，mm；

$\quad\quad n$——线数；

$\quad\quad P$——螺距，mm。

6．单一中径（d_{2a}，D_{2a}）

普通螺纹的单一中径是指一个假想圆柱的直径，该圆柱的母线通过牙型上沟槽宽度等于 1/2 基本螺距的地方。

当没有螺距误差时，单一螺纹中径与中径的数值相等，有螺距误差的螺纹，其单一中径与中径数值不相等，如图 5-9 所示。图中 ΔP 为螺距误差。

7．牙型角 α

牙型角是在螺纹牙型上，相邻两牙侧间的夹角。

牙型半角是指牙型角的一半，牙侧角是指在螺纹牙型上，牙侧与螺纹轴线的垂线间的夹角，如图 5-10 中的 α_1 和 α_2。

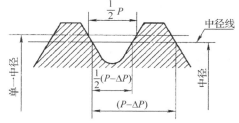

图 5-9　螺纹的单一中径

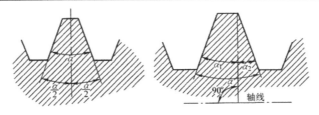

图 5-10　螺纹牙型角与牙型半角和牙侧角的关系

提示　对于普通螺纹，在理论上，$\alpha = 60°$，$\alpha/2 = 30°$，$\alpha_1 = \alpha_2 = 30°$。

8. 螺纹升角 ψ

在中径圆柱或中径圆锥上，螺旋线的切线与垂直于螺纹轴线的平面的夹角称为螺纹升角，如图 5-11 所示。

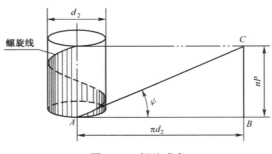

图 5-11　螺纹升角

螺纹升角可按下式计算：

$$\tan \psi = \frac{P_{\mathrm{h}}}{\pi d_2} = \frac{nP}{\pi d_2}$$

式中，ψ——螺纹升角，(°)；

　　　P——螺距，mm；

　　　d_2——中径，mm；

　　　n——线数；

　　　P_{h}——导程，mm。

9. 牙型高度 h_1

牙型高度是在螺纹牙型上，牙顶到牙底在垂直于螺纹轴线方向上的距离，一般 $h_1 = 5/8H$。H 为螺纹原始三角形高度，是指由原始三角形顶点沿垂直轴线方向到其底边的距离，如图 5-12 所示。

10. 螺纹接触高度

螺纹接触高度是指在两个相互配合的螺纹牙型上，牙侧重合部分在垂直于螺纹轴线方向上的距离，如图 5-12 所示。

11. 螺纹旋合长度

螺纹旋合长度是指两个相互配合的螺纹沿螺纹轴线方向相互旋合部分的长度，如图 5-13 所示。国家标准规定将螺纹的旋合长度分为三组，即短旋合长度 S、中等旋合长度 N 和长旋合长度 L。同一组旋合长度中，由于螺纹的公称直径和螺距不同，其长度值也不同，具体数值见表 5-2。

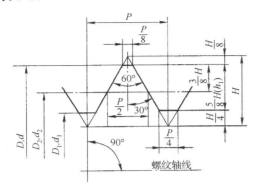

图 5-12　普通螺纹的基本牙型

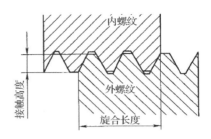

图 5-13　螺纹接触高度与旋合长度

表 5-2　螺纹旋合长度　　　　　　　　　　（mm）

公称直径 D、d		螺距 P	旋合长度			
			S	N		L
>	≤		≤	>	≤	>
0.99	1.4	0.2	0.5	0.5	1.4	1.4
		0.25	0.6	0.6	1.7	1.7
		0.3	0.7	0.7	2	2
1.4	2.8	0.2	0.5	0.5	1.5	1.5
		0.25	0.6	0.6	1.9	1.9
		0.35	0.8	0.8	2.6	2.6
		0.4	1	1	3	3
		0.45	1.3	1.3	3.8	3.8
2.8	5.6	0.35	1	1	3	3
		0.5	1.5	1.5	4.5	4.5
		0.6	1.7	1.7	5	5
		0.7	2	2	6	6
		0.75	2.2	2.2	6.7	6.7
		0.8	2.5	2.5	7.5	7.5
5.6	11.2	0.75	2.4	2.4	7.1	7.1
		1	3	3	9	9
		1.25	4	4	12	12
		1.5	5	5	15	15
11.2	22.4	1	3.8	3.8	11	11
		1.25	4.5	4.5	13	13
		1.5	5.6	5.6	16	16
		1.75	6	6	18	18
		2	8	8	24	24
		2.5	10	10	30	30

公称直径 D、d		螺距 P	旋合长度			
			S	N		L
>	≤		≤	>	≤	>
22.4	45	1	4	4	12	12
		1.5	6.3	6.3	19	19
		2	8.5	8.5	25	25
		3	12	12	36	36
		3.5	15	15	45	45
		4	18	18	53	53
		4.5	21	21	63	63
45	90	1.5	7.5	7.5	22	22
		2	9.5	9.5	28	28
		3	15	15	45	45
		4	19	19	56	56
		5	24	24	71	71
		5.5	28	28	85	85
		6	32	32	95	95
90	180	2	12	12	36	36
		3	18	18	53	53
		4	24	24	71	71
		6	36	36	106	106
		8	45	45	132	132
180	355	3	20	20	60	60
		4	26	26	80	80
		6	40	40	118	118
		8	50	50	150	150

三、螺纹的标记

常用螺纹的标记见表 5-3。

表 5-3　常用螺纹的标记

螺纹种类		特征代号	牙型角	标记实例	标记方法
普通螺纹	粗牙	M	60°	M16LH—6g—L 示例说明: M—粗牙普通螺纹 16—公称直径 LH—左旋 6g—中径和顶径公差带代号 L—长旋合长度	1)粗牙普通螺纹不标螺距 2)右旋不标旋向代号 3)旋合长度有长旋合长度 L、中等旋合长度 N 和短旋合长度 S,中等旋合长度不标注 4)螺纹公差带代号中,前者为中径公差带代号,后者为顶径公差带代号,两者相同时则只标一个
	细牙			M16×1—6H7H 示例说明: M—细牙普通螺纹 16—公称直径 1—螺距 6H—中径公差带代号 7H—顶径公差带代号	

续表

螺纹种类			特征代号	牙型角	标记实例	标记方法
管螺纹	55° 非密封管螺纹		G	55°	G1A 示例说明： G—55° 非密封管螺纹 1—尺寸代号 A—外螺纹公差等级代号	尺寸代号：在向米制转化时，已为人熟悉的、原代表螺纹公称直径（单位为英寸）的简单数字被保留下来，没有换算成毫米，不再称为公称直径，也不是螺纹本身的任何直径尺寸，只是无单位的代号 右旋不标旋向代号
	55° 密封管螺纹	圆锥内螺纹	R_c	55°	$R_c 1\frac{1}{2}$—LH 示例说明： R_c—圆锥内螺纹，属于55° 密封管螺纹 $1\frac{1}{2}$—尺寸代号 LH—左旋	
		圆柱内螺纹	R_p			
		与圆柱内螺纹配合的圆锥外螺纹	R_1			
		与圆锥内螺纹配合的圆锥外螺纹	R_2			
	60° 密封管螺纹	圆锥管螺纹（内外）	NPT	60°	NPT3/4—LH 示例说明： NPT—圆锥管螺纹，属于60° 密封管螺纹 3/4—尺寸代号 LH—左旋	
		与圆锥外螺纹配合的圆柱内螺纹	NPSC	60°	NPSC3/4 示例说明： NPSC—与圆锥外螺纹配合的圆柱内螺纹，属于60° 密封管螺纹 3/4—尺寸代号	
	米制锥螺纹（管螺纹）		Mc	60°	Mc12×1-S 示例说明： Mc—米制锥螺纹 12—公称直径 1—螺距 S—短型基准距离组别代号	

5-2　螺纹几何参数误差对螺纹互换性的影响

一、普通螺纹结合的基本要求

1．可旋合性

可旋合性是指不经任何选择和修配，无须特别施加外力，内外螺纹件在装配时就可在给定的轴向长度内全部自由地旋合。

2．连接可靠性

连接可靠性是指内外螺纹旋合后，接触均匀，且在长期使用过程中有足够可靠的连接力。

二、几何参数对螺纹互换性的影响

1．螺纹大、小径的影响

螺纹制造为保证旋合，使内螺纹的大、小径的实际尺寸大于外螺纹的大、小径的实际尺寸，不会影响配合与互换性。若内螺纹的小径或外螺纹的大径过小，将影响螺纹连接的强度，因此必须规定其公差。

从互换性的角度来看，对内螺纹大径只要求与外螺纹大径不发生干涉，因此内螺纹只需要限制其最小的大径，而外螺纹小径不仅要与内螺纹小径保持间隙，还应考虑牙底对外螺纹强度的影响，所以外螺纹除要限制其最大的小径外，还要考虑牙底的形状，限制其最小的半径。

2．螺距误差的影响

螺距的精度主要是由加工设备的精度来保证的。螺距误差使内、外螺纹的结合发生干涉，影响可旋合性，并且在螺纹旋合长度内使实际接触牙数减少，影响螺纹的连接可靠性。

螺距误差包括与旋合长度无关的局部误差和与旋合长度有关的积累误差。从互换性的角度看，螺距的积累误差是主要的。

由于螺距有误差，在旋合长度上产生螺距积累误差 ΔP_Σ，使内、外螺纹无法旋合，如图 5-14 所示。

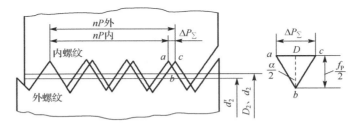

图 5-14　螺距误差对互换性的影响

国家标准对普通螺纹不采用规定螺距公差的办法，而是采用将外螺纹中径减小或内螺纹中径增大的方法以抵消螺距误差的影响，从而保证达到旋合的目的。即设内、外螺纹的中径和牙型半角均无误差，内螺纹无螺距误差，仅外螺纹有螺距误差。此误差 ΔP_Σ 相当于使外螺纹中径增大一个 f_p 值，些 f_p 值称为螺距误差的中径当量或补偿值。从 $\triangle abc$ 中可知，$f_p = |\Delta P_\Sigma|\cot\alpha/2$。当 $\alpha = 60°$ 时，$f_p = 1.732|\Delta P_\Sigma|$。

3．牙型半角误差的影响

螺纹的牙侧角误差是由于刀具刃磨不正确而引起牙型角存在误差（即 $\alpha_{实际} \neq \alpha$），或由于刀具安装不正确而造成左、右牙侧不相等形成误差。牙侧角误差使内、外螺纹结合时发生干涉，而影响可旋性，并使螺纹接触面积减小，磨损加快，从而降低螺纹的连接可靠性。

为便于分析，设内螺纹具有理想牙型，外螺纹的中径和螺距与内螺纹相同，仅有半角误差，现分为两种情况讨论。

1）如图 5-15（a）所示，外螺纹牙型半角小于内螺纹牙型半角。

$\Delta\alpha/2 = \Delta\alpha_{外}/2 - \Delta\alpha_{内}/2 < 0$，剖线部分产生靠近大径处的干涉而不能旋合。为保证可旋性，可把内螺纹的中径增大 $f_{\alpha/2}$，或把外螺纹中径减小 $f_{\alpha/2}$，由图中的 $\triangle ABC$，按正弦定理得：

$$\frac{f_{\frac{\alpha}{2}}/2}{\sin\left(\Delta\frac{\alpha}{2}\right)} = \frac{AC}{\sin\left(\frac{\alpha}{2} - \Delta\frac{\alpha}{2}\right)}$$

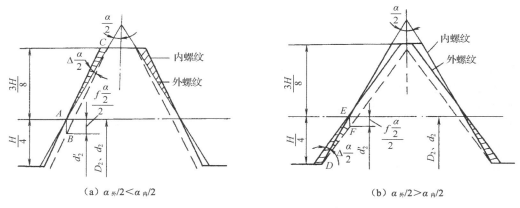

图 5-15 　 牙型半误差与中径当量的关系

因 $\Delta\alpha/2$ 很小，$AC = \dfrac{3H/8}{\cos\dfrac{\alpha}{2}}\sin\left(\Delta\dfrac{\alpha}{2}\right) \approx \Delta\dfrac{\alpha}{2}\sin\left(\dfrac{\alpha}{2} - \Delta\dfrac{\alpha}{2}\right) \approx \sin\dfrac{\alpha}{2}$

如 $\Delta\alpha/2$ 以 " $'$ " 计，H、P 以 mm 计，$f_{\alpha/2}$ 以 μm 计，得：

$$f_{\alpha/2} = (0.44H/\sin\alpha)|\Delta\alpha/2|$$

2）如图 5-15（b）所示，外螺纹牙型半角大于内螺纹牙型半角。

$\Delta\alpha/2 = \Delta\alpha_{外}/2 - \Delta\alpha_{内}/2 > 0$，剖线部分产生靠近小径处的干涉而不能旋合。

同理由 $\triangle DEF$ 导出：

$$f_{\alpha/2} = (0.291H/\sin\alpha)|\Delta\alpha/2|$$

当 $\alpha = 60°$，$H = 0.866P$ 时，得：

$$f_{\alpha/2} = 0.291P|\Delta\alpha/2|$$

一对内外螺纹，实际制造与结合通常是左、右半角不相等，产生牙型歪斜。$\Delta\alpha/2$ 可能为正，也可能为负，同时产生上述两种干涉，因此可按上述两式的平均值计算，即：

$$f_{\alpha/2} = 0.36P|\Delta\alpha/2|$$

当左右牙型半角误差不相等时，$\Delta\alpha/2$ 可按 $\Delta\alpha/2 = (|\Delta\alpha_{左}/2| + |\Delta\alpha_{右}/2|)/2$ 平均计算。

4．单一中径误差的影响

制造中螺纹中径误差 $\Delta D_{2\,单一}$ 或 $\Delta d_{2\,单一}$，将直接影响螺纹的旋合性和结合强度。若 $\Delta D_{2\,单一} >> \Delta d_{2\,单一}$ 则结合过松而结合强度不足；若 $\Delta D_{2\,单一} < \Delta d_{2\,单一}$ 则因过紧而无法自由旋合。$\Delta d_{2\,单一}$（或 $\Delta D_{2\,单一}$）的大小随螺纹的实际中径大小而变化。

可看出，螺纹大、小径误差是不影响螺纹配合性质的，而螺距、牙型半角误差可用螺纹中径当量处理，所以螺纹中径是影响互换性的主要参数。

5．作用中径及螺纹中径合格性的判断原则

由于螺距误差和牙型半角误差均用中径补偿，对内螺纹来讲相当于螺纹中径变小，对外螺纹来讲，相当于螺纹中径变大，此变化后的中径称为作用中径，也就是螺纹配合中实际起作用的中径，即：

$$D_{2\,作用} = D_{2\,单一} - f_p - f_{\alpha/2}$$

$$d_{2\,作用} = d_{2\,单一} + f_p + f_{\alpha/2}$$

作用把螺距误差 ΔP_Σ、牙型半角误差 $\Delta\alpha/2$ 及单一中径误差 $\Delta d_{2\,单一}$ 三者联系在一起，它是保证螺纹互换性的主要参数。米制普通螺纹仅用中径公差 T_{D2} 或 T_{d2} 即可综合控制三项误差。

判断螺纹中径合格性，根据螺纹的极限尺寸判断原则（即泰勒原则），如图 5-16 所示。

即：内螺纹的作用中径应不小于中径的最小极限尺寸，单一中径应不大于中径最大极限尺寸（$D_{2\,作用} \geqslant D_{2min}$，$D_{2\,单一} \leqslant D_{2max}$）。

外螺纹的作用中径应不大于中径的最大极限尺寸，单一中径应不小于中径最小极限尺寸。

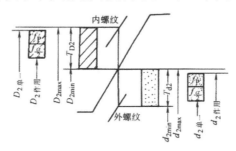

图 5-16　实际中径、螺距误差、牙型半角误差和中径公差的关系

5-3　普通螺纹的公差与配合

一、螺纹公差的结构

螺纹公差制的基本结构是由公差等级系列和基本偏差系列组成的。公差等级确定公差带的大小，基本偏差确定公差带的位置。两者组合可得到各种螺纹公差。

螺纹公差带与旋合长度组成螺纹精度等级，螺纹精度是衡量螺纹质量的综合指标，分精密、中等和粗糙度三个等级。

螺纹公差的结构如图 5-17 所示。

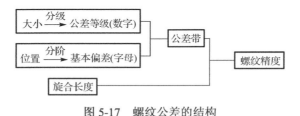

图 5-17　螺纹公差的结构

二、螺纹公差带与旋合长度

螺纹公差带即牙型公差带，以基本牙型的轮廓为零线，沿着螺纹牙型的牙侧、牙顶和牙底分布，并在垂直于螺纹轴线方向计量大、中、小径的偏差和公差。公差带由其相对基本牙型的位置因素和大小因素组成，如图 5-18 所示。

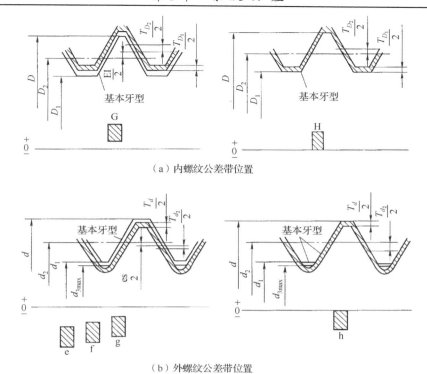

（a）内螺纹公差带位置

（b）外螺纹公差带位置

图 5-18   内、外螺纹公差带位置

1. 螺纹公差带的位置和基本偏差

国家标准 GB/T 197—2003 对内螺纹的公差带规定了 G 和 H 两种位置，对外螺纹公差带规定了 e、f、g、h 四种位置，如图 5-18 所示。

内螺纹的公差带在基本牙型零线以上，以下极限偏差（EI）为基本偏差，H 的基本偏差为零，G 的基本偏差为正值。外螺纹的公差带在基本牙型以下，以上极限偏差（es）为基本偏差，h 的基本偏差为零，e、f、g 的基本偏差为负值。

内外螺纹的基本偏差数值见表 5-4。从表中可看出，除 H 和 h 外，其余基本偏差数值均与螺距有关。

表 5-4   内外螺纹的基本偏差

螺距 P/mm	基本偏差/μm					
	内螺纹基本偏差 EI		外螺纹基本偏差 es			
	G	H	e	f	g	h
0.2	+17	0	—	—	−17	0
0.25	+18	0	—	—	−18	0
0.3						
0.35	+19	0	—	−34	−19	0
0.4						
0.45	+20	0	—	−35	−20	0
0.5	+20	0	−50	−36	−20	0
0.6	+21	0	−53	−36	−21	0

续表

螺距 P/mm	基本偏差/μm					
	内螺纹基本偏差 EI		外螺纹基本偏差 es			
	G	H	e	f	g	h
0.7	+22	0	−56	−38	−22	0
0.75						
0.8	+24	0	−60	−38	−24	0
1	+26	0	−60	−40	−26	0
1.25	+28	0	−63	−42	−28	0
1.5	+32	0	−67	−45	−32	0
1.75	+34	0	−71	−48	−34	0
2	+38	0	−71	−52	−38	0
2.5	+42	0	−80	−58	−42	0
3	+48	0	−85	−63	−48	0
3.5	+53	0	−90	−70	−53	0
4	+60	0	−95	−75	−60	0
4.5	+63	0	−100	−80	−63	0
5	+71	0	−106	−85	−71	0
5.5	+75	0	−112	−90	−75	0
6	+80	0	−118	−95	−80	0

2. 螺纹公差带的大小和公差等级

国家标准规定螺纹公差带的大小由公差值 T 确定，并按其大小分为若干等级。内外螺纹的中径和顶径（内螺纹的小径 D_1、外螺纹的大径 d）的公差等级见表 5-5。

表 5-5　螺纹公差等级

螺纹直径	公差等级	螺纹直径	公差等级
内螺纹小径 D_1	4、5、6、7、8	外螺纹大径 d	4、6、8
内螺纹中径 D_2	4、5、6、7、8	外螺纹中径 d_2	3、4、5、6、7、8、9

其中 3 级精度最高，9 级精度最低，一般 6 级为基本级。

内螺纹的小径和外螺纹的大径各公差等级的公差值分别见表 5-6 和表 5-7。

表 5-6　内螺纹的小径公差（T_{D1}）　　　　　　　　　　（μm）

螺距 P/mm	公差等级					螺距 P/mm	公差等级				
	4	5	6	7	8		4	5	6	7	8
0.2	38	—	—	—	—	1.25	170	212	265	335	425
0.25	45	56	—	—	—	1.5	190	236	300	375	475
0.3	53	67	85	—	—	1.75	212	265	335	425	530
0.35	63	80	100	—	—	2	236	300	375	475	600
0.4	71	90	112	—	—	2.5	280	355	450	560	710
0.45	80	100	125	—	—	3	315	400	500	630	800
0.5	90	112	140	180	—	3.5	355	450	560	710	900
0.6	100	125	160	200	—	4	375	475	600	750	950
0.7	112	14	180	224	—	4.5	425	530	670	850	1060
0.75	118	150	190	236	—	5	450	560	710	900	1120
0.8	125	160	200	250	315	5.5	475	600	750	950	1180
1	150	190	236	300	375	6	500	630	800	1000	1250

表 5-7　外螺纹大径公差（T_d）　　　　　　（μm）

螺距 P/mm	公差等级			螺距 P/mm	公差等级		
	4	6	8		4	6	8
0.2	36	56	—	1.25	132	212	335
0.25	42	67	—	1.5	150	236	375
0.3	48	75	—	1.75	170	265	425
0.35	53	85	—	2	180	280	450
0.4	60	95	—	2.5	212	335	530
0.45	63	100	—	3	236	375	600
0.5	67	106	—	3.5	265	425	670
0.6	80	125	—	4	300	475	750
0.7	90	140		4.5	315	500	800
0.75				5	335	530	850
0.8	95	150	236	5.5	355	560	900
1	112	180	280	6	375	600	950

内、外螺纹中径公差值分别见表 5-8 和表 5-9。

表 5-8　内螺纹中径公差（T_{D2}）　　　　　　（μm）

公称直径 D/mm		螺距 P/mm	公差等级				
>	≤		4	5	6	7	8
0.99	1.4	0.2	40	—	—	—	—
		0.25	45	56	—	—	—
		0.3	48	60	75	—	—
1.4	2.8	0.2	42	—	—	—	—
		0.25	48	60	—	—	—
		0.35	53	67	85	—	—
		0.4	56	71	90	—	—
		0.45	60	75	95	—	—
2.8	5.6	0.35	56	71	90	—	—
		0.5	63	80	100	125	—
		0.6	71	90	112	140	—
		0.7	75	95	118	150	—
		0.75	75	95	118	150	—
		0.8	80	100	125	160	200
5.6	11.2	0.75	85	106	132	170	—
		1	95	118	150	190	236
		1.25	100	125	160	200	250
		1.5	112	140	180	224	280
11.2	22.4	1	100	125	160	200	250
		1.25	112	140	180	224	280
		1.5	118	150	190	236	300
		1.75	125	160	200	250	315
		2	132	170	212	265	335
		2.5	140	180	224	280	335

续表

公称直径 D/mm		螺距 P/mm	公差等级				
>	≤		4	5	6	7	8
22.4	45	1	106	132	170	212	—
		1.5	125	160	200	250	315
		2	140	180	224	280	355
		3	170	212	265	335	425
		3.5	180	224	280	335	450
		4	190	236	300	375	475
		4.5	200	250	315	400	500
45	90	1.5	132	170	212	265	335
		2	150	190	236	300	375
		3	180	224	280	355	450
		4	200	250	315	400	500
		5	212	265	335	425	530
		5.5	224	280	355	450	560
		6	236	300	375	475	600
90	180	2	160	250	250	315	400
		3	190	300	300	375	475
		4	212	335	335	425	530
		6	250	400	400	500	630
		8	280	450	450	600	710
180	355	3	212	265	335	425	530
		4	236	300	375	475	600
		6	265	335	425	530	670
		8	300	375	475	600	750

表 5-9　外螺纹中径公差（T_{d2}）　　　　　　　　　　　　（µm）

公称直径 d/mm		螺距 P/mm	公差等级						
>	≤		3	4	5	6	7	8	9
0.99	1.4	0.2	24	30	38	48	—	—	—
		0.25	26	34	42	53	—	—	—
		0.3	28	36	45	56	—	—	—
1.4	2.8	0.2	25	32	40	50	—	—	—
		0.25	28	36	45	56	—	—	—
		0.35	32	40	50	63	80	—	—
		0.4	34	42	53	67	85	—	—
		0.45	36	45	56	71	90	—	—
2.8	5.6	0.35	34	42	53	67	85	—	—
		0.5	38	48	60	75	95	—	—
		0.6	42	53	67	85	106	—	—
		0.7	45	56	71	90	112	—	—
		0.75	45	56	71	90	112	—	—
		0.8	48	60	75	95	118	150	190
5.6	11.2	0.75	50	63	80	100	125	—	—
		1	56	71	90	112	140	180	224
		1.25	60	75	95	118	150	190	236
		1.5	67	85	106	132	170	212	265

公称直径 d/mm		螺距 P/mm	公差等级						
>	≤		3	4	5	6	7	8	9
11.2	22.4	1	60	75	95	118	150	190	236
		1.25	67	85	106	132	170	212	265
		1.5	71	90	112	140	180	224	280
		1.75	75	95	118	150	190	236	300
		2	80	100	125	160	200	250	315
		2.5	85	106	132	170	212	265	335
22.4	45	1	63	80	100	125	160	200	250
		1.5	75	95	118	150	190	236	300
		2	85	106	132	170	212	265	335
		3	100	125	160	200	250	315	400
		3.5	106	132	170	212	265	335	425
		4	112	140	180	224	280	355	450
		4.5	118	150	190	236	300	375	475
45	90	1.5	80	100	125	160	200	250	315
		2	90	112	140	180	224	280	355
		3	106	132	170	212	265	335	425
		4	118	150	190	236	300	375	475
		5	125	160	200	250	315	400	500
		5.5	132	170	212	265	335	425	530
		6	140	180	224	280	355	450	560
90	180	2	95	118	150	190	236	300	375
		3	112	140	180	224	280	355	450
		4	125	160	200	250	315	400	500
		6	150	190	236	300	375	475	600
		8	170	212	265	335	425	530	670
180	355	3	125	160	200	250	315	400	500
		4	140	180	224	280	355	450	560
		6	160	200	250	315	400	500	630
		8	180	224	280	355	450	560	710

提示　在同一公差等级中，内螺纹中径公差比外螺纹中径公差大 32%，是因为内螺纹较难加工。对内螺纹的大径（顶径）和外螺纹的小径（底径）不规定具体公差值，而只规定内、外螺纹牙底实际轮廓不得超过按基本偏差所确定的最大实体牙型，即保证旋合时不发生干涉。对于性能要求较高的螺纹紧固件，其外螺纹牙底轮廓要有圆滑连接的曲线，并要求限制最小圆弧半径。

3. 旋合长度与配合精度

螺纹的配合精度不仅与公差有关，还与旋合长度密切相关。各组旋合长度的特点是：

1）长旋合长度旋合后稳定性好，且有足够的连接强度，但加工精度难以保证。

2）当螺纹误差较大时，会出现螺纹副不能旋合的现象。

3）短旋合长度加工易于保证，但旋合后稳定性较差。

4）一般情况下均采用中等旋合长度。

5）集中生产的紧固件螺纹，图样上没注明旋合长度，制造时螺纹公差均按中等旋合长度考虑。

螺纹公差带按短、中、长三级旋合长度给出了精密、中等和粗糙三种公差精度。这是衡量螺纹质量的综合指标。对于不同旋合长度组的螺纹，应采用不同的公差等级，以保证同一精度下螺纹配合精度和加工难易程度差不多。

三、螺纹公差带的选用

由 GB/T 197—2003 提供的各个公差等级的公差和基本偏差，可以组成内、外螺纹的各种公差带。螺纹公差带代号同样由表示公差等级的数字和表示基本偏差的字母组成（公差等级数字在前，基本偏差字母在后）。为减少刀具、量具规格数量，提高经济效益，对内螺纹规定了 11 个可选用公差带，对外螺纹规定了 13 个选用公差带，见表 5-10 和表 5-11。

表 5-10　内螺纹选用公差带

精度	公差带位置 G			公差带位置 H		
	S	N	L	S	N	L
精密				4H	5H	6H
中等	（5G）	*6G	（7G）	*5H	*6H*	*7H
粗糙		（7G）	（8G）		7H	8H

表 5-11　外螺纹选用公差带

精度	公差带位置 e			公差带位置 f			公差带位置 g			公差带位置 h		
	S	N	L	S	N	L	S	N	L	S	N	L
精密								（4g）	（5g4g）	（3h4h）	*4h	（5h4h）
中等		*6e	（7e6e）		*6f		（5g6g）	*6g*	（7g6g）	（5h6h）	6h	（7h6h）
粗糙		（8e）	（9e8e）					8g	（9g8g）			

说明：大量生产的精密紧固件螺纹，推荐采用带方框的公差带；带*的公差带应优先选用，不带*的公差带应其次选用，括号内的公差带尽可能不用。推荐公差带仅适用于薄涂镀层的螺纹，如电镀螺纹。

由表 5-10 和表 5-11 看出，内外螺纹在同一配合精度等级中，旋合长度不同，中径公差等级也不同，这是因螺距累积误差引起的。

内、外螺纹公差带选用的原则如下。

1）精密级：适用于精密螺纹，当要求配合性质变动较小时采用，如飞机上采用的 4h 及 4H、5H 螺纹。

2）中等级：一般用途选用，如 6H、6h、6g 等。

3）粗糙级：对精度要求不高或制造较为困难时采用，如 7H、8h 热扎棒料螺纹、长不通孔螺纹。

4）为保证足够的连接强度，满足使用要求，完工后的螺纹最好组合成 H/g、H/h（最小间隙为零，应用最广）或 G/h 的配合。

5）其他配合应用于易装拆、高温下或需要涂镀保护层的螺纹。

6）对需要镀较厚保护层的螺纹可选 H/f、H/e 等配合。

7）镀后实际轮廓上的任何点不应超越 H、h 确定的最大实体牙型。

思考与习题

1．普通螺纹的公称直径是指哪一个直径？内、外螺纹的顶径分别为哪一个直径？

2．试说明螺纹中径、单一中径的含义，二者在什么情况下是相等的？什么情况下是不相等的？

3．什么是螺距？什么是导程？二者之间存在什么关系？

4．试说明牙型角、牙型半角和牙侧角的含义，其中对螺纹互换性影响较大的是哪一个？

5．普通螺纹结合的基本要求是什么？

6．简要说明螺距误差和牙侧角误差对螺纹互换性的影响。

7．普通螺纹的公差制是如何构成的？普通螺纹的公差带有何特点？

8．解释下列螺纹标记的含义。

（1）M24×25H6H—L　　　　　　　　（2）M24×2—7H

（3）M20—7g6g—40—LH　　　　　　 （4）M30—6H/6g

9．查表确定 M16—6H/6g 的内、外螺纹中径，内螺纹小径和外螺纹大径的极限偏差，并计算其极限尺寸。

10．如何选用螺纹公差带？

第6章　键和花键的公差

6-1　单键连接

一、单键的种类与配合尺寸

单键是一种连接零件，常用来连接轴与轴上的零件，如齿轮、带轮、凸轮等。单键的作用是传递转矩和运动，有时还起导向作用。

1．单键的种类

单键的种类有很多，有平键、半圆键、楔键等，见表6-1。

表 6-1　单键的种类

种类			示意图	说明
平键	普通平键	A 型	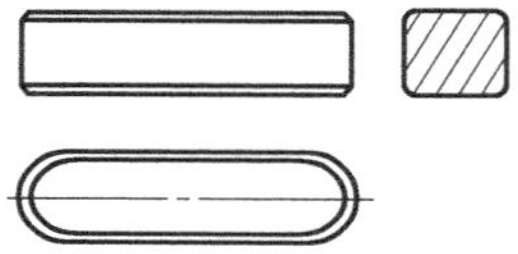	有 A、B、C 三种形式，用于固定连接，应用最为广泛
		B 型		
		C 型		
	导向平键	A 型	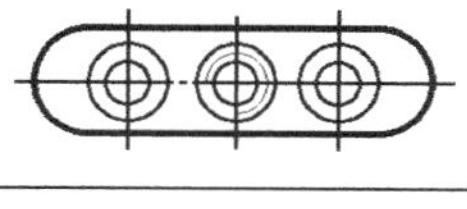	用于移动连接
		B 型		
	半圆键			用于载荷不大的传动轴上。由于半圆键在槽中绕其几何中心摆动，以适应轴上键槽的斜度，因而在锥形轴上应用较多

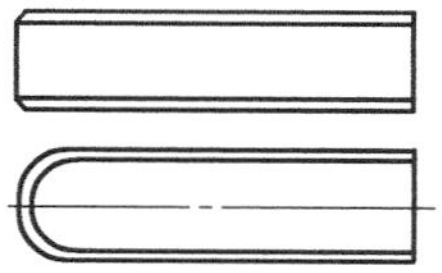

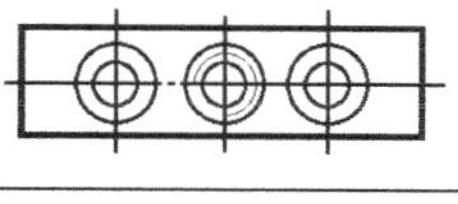

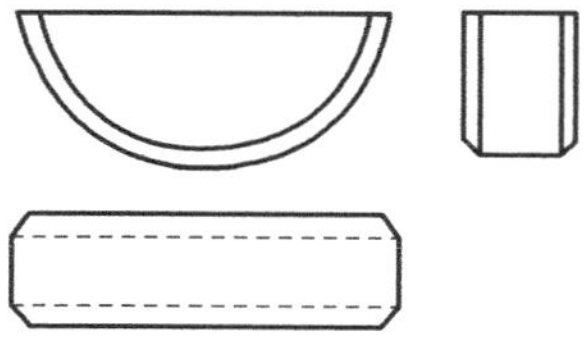

续表

种类	示意图	说明
楔键		键的上顶面有 1∶100 的斜度，装配时将键沿轴高嵌入键槽内，靠上下面接触的擦力将轴和轮连接

2．单键的配合尺寸

单键连接是由键、轴槽和轮毂槽三部分组成的，其相应的剖面尺寸和形式在 GB/T 1095—2003 中做了规定，其中主要配合尺寸是键和键槽的宽度尺寸 b。平键和键槽的剖面尺寸如图 6-1 所示。

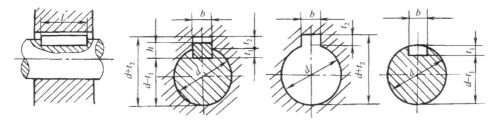

图 6-1　平键和键槽的剖面尺寸

二、普通平键的公差与配合

1．平键和键槽配合尺寸的公差带与配合种类

平键的公差与配合在标准中已做了明确的规定，国家标准规定按轴径确定键和键槽尺寸，对键的宽度只规定了一种公差 h9，对轴槽和轮毂槽规定了三种公差，以满足各种用途的需要。键宽度分别与三种键槽宽度公差带形成三组配合，如图 6-2 所示。

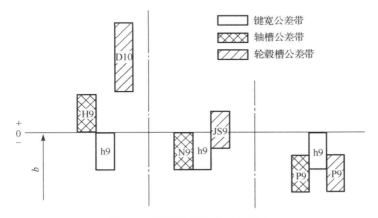

图 6-2　平键连接的公差与配合

平键连接中，键由型钢制成，为标准件，所以键与键槽宽 b 的配合采用基轴制，其尺寸大小是根据轴的直径进行选取的。按配合的松紧不同，平键连接的配合分为松连接、一般连接和紧密连接三类。各种连接的配合性质与应用见表 6-2。

表 6-2　平键连接的配合种类与应用

配合种类	尺寸 b 的公差			配合性质	应用
	键	轴槽	轮毂槽		
松连接		H9	D10	键在轴槽与轮毂中均能滑动，轮毂可在轴向移动	主要用于导向型平键
一般连接	h9	N9	IS9	键在轴槽与轮毂中均为固定	用于载荷不大的场合
紧密连接		P9	P9	键在轴槽与轮毂中均为固定	主要用于载荷较大，载荷具有冲击性以及双向传递转矩的场合

2．平键与键槽非配合尺寸的公差带

平键高度 h 的公差带一般采用 h11。截面尺寸为 2mm×2mm 至 6mm×6mm 的 B 型平键由于其宽度和高度不易区分，这种平键高度的公差带采用 h9。平键长度 L 的公差带采用 h14。轴键槽长度上的公差带采用 H14。轴槽深度 t_1 和轮毂槽深度 t_2 的极限偏差由国家标准专门规定。为便于测量，在图样上对轴槽深度和轮毂槽深度分别标注"$d-t_1$"和"$d+t_2$"（d 为孔、轴的基本尺寸）。

3．键槽的几可公差

键与键槽配合的松紧程度不仅取决于它们的配合尺寸公差带，还与它们配合表面的形位误差有关，因此，应分别规定轴槽宽度的中心平面对轴的基准轴线和轮毂槽宽度的中心平面对孔的基准轴线的对称度公差。该对称度公差与键槽宽度的尺寸公差及孔、轴尺寸公差的关系可以采用独立原则或最大实体要求。

为了便于装配，轴槽和轮毂槽对轴和轮毂轴线的对称度公差可按国家标准中的相关级别选取（查表时，公称尺寸是指键宽）。当平键的键长与键宽之比：$L/b \geqslant 8$ 时，应规定键宽 b 的两工作侧面在长度上的平行度要求；当 $b \leqslant 6mm$ 时，公差等级取 7 级；当 $b \geqslant 8 \sim 36mm$ 时，公差等级取 6 级；当 $b \geqslant 40mm$ 时，公差等级取 5 级。

平键连接中键和键槽的公差见表 6-3 和表 6-4。

表 6-3　平键、键与键槽剖面尺寸及键槽公差　　　　　　　（mm）

轴	键	键槽									
		宽度 b						深度			
			极限偏差					轴槽 t_1		毂槽 t_2	
基本直径 d	基本尺寸 b×h	基本尺寸 b	松连接		一般连接		紧密连接				
			轴 H9	毂 D10	轴 N9	毂 JS9	轴和毂 P9	公称尺寸	极限偏差	公称尺寸	极限偏差
>22～30	8×7	8	+0.036 0	+0.098 +0.040	0 −0.036	±0.018	−0.015 −0.051	4.0		3.3	
>30～38	10×8	10						5.0		3.3	
>38～44	12×8	12	+0.043 0	+0.120 +0.050	0 −0.043	±0.021	−0.018 −0.061	5.0	+0.2 0	3.3	+0.2 0
>44～50	14×9	14						5.5		3.8	
>50～58	16×10	16						6.0		4.3	
>58～65	18×11	18						7.0		4.4	
>65～75	20×12	20	+0.052 0	+0.149 +0.065	0 −0.052	±0.028	−0.022 −0.074	7.5		4.9	
>75～85	22×14	22						9.0		5.4	
>85～95	25×14	25						9.0		5.4	
>95～110	28×16	28						10.0		6.4	

说明：1.　（$d-t_1$）和（$d+t_2$）两个组合尺寸的偏差按相应的 t_1 和 t_2 的偏差选取，但（$d-t_1$）偏差值取负号（−）。2. 导向型平键的轴槽与轴毂槽用较松连接的公差。尺寸应符合 GB/T 1097—2003 的规定。

表 6-4　普通型平键公差　　　　　　　　　　　　　　　（mm）

b	基本尺寸	8	10	12	14	13	18	20	22	25	28
	极限偏差 h9	$0 \atop -0.022$			$0 \atop -0.027$			$0 \atop -0.033$			
h	基本尺寸	7	8	8	9	10	11	12	14	16	
	极限偏差矩形 h11	$0 \atop -0.090$						$0 \atop -0.110$			

4．平键和键槽的表面粗糙度要求

键和键槽的表面粗糙度参数 Ra 的上限值一般选取的范围为：键槽宽度 b 的两侧面的表面粗糙度为 $Ra1.6\mu m$，轴槽和轮毂槽侧为 $Ra1.6 \sim 3.2\mu m$，键与键槽的非配合面为 $Ra1.6\mu m$。

三、键槽尺寸和公差的标注

轴槽和轮毂槽的剖面尺寸及其上、下极限偏差和键槽的几何公差、表面粗糙度参数在图样中的标注如图 6-3 所示。

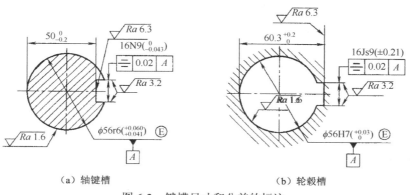

（a）轴键槽　　　　　　　　（b）轮毂槽

图 6-3　键槽尺寸和公差的标注

6-2　花　键　连　接

一、花键连接的作用与特点

花键连接的两个连接件分别为花键轴（外花键）和花键孔（内花键），其作用是传递转矩和导向，与单键连接相比，花键连接具有很多优点：

1）定心精度高。

2）导向性能好。

3）承载能力强。

4）连接可靠。

二、矩形花键的尺寸系列

矩形花键的基本尺寸、键槽截面形状如图 6-4 所示，其中小径 d、大径 D 和键（槽）宽 B 是三个主要尺寸参数。

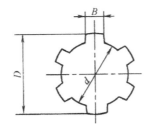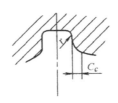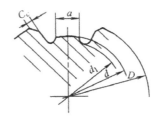

图 6-4　矩形花键的基本尺寸与键槽截面形状

　　为便于加工和测量,矩形花键的键数 N 为偶数,有 6、8、10 三种。按承载能力的不同,矩形花键可分为中、轻两个系列,中系列的键高度尺寸较大,承载能力高;轻系列的键高度尺寸较小,承载能力相对较低。GB/T 1144—2011《矩形花键尺寸、公差和检验》规定了矩形花键的主要尺寸。同一小径的轻系列和中系列的键数相同,键宽(键槽宽)也相同,仅大径不同。矩形花键的尺寸系列见表 6-5,键槽的截面尺寸见表 6-6。

表 6-5　矩形花键的尺寸系列　　　　　　　　　　　　　　(mm)

小径 d	轻系列				中系列			
	规格 N×d×D×B	键数 N/个	大径 D	键宽 B	规格 N×d×D×B	键数 N/个	大径 D	键宽 B
11	—	—	—	—	6×11×14×3	6	14	3
13	—		—	—	6×13×16×3.5		16	3.
16	—		—	—	6×16×20×4		20	4
18	—		—	—	6×18×22×5		22	5
21	—		—	—	6×21×25×5		25	5
23	6×23×26×6	6	26	6	6×23×28×6		28	6
26	6×26×30×6		30	6	6×26×32×6		32	6
28	6×28×32×7		32	7	6×28×34×7		34	7
32	8×32×36×6	8	36	6	8×32×38×6	8	38	6
36	8×36×40×7		40	7	8×36×42×7		42	7
42	8×42×46×8		46	8	8×42×48×8		48	8
46	8×46×50×9		50	9	8×46×54×9		54	9
52	8×52×58×10		58	10	8×52×60×10		60	1
56	8×56×62×10		62	10	8×56×65×10		65	10
62	8×62×68×12		68	12	8×62×72×12		72	12
72	10×72×78×12	10	78	12	10×72×82×12	10	82	12
82	10×82×88×12		88	12	10×82×92×12		92	12
92	10×92×98×14		98	14	10×92×102×14		102	14
102	10×102×108×16		108	16	10×102×112×16		112	16
112	10×112×120×18		120	18	10×112×125×18		125	18

表 6-6　键槽的截面尺寸　　　　　　　　　　　　　　(mm)

轻系列					中系列				
规格 N×d×D×B	C	r	参考		规格 N×d×D×B	C	r	参考	
			d_{1min}	a_{min}				d_{1min}	a_{min}
6×23×26×6	0.2	0.1	22	3.5	6×11×14×3	0.2	0.1	—	—
					6×13×16×3.5				

续表

规格 N×d×D×B	C	r	参考		规格 N×d×D×B	C	r	参考	
			d_{1min}	a_{min}				d_{1min}	a_{min}
6×26×30×6			24.5	3.8	6×16×20×4	0.3	0.2	14.4	1.0
6×28×32×7	0.3	02	26.6	4.0	6×18×22×5			16.6	1.0
8×32×36×6			30.0	2.7	6×21×25×5			19.5	2.0
					6×23×28×6			21.2	1.2
8×36×40×7			34.4	3.5	6×26×32×6			23.6	1.2
8×42×46×8			40.5	5.0	6×28×34×7	0.4	0.3	25.8	1.4
8×46×50×9			44.6	5.7	8×32×38×6			29.4	1.0
8×52×58×10			49.6	4.8	8×36×42×7			33.4	1.0
8×56×62×10			53.5	6.5	8×42×48×8			39.4	2.5
8×62×68×12			59.7	7.3	8×46×54×9	0.5	0.4	42.6	1.4
10×72×78×12	0.4	0.3	69.6	5.4	8×52×60×10			48.6	2.5
					8×56×65×10			52.0	2.5
10×82×88×12			79.3	8.5	8×62×72×12			57.7	2.4
10×92×98×14			89.6	9.9	10×72×82×12	0.6	0.5	67.4	1.0
10×102×108×16			99.6	11.3	10×82×92×12			77.0	2.9
10×112×120×18	0.5	0.4	108.8	10.5	10×92×102×14			87.3	4.5
					10×102×112×16			97.7	6.2
					10×112×125×18			106.2	4.1

（表头：左侧为轻系列，右侧为中系列）

说明：d_1 和 a 值仅适应于展成法加工。

三、矩形花键连接的几何参数与定心方式

矩形花键连接可以有三种定心方式：小径 d 定心、大径 D 定心和键侧（键槽侧）B 定心，如图 6-5 所示。前两种定心方式的定心精度比后一种定心方式高。而键和键槽的侧面无论是否作为定心表面，其宽度尺寸 B 都应具有足够的精度，因为其要传递转矩和导向。此外，非定心直径表面之间应该有足够的间隙。

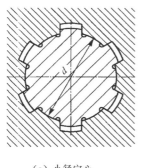 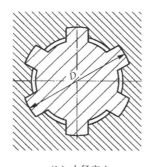 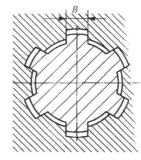

（a）小径定心　　　　　　　　（b）大径定心　　　　　　　（c）键侧（键槽侧）定心

图 6-5　矩形花键定心方式

GB/T 1144—2001 规定矩形花键连接采用小径定心。这是因为随着科学技术的发展，现代工业对机械零件的质量要求不断提高，对花键连接的机械强度、硬度、耐磨性和几何精度的要求都提高了。

矩形花键连接采用小径定心有以下优点:

1) 有利于提高产品性能、质量和技术水平。小径定心的定心精度高,稳定性好,而且能利用磨削的方法消除热处理变形,从而提高定心直径制造精度。

2) 有利于简化加工工艺,降低生产成本。

3) 与国际标准规定完全一致,便于技术引进,有利于机械产品的进出口和技术交流。

4) 有利于齿轮精度标准的贯彻与配套。

四、矩形花键连接的极限与配合

矩形花键连接的极限与配合分为两种情况:一种为一般用矩形花键,另一种为精密传动用矩形花键。其内、外花键的尺寸公差带见表 6-7。

表 6-7　矩形花键的尺寸公差带(摘自 GB/T 1144—2001)

内花键					外花键			装配形式
用途	d	D	B		d	D	B	
			拉削后不热处理	拉削后热处理				
一般用	H7		H9	H11	f7		d10	滑动
					g7		f9	紧滑动
					h7		h10	固定
精密传动用	H5	H10	H7、H9		f5	a11	d8	滑动
					g5		f7	紧滑动
					h5		h8	固定
	H6				f6		d8	滑动
					g6		f7	紧滑动
					h6		h8	固定

矩形花键连接采用基孔制配合,是为了减少加工和检验内花键用花键拉刀和花键量规的规格和数量。一般传动用内花键拉削后再进行热处理,其键(槽)宽的变形不易修正,故公差要降低要求(由 H9 降为 H11)。对于精密传动用内花键,当连接要求键侧配合间隙较高时,槽宽公差带选用 H7,一般情况选用 H9。

定心直径 d 的公差带,在一般情况下,内、外花键取相同的公差等级。这个规定不同于普通光滑孔、轴的配合,主要是考虑到矩形花键采用小径定心,使加工难度由内花键转为外花键。但在有些情况下,内花键允许与提高一级的外花键配合,公差带为 H7 的内花键可以与公差带为 f6、g6、h6 的外花键配合,公差带为 H6 的内花键可以与公差带为 f5、fg、h5 的外花键配合,这主要是考虑矩形花键常用来作为齿轮的基准孔。

矩形花键连接的极限与配合选用主要是确定连接精度和装配形式。连接精度的选用主要根据定心精度要求和传递扭矩的大小。精密传动用花键连接定心精度高,传递扭矩大而且平稳,多用于精密机床主轴变速箱,以及各种减速器中轴与齿轮花键孔(内花键)的连接。

矩形花键按装配形式分为固定连接、紧滑动连接和滑动连接三种。固定连接方式用于内、外花键之间无轴向相对移动的情况,而后两种连接方式用于内、外花键之间工作时要求相对移动的情况。由于几何误差的影响,矩形花键各结合面的配合均比预定的要紧。对于内、外花键之间要求有相对移动,而且移动距离长、移动频率高的情况,应选用配合间隙较大的滑动连接,以保证运动灵活性及配合面间有足够的润滑油层,如变速箱中的齿轮与轴的连接。对于内、外花键之间定心精度要求高，传递扭矩大或经常有反向转动的情况，则选用配合间隙较小的紧滑动连接。对于内、外花键间无须在轴向移动，只用来传递扭矩，则选用固定连接。

五、矩形花键连接的几何公差和表面粗糙度要求

1．花键的几何公差

在大批量和产时，为检测方便，主要控制键（键槽）的位置公差（包括等分度、对称度）以及大径对小径的同轴度，并遵守最大实体要求。其标注及花键的位置度公差见表 6-8。

表 6-8　矩形花键的位置度、对称度公差（摘自 GB/T 1144—2001）

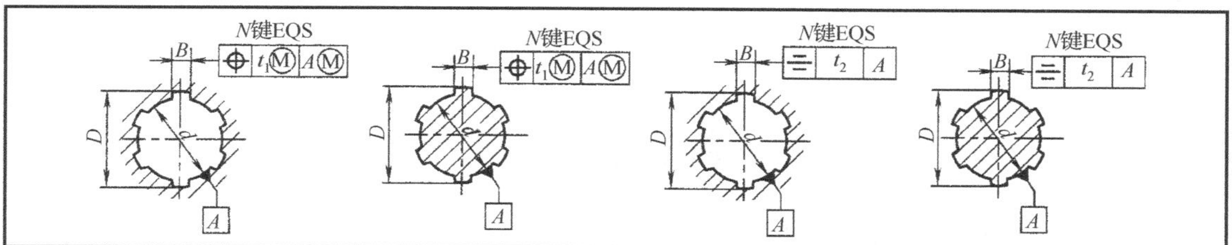

键槽宽或键宽 B		3	3.5～6	7～10	12～18
		t_1			
键槽		0.010	0.015	0.020	0.025
键	滑动、固定	0.010	0.015	0.020	0.025
	紧滑动	0.006	0.010	0.013	0.016
		t_2			
一般用		0.010	0.012	0.015	0.018
精密传动用		0.006	0.008	0.009	0.011

说明：花键的等分度公差值等于键宽的对称度公差。

2．表面粗糙度要求

矩形花键的表面粗糙度参数一般是标注 Ra 的上限值要求。矩形花键的表面粗糙度 Ra 参数及上限值一般这样选取：内花键的小径表面不大于 0.8 μm，键侧面不大于 3.2μm，大径表面不大于 6.3μm。外花键的小径表面不大于 0.8μm，键侧面不大于 0.8μm，大径表面不大于 3.2μm。

六、花键参数的标注

矩形花键连接在图纸上的标注，按顺序包括以下项目：键数 N、小径 d、大径 D、键宽（键槽宽）B，标注顺序为键数 N×小径 d×大径 D×键宽（键槽宽）B。按此顺序在装配图上标注花键的配合代号和在零件图上标注花键的尺寸公差带代号。

如：花键键数 N 为 8，小径 d 的配合为 23H7/f7、大径 D 的配合为 26H10/a11、键槽宽与键宽 B 的配合为 6H11/a10，其标注方法如下。

花键副在装配图上标注配合代号为：

8×23H7/f7×26H10/a11×6H11/d10　　（GB/T 1144—2001）

内花键在零件图上标注尺寸公差带代号为：

$$8×23H7×26H10×6H11 \quad （GB/T \ 1144—2001）$$

外花键在零件图上标注尺寸公差带代号为：

$$8×f7×26a11×6d10 \quad （GB/T \ 1144—2001）$$

矩形花键连接的标注如图 6-6 所示。

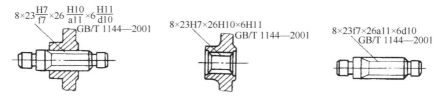

图 6-6 矩形花键参数的标注

思考与习题

1．平键连接的配合种类有哪些？它们各用于什么场合？

2．平键和键槽配合尺寸的公差带与配合种类有哪些？

3．矩形花键连接的主要尺寸是什么？矩形花键的键数规定为哪三种？

4．什么是矩形花键的定心方式？有哪几种定心方式？国家标准为什么规定只采用小径定心？

5．矩形花键连接的极限与配合分为哪几种情况？

6．矩形花键除规定尺寸公差带外，还规定了哪些位置公差？

7．某传动轴（直径 d = 50mm）与齿轮采用普通平键连接，配合类型选为一般连接，试确定键的尺寸，并按照 GB/T 1095—2003 确定键、轴槽及轮毂槽宽和高的公差值，并画出尺寸公差带图。

第7章 常用计量量具

7-1 计量单位与计量量具的分类

一、计量单位

为了保证测量的正确性，必须保证测量过程中测量单位的统一。我国的法定计量单位中，长度为米（m），平面角的角度计量单位为弧度（rad）及度（°）、分（′）、秒（″）。在机械制造中，长度单位一般用毫米（mm），在精密测量中，长度计量单位采用微米（μm），超精密测量中采用纳米（nm）。长度计量单位的换算关系见表7-1，角度计量单位的换算关系见表7-2。

表 7-1 长度计量单位的换算关系

单位名称	符号	与基本单位的关系	单位名称	符号	与基本单位的关系
米	m	基本单位	丝米	dmm	$1dmm = 10^{-4}m$
分米	dm	$1dm = 10^{-1}m$	忽米	cmm	$1cmm = 10^{-5}m$
厘米	cm	$1cm = 10^{-2}m$	微米	μm	$1μm = 10^{-6}m$
毫米	mm	$1mm = 10^{-3}m$	纳米	nm	$1nm = 10^{-9}m$

表 7-2 角度计量单位的换算关系

单位名称	符号	与基本单位的关系
度	°	基本单位（$1° = π/180° = 0.0174533rad$）
分	′	$1° = 60′$
秒	″	$1° = 60′ = 360″$
弧度	rad	基本单位（$1rad = 180°/π = 57.29577951°$）

二、计量量具的分类

量具是测量的基本要素，为保证产品质量，必须对加工过程中及加工完成的工件进行严格的测量。随着测量技术的迅速发展，量具的种类也越来越多，根据其用途和特点的不同，量具分为三大类，见表7-3。

表 7-3 量具的分类

量具的分类	使用特点	举例
万能量具	这类量具一般都有刻度，能对多种零件、多种尺寸进行测量。在测量范围内能测量出零件形状、尺寸的具体数值	如：游标卡尺、千分尺、百分表、万能角度尺等
专用量具	这类量具是专门测量零件某一形状、尺寸用的。它不能测量出零件具体的实际尺寸，只能测量出零件的形状、尺寸是否合格	如：卡规、量规
标准量具	它是用来校对和调整其他量具的量具，因而只能制成某一固定的尺寸	如：千分尺校验棒、量规

三、计量量具的基本技术指标

1．刻度间距

量具刻度尺或刻度盘上相邻刻线之间的距离，为便于读数，刻度间距不宜太小，一般为1～2.5mm。

2．刻度值

刻度尺上每个刻度间距所代表的测量数值。对于数字式计算器具，因没有刻度标记，故不称分度值，称为分辨力（指仪器的末位数字间隔所代表的被测量值）。如图7-1所示，表盘上的刻度值为1μm。

3．测量范围

量具所能测量出的最大和最小尺寸的范围。如图7-1所示，测量范围为0～180mm。

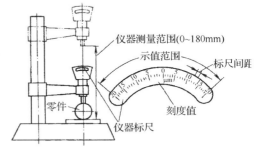

图7-1　测量器具参数示意图

4．刻度尺示值范围

指量具能进行绝对测量的被测量值范围，图7-1所示的示值范围为±20μm。

5．示值误差

量具指示的数值与所用基准件的尺寸数值之差。

6．示值稳定性

在测量条件不作任何改变的情况下，对同一尺寸进行重复测量时，所测结果的最大值与最小值的代数差，即示值的变动性。一般允许为（0.1～0.3）倍刻度值。

7．量程

测量范围上限值与下限值的代数差。

8．测量力

测量过程中，量具或量仪的测量面与工件的被测量面接触时，接触处产生的力。

9．测量误差

测量所得的值与工件的数值之差。它分为系统误差、偶然误差和疏忽误差。

10．测量方法极限误差

在一定的测试条件下，用一定的量具和一定的测量方法测量时所产生的最大测量误差。

7-2　常用长度量具

一、游标量具

游标量具是一种常用量具，具有结构简单、使用方便、测量范围大等特点。常用的长度游标量具有游标卡尺、千分尺、游标深度尺和游标高度尺等。

1．游标卡尺

（1）游标卡尺的结构

按式样不同，游标卡尺可分为三用游标卡尺和双面游标卡尺。

1）三用游标卡尺的结构。如图 7-2 所示，三用游标卡尺主要由尺身和游标等组成。使用时，旋松固定尺框用的紧固螺钉即可测量。下量爪用来测量工件的外径和长度，上量爪用来测量孔径和槽宽，深度尺用来测量工件的深度和台阶长度。测量时，移动游标使量爪与工件接触，取得尺寸后，最好把紧固螺钉旋紧后再读数，以防尺寸变动。

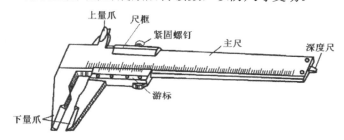

图 7-2　三用游标卡尺

2）双面游标卡尺的结构。双面游标卡尺的结构如图 7-3 所示，为了调整尺寸方便和测量准确，在游标上增加了微调装置。旋紧固定微调装置的紧固螺钉，再松开紧固螺钉，用手指转动滚花螺母，通过小螺杆即可微调游标。其上量爪用来测量沟槽直径和孔距，下量爪用来测量工件的外径。测量孔径时，游标卡尺的读数值必须加上量爪的厚度 b（b 一般为 10mm）。

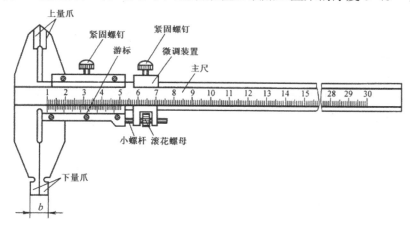

图 7-3　双面游标卡尺

（2）精度测量范围

游标卡尺的示值误差和适用公差等级与测量范围和刻线值见表 7-4、表 7-5。

表 7-4　游标卡尺的示值误差与尺寸公差等级　　　　　　　　（mm）

游标读数值	示值误差	被测工件的尺寸公差等级
0.02	±0.02	12～16
0.05	±0.05	13～16
0.1	±0.1	14～16

表 7-5　游标卡尺的测量范围与刻线值　　　　　　　　　　（mm）

测量范围	刻线值	测量范围	刻线值
0～125	0.02、0.05、0.1	300～800	0.05、0.1
0～200	0.02、0.05、0.1	400～1000	0.05、0.1
0～300	0.02、0.05、0.1	600～1500	0.1
0～500	0.05、0.1	800～2000	0.1

（3）游标卡尺的读数原理

游标卡尺的测量精度有 0.02mm、0.05mm、0.1mm 三种。其读数原理见表 7-6。

表 7-6　游标卡尺的读数原理

示值误差	示意图	说明
0.1mm		这种游标卡尺尺身上每小格为 1mm，游标刻线总长为 9mm，并分为 10 格，因此每格为：9÷10＝0.9mm。这样，尺身和游标相对一格之差就为 1−0.9＝0.1mm
0.05mm		这种游标卡尺尺身上每小格为 1mm，游标刻线总长为 39mm，并分为 20 格，因此每格为：39÷20＝1.95mm。这样，尺身 2 格和游标一格之差就为 2−1.95＝0.05mm
0.02mm		这种游标卡尺尺身上每小格为 1mm，游标刻线总长为 49mm，并分为 50 格，因此每格为：49÷50＝0.98mm。这样，尺身和游标相对一格之差就为 1−0.98＝0.02mm

（4）游标卡尺的读数方法

游标卡尺是以游标的"0"线为基准进行读数的，其读数分为以下三步骤。现以如图 7-4 所示的精度为 0.02mm 的游标卡尺为例说明。

第一步：读整数。

夹住被测工件后，从刻度线的正面正视刻度读取数值。读出游标零位线左面的尺身上的整毫米值。从图中可看出，游标"0"位线左面尺身上的整毫米值为 90。

图 7-4　游标卡尺的读数示例

第二步：读小数。

用与尺身上某刻线对齐的游标上的刻线格数，乘以游标卡尺的测量精度值，得到小数毫米值。图中看出游标上是第 21 根刻线与尺身上的刻线对齐，因此小数部分为 21×0.02＝0.42。

第三步：整数加小数。

最后将两项读数相加，就为被测表面的尺寸。将 90+0.42 = 90.42，即所测工件的尺寸为 90.42 mm。

（5）游标卡尺的使用方法

1）测量外形。对于较小工件，测量时左手拿工件，右手握卡尺，使下量爪张开尺寸略大于被测工件尺寸，然后用右手拇指缓慢移动尺框，使量爪与被测表面平行且轻微接触，读出数值，如图 7-5（a）所示；测量较大工件时，把工件置于稳定的状态，用左手拿主尺左端，右手握主尺右端并移动尺框，使量爪与被测表面平行且轻微接触，读出数值，如图 7-5（b）所示。

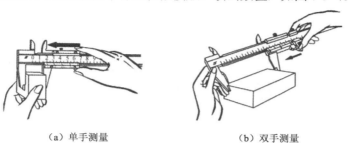

（a）单手测量　　　　　　　　　　（b）双手测量

图 7-5　外形测量方法

测量时应保持量爪与测量面贴平，如图 7-6（a）所示，不能出现歪斜，否则会出现测量误差。

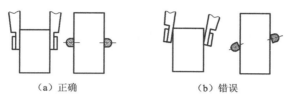

（a）正确　　　　　　　　　　　（b）错误

图 7-6　外形测量时量爪的位置

2）测量槽宽。测量较小工件的槽宽时，左手拿工件，右手握卡尺，使上量爪张开尺寸略小于被测槽宽尺寸，然后用右手拇指缓慢移动尺框，使量爪与被测槽侧面平行接触，一侧量爪紧贴被测表面，另一侧量爪轻微摆动，找出最小位置，读出数值，如图 7-7（a）所示；还可以在工件放置稳固后，右手握卡尺，使上量爪张开尺寸略小于被测槽宽，然后右手拇指缓慢移动尺框，使量爪与被测槽侧面平行接触，左侧量爪紧贴被测表面，右侧量爪作轻微摆动，找出最小测量位置，读出数值，如图 7-7（b）所示。

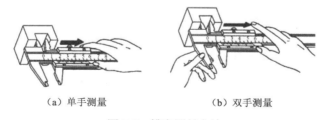

（a）单手测量　　　　　　　　　　（b）双手测量

图 7-7　槽宽测量方法

和外形测量时一样，槽宽测量时也应注意量爪与被测量面的位置，如图 7-8 所示。

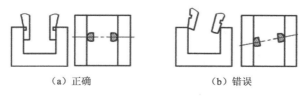

（a）正确　　　　　　　　　　　（b）错误

图 7-8　测量槽宽时量爪的位置

　　3）测量槽深。测量槽深时，右手握卡尺，主尺端部靠在被测工件基准面上，推动尺框，带动深度尺与槽底底面接触，左手拧紧紧固螺钉后读出测量数值，如图 7-9（a）所示。

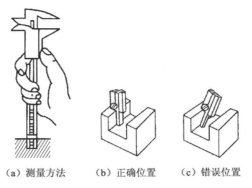

（a）测量方法　　　　（b）正确位置　　　　（c）错误位置

图 7-9　槽深的测量

　　为了便于对复杂工件或特殊要求工件的测量，可供选择的卡尺还有：长量爪卡尺，如图 7-10 所示；偏置卡尺，如图 7-11 所示；背置量爪型中心线卡尺，如图 7-12 所示；管壁厚度卡尺，如图 7-13 所示；旋转型游标卡尺，如图 7-14 所示；内（外）凹槽卡尺，如图 7-15 所示。

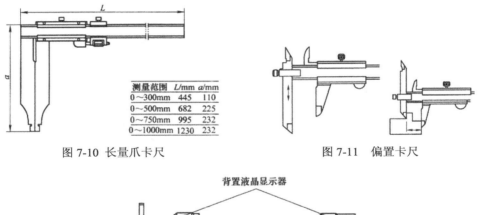

测量范围	L/mm	a/mm
0～300mm	445	110
0～500mm	682	225
0～750mm	995	232
0～1000mm	1230	232

图 7-10　长量爪卡尺　　　　　　　　　　图 7-11　偏置卡尺

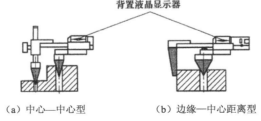

（a）中心—中心型　　　　　　　　（b）边缘—中心距离型

图 7-12　背置量爪型中心线卡尺

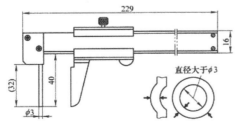

图 7-13　管壁厚度卡尺

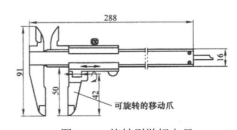

图 7-14　旋转型游标卡尺

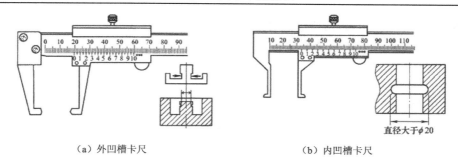

（a）外凹槽卡尺　　　　　　　　　　（b）内凹槽卡尺

图 7-15　内（外）凹槽卡尺

游标卡尺在使用时应注意以下事项。

1）测量前，先用棉纱把卡尺和工件上被测量部位都擦干净，并进行零位复位检测（当两个量爪合拢在一起时，主尺和游标尺上的两个零线应对齐，两量爪应密合无缝隙），如图 7-16 所示。

2）测量时，轻轻接触工件表面，手推力不要过大，量爪和工件的接触力要适当，不能过松或过紧，并应适当摆动卡尺，使卡尺和工件接触完好。

图 7-16　游标卡尺零位检校

3）测量时，要注意卡尺与被测表面的相对位置，要把卡尺的位置放正确，然后再读尺寸，或者测量后量爪不动，将游标卡尺上的螺钉拧紧，卡尺从工件上拿下来后再读测量尺寸。

4）为了得出准确的测量结果，在同一个工件上，应进行多次测量。

5）看卡尺上的读数时，眼睛位置要正，偏视往往出现读数误差。

（6）其他游标量具

1）新型游标卡尺。新型游标卡尺为读数方便，配有测微表头或电子数显，如图 7-17 所示。

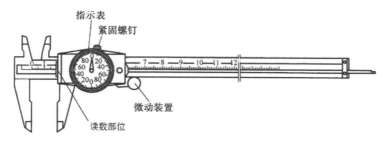

（a）带表卡尺

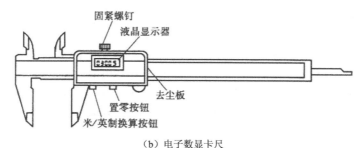

（b）电子数显卡尺

图 7-17　新型游标卡尺

2）游标深度尺。游标深度尺也是一种中等精度的量具，由紧固螺钉、尺身和游标等组成，如图 7-18 所示。深度尺的结构特点是尺框的两个量爪连在一起成为一个带游标的测量基座，基座的端面和主尺就是它的两个测量面。

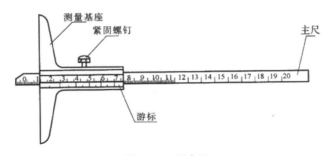

图 7-18 深度尺

游标深度尺用来测量工件的沟槽、台阶和孔的深度等，测量时，先把测量基座轻轻压在工件的基准面上，两个端面必须接触工件的基准面，如图 7-19 所示。

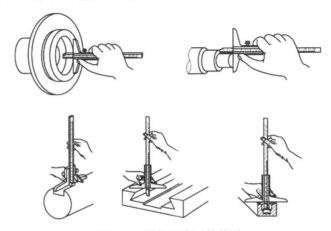

图 7-19 游标深度尺的使用

游标深度尺在使用时应注意以下事项。

1）测量前应将被测量表面擦干净，以免灰尘、杂质磨损量具。

2）深度尺的测量基座和主尺端面应垂直于被测表面并贴合紧密，不得歪斜，否则会造成测量结果不准。

3）用深度尺在机床上测量零件时，要等零件完全停稳后进行，否则不但会使量具的测量面过早磨损而失去精度，且易造成事故。

4）用深度尺测量沟槽深度或其基准面是曲线时，测量基座的端面必须放在曲线的最高点上，测量出的深度尺寸才是工件的实际尺寸，否则会出现测量误差。

5）用深度尺测量零件时不允许过分地施加压力，所用压力应使测量基座刚好接触零件基准表面，尺身刚好接触测量平面。如果测量压力过大，不但会使尺身弯曲或基座磨损，还会使测得的尺寸不准确。

6）使用深度尺时，为减小测量误差可适当增加测量次数，并取其平均值。

7）使用深度尺时，测量温度要适宜，刚加工完的工件由于温度较高不能马上测量，须等工件冷却至室温后进行，否则测量误差太大。

2. 游标高度尺

游标高度尺又称高度划线尺，由尺身、微调装置、量爪、游标和尺座等组成，如图 7-20 所示，用于测量工件的高度尺寸或进行划线。

游标高度尺的测量工作应在平台上进行。当量爪的测面与尺座的底平面位于同一平面时，主尺与游标的零位线相互对准，所以在测量高度时量爪测量面的高度就是被测零件的高度尺寸。应用高度尺划线时也应在平台上先进行调整，调好划线高度，用锁紧螺钉把游标锁紧后再进行划线。游标高度尺的应用如图 7-21 所示。

新型游标高度尺具有测量及划线功能，带有数据保持与输出功能，如图 7-22 所示。

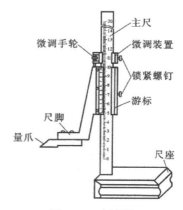

图 7-20 高度尺

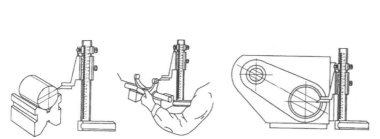

图 7-21 游标高度尺的应用

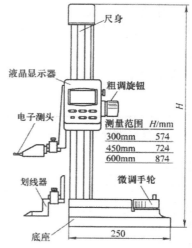

图 7-22 新型游标高度尺

游标高度尺在使用时应注意以下事项。

1）测量前用干净的布反复擦拭尺身表面，清洁底座和测量爪的工作面，检查测量爪是否磨损。

2）清洁平台工作面，将高度尺置于其上，松开紧固螺钉，移动尺框，检查是否正常。移动时尺框活动要自如，不应过松或过紧，更不能有晃动现象。

3）测量时用力要均匀，测力为 3～4N，以保证测量结果的准确性。

4）测量零件时，零件上不能有异物，且要在常温下测量。

5）使用时轻拿轻放，避免测量爪被碰撞到，不可掉到地上。

二、测微螺旋量具

1. 千分尺

（1）千分尺的结构组成

千分尺由尺架、固定测砧、测微螺杆、测力装置和锁紧装置等组成，如图 7-23 所示，它是生产中最常用的一种精密量具。它的测量精度为 0.01mm。

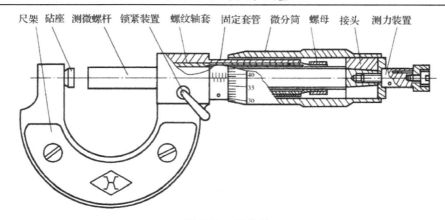

尺架　砧座　测微螺杆　锁紧装置　螺纹轴套　固定套管　微分筒　螺母　接头　测力装置

图 7-23　千分尺

由于测微螺杆的长度受到制造工艺的限制，其移动量通常为 25mm，所以千分尺的测量范围分别为 0～25mm、25～50mm、50～75mm、75～100mm 等。即每隔 25mm 为一挡。千分尺的制造精度主要由它的测量面的平行度误差和示值误差与尺架受力变形量的大小所决定。根据制造精度的不同，千分尺分为 0 级和 1 级两种，其中 0 级为最高，1 级次之。常见千分尺的精度等级要求见表 7-7。

表 7-7　千分尺的精度等级要求

测量范围/mm	示值误差		两测量面平行度	
	0 级	1 级	0 级	1 级
0～25	±0.002	±0.004	0.001	0.002
25～50	±0.002	±0.004	0.0012	0.0025
50～75、75～100	±0.002	±0.004	0.0015	0.003
100～125、125～150		±0.005		
150～175、175～200		±0.006		
200～225、225～250		±0.007		
250～275、275～300		±0.007		

（2）千分尺的读数方法

1）千分尺读数原理。千分尺测微螺杆上的螺距为 0.5mm，当微分筒转过一圈时，测微螺杆就沿轴向移动 0.5mm。固定套筒上刻有间隔为 0.5mm 的刻线，微分筒圆锥面的圆周上共刻有 50 格，因此微分筒每转一格，测微螺杆就移动 0.5mm，因此千分尺的精度值为 0.01mm。

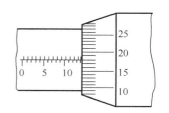

图 7-24　千分尺的读数示例

2）千分尺的读数方法。现以如图 7-24 所示 0～25mm 一挡的千分尺为例，介绍其读数方法。

第一步：读最大刻线值。

从刻度线的正面正视刻度读出固定套筒上露出的最大刻线数值，即固定套筒主尺的整毫米数和半毫米数。在上图中，固定套筒主尺的整毫米数为 14mm，半毫米数为 0.5mm。即最大刻线值为 14mm+0.5mm = 14.5mm。

第二步：读小数。

再在微分筒上找出与固定套筒管基准线在一条线上的那一条刻线，读出小数部分。图中看出微分筒上第 18 根刻线与固定套筒管基准线在一条线上，因此小数部分为 18×0.01 = 0.18mm。

第三步：整数加小数。

最后将两项读数相加，就为被测表面的尺寸。将 14.5+0.18 = 14.68 ，即所测工件的尺寸为 14.68mm。

（3）千分尺的使用

使用千分尺测量工件时，千分尺可单手握、双手握或将千分尺固定在尺架上，如图 7-25 所示。

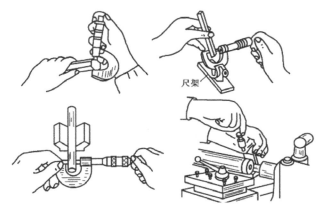

图 7-25　千分尺的使用方法

千分尺在的使用时应注意以下事项。

1）千分尺是一种精密量具，不宜测量粗糙毛坯面。

2）千分尺在测量工件之前，应检查千分尺的零位，即检查千分尺微分筒上的零线和固定套筒上的零线基准是否对齐（图 7-26），如不对齐，应加以校正。

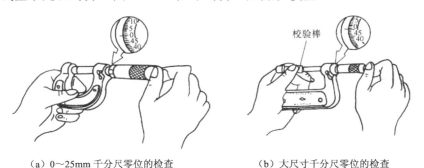

（a）0～25mm 千分尺零位的检查　　　　（b）大尺寸千分尺零位的检查

图 7-26　千分尺零位的检查

3）测量时，转动测力装置和微分套筒，当测微螺杆和被测量面轻轻接触而内部发出棘轮"吱吱"响声为止，这时就可读出测量尺寸。

4）测量时要把千分尺位置放正，量具上的测量面（测砧端面）要在被测量面上放平放正。

5）加工铜件和铝件一类材料时，它们的线膨胀系数较大，切削中遇热膨胀而使工件尺寸增加。所以，要用切削液先浇后再测量，否则，测出的尺寸易出现误差。

6）不能用手随意转动千分尺，如图 7-27 所示，防止损坏千分尺。

2. 内测千分尺

内测千分尺的测量范围为 5～30mm 和 25～50mm 等，内测千分尺的分度值为 0.01mm。

测量精度较高、深度较小的孔径时，可采用内测千分尺，如图 7-28 所示。这种千分尺刻线方向与千分尺相反，当微分筒顺时针旋转时，活动量爪向右移动，测量值增大，固定量爪和活动量爪即可测量出工件的孔径尺寸。

图 7-27　用手旋转千分尺

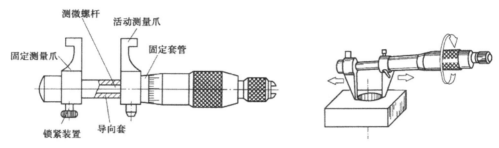

图 7-28　内测千分尺及其使用

3. 内径千分尺

内径千分尺的测量范围为 50～250mm，50～600mm，150～1400 mm 等，其分度值为 0.01mm。测量大于 ϕ 50mm 的精度较高、深度较大的孔径时，可采用内径千分尺。此时，内径千分尺应在孔内摆动，在直径方向应找出最大读数，轴向应找出最小读数，如图 7-29 所示。这两个重合读数就是孔的实际尺寸。

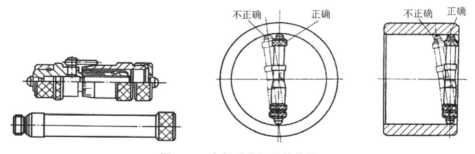

图 7-29　内径千分尺及其使用

4. 三爪内径千分尺

三爪内径千分尺的测量范围为 6～8mm、8～10mm、10～12mm、12～14mm、14～17mm、17～20mm、20～25mm，…，90～100mm，其分度值为 0.01mm 或 0.005mm。

测量 ϕ6～ϕ100mm 的精度较高、深度较大的孔径时，可采用三爪内径千分尺，如图 7-30 所示。它的三个测量爪在很小幅度的摆动下，能自动地位于孔的直径位置，此时的读数即为孔的实际尺寸。

5．深度千分尺

深度千分尺由测量杆、基座、测力装置等组成，如图 7-31 所示，用于测量工件的孔、槽深度和台阶高度。它是利用螺旋副原理，对底座基面与测量杆面分隔的距离进行刻度计数的量具。

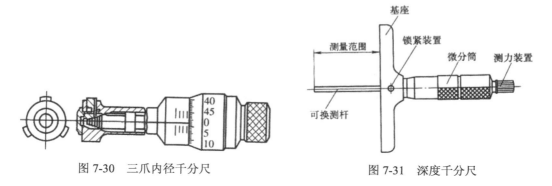

图 7-30　三爪内径千分尺　　　　图 7-31　深度千分尺

6．壁厚千分尺

壁厚千分尺如图 7-32 所示，主要用来测量带孔零件的壁厚，前端做成杆状球头测砧，以便伸入孔内并使测砧与孔的内壁贴合。

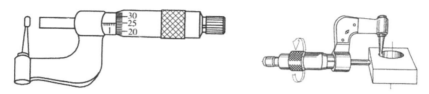

图 7-32　壁厚千分尺及其使用

7．螺纹千分尺

螺纹千分尺如图 7-33 所示，主要用于测量螺纹的中径尺寸。其附有各种不同规格的测量头，每一对测量头用于一定螺距范围，测量时可根据螺距选用相应的测量头。测量时，V 形测量头与螺纹牙型的凸起部分相吻合，锥形测量头与螺纹牙型的沟槽部分相吻合，从固定套筒和微分筒上可读出螺纹的中径尺寸。

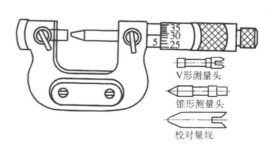

图 7-33　螺纹千分尺

三、量块

1．量块的形状、用途与尺寸

量块是没有刻度的平行端面量具，是用特殊的合金钢制成的，如图 7-34 所示 。量块上经过精密加工很平很光的两个平行平面叫测量面。两测量面之间的距离为工作尺寸 L，称为标称尺寸。量块的标称尺寸在大于或等于 10mm 时，其测量面的尺寸为 35mm×9mm；标称尺寸在 10mm 以下时，其测量面的尺寸为 30mm×9mm。

实际生产应用中，量块是成套使用的，每套量块由一定数量的不同标称尺寸的量块组成，以便组合成各种尺寸，满足一定的尺寸范围内的测量需求。成套量块如图 7-35 所示，其级别、尺寸系列、间隔和块数见表 7-8。

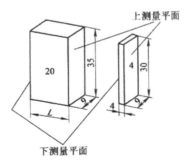

图 7-34　不同尺寸量块的外形

图 7-35　成套量块

表 7-8　成套量块的尺寸表

套别	总块数	级别	尺寸系列（mm）	间隔（mm）	块数
1	83	0、1、2、3	0.5		1
			1		1
			1.005		1
			1.001、1.002、…1.009	0.01	49
			1.5、1.6、…1.9	0.1	5
			2.0、2.5、…9.5	0.5	16
			10、20、…100	10	10
2	46	0、1	1		1
			1.001、1.002、…1.009	0.001	9
			1.01、1.02、…1.09	0.01	9
			1.1、1.2、…1.9	0.1	9
			2、3、…9.5	1	8
			10、20、…100	10	10
3	38	1、2、3	1		1
			1.005		1
			1.01、1.02、…1.09	0.01	9
			1.1、1.2、…1.9	0.1	9
			2、3、…9	1	8
			10、20、…100	10	10
4	10	0、1	1、1.001、…1.009	0.001	10
5	10	0、1	0.991、0.992、…1	0.001	10
6	10	0、1、2	1、1.01、…1.09	0.01	
7	20	0、1、2	5.12、10.24、15.36、21.50、25.00、30.12、35.24、40.36、46.50、50.00、55.12、60.24、65.36、71.50、75.00、80.12、85.24、90.36、95.50、100		
8	8	0、1、2、3	125、150、175、200	25	4
			250、300、400、500		4
9	5	0、1、2、3	600、700、800、900、1000	100	5
10	4	1、2、3	1、5、2 或 1.1		

2．量块的尺寸组合与使用方法

量块组合成一定尺寸的方法是先从给定尺寸的最后一位数字考虑，每选一块应使尺寸的位数减少 1～2 位，使量块数尽可能少，以减少累积误差。如要组成的尺寸为 55.765mm，在 83 块的成套量块中挑选的量块尺寸分别为：

55.765	55.765		
− 1.005			
————	……	第一块尺寸	第一块尺寸为 1.005mm
54.760			
− 1.26			
————	……	第二块尺寸	第二块尺寸为 1.26mm
53.50			
− 3.50	第三块尺寸		第三块尺寸为 3.50mm
50		第四块尺寸	第四块尺寸为 50mm
			全部组合尺寸为 55.765mm

7-3　常 用 量 仪

一、机械式量仪

机械式量仪借助杠杆、齿轮、齿条或扭簧的传动，将测量杆的微小直线移动，经传动和放大变为表盘上指针的角位移，从而指示出相应的数值，因而机械式量仪又称指示式量仪。

1．百分表

百分表又称丝表，也叫秒表。是一种指示式量具，其指示精度为 0.01mm。指示精度为 0.001mm 或 0.002mm 的称为千分表。

（1）百分表的种类结构与用途

百分表的种类较多，常用百分表的种类结构与用途见表 7-9。

（2）百分表的读数原理

1）钟表式百分表的读数原理。钟表式百分表的工作传动原理如图 7-36 所示，测量杆上铣有齿条，与小齿轮啮合，小齿轮与大齿轮 1 同轴，并与中心齿轮啮合。中心齿轮上装有大指针。因此，当测量杆移动时，小齿轮与大齿轮 1 转动，这时中心齿轮与其轴上的大指针也随之转动。

表 7-9　百分表的种类结构与用途

种类	示意图	用途
钟表式百分表	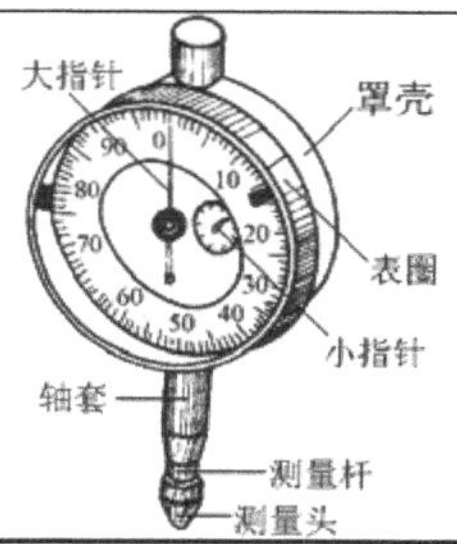	用于测量长度尺寸\形位误差\机床的几何精度等

续表

种类	示意图	用途
内径百分表	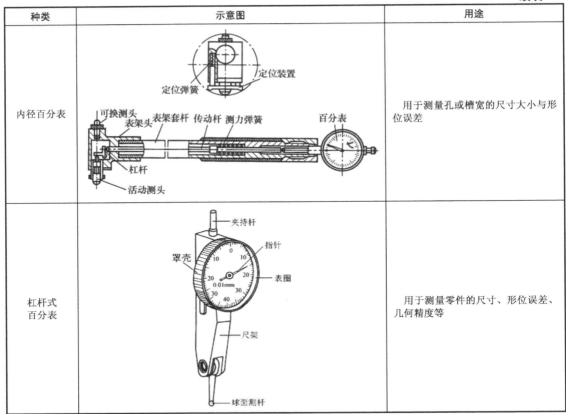	用于测量孔或槽宽的尺寸大小与形位误差
杠杆式百分表		用于测量零件的尺寸、形位误差、几何精度等

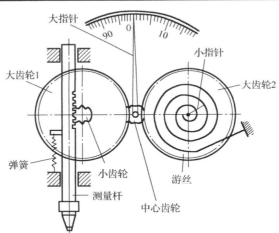

图 7-36　钟表式百分表的工作传动原理

测量杆的齿条齿距为 0.625mm，小齿轮的齿数为 16 齿，大齿轮 1 的齿数为 100 齿，中心齿轮的齿数为 10 齿。当测量杆移动 1mm 时，小齿轮转动 $1 \div 0.625 = 1.6$ 齿，即 $1.6 \div 16 = 1/10$ 转，同轴的大齿轮 1 也转过了 1/10 转，即转过 10 个齿。这时中心齿轮连同大指针正好转过一周。由于表面上刻度等分为 100 格，因此，当测量杆移动 0.01mm 时，大指针转过 1 格。百分表的工作原理用数学表达如下。

当测量杆移动 1mm 时，大指针转过的转数 n 为：

$$n = \frac{\dfrac{1}{0.625}}{16} \times \frac{100}{10} = 1 \text{转}$$

由于表面刻度等分为 100 格，因此大指针转一格的读数值 a 为：

$$a = \frac{1}{100} = 0.01 \text{mm}$$

由上可知，百分表的工作传动原理是将测量杆的直线移动，经过齿条齿轮的传动放大，转变为指针的转动。大齿轮 2 在游丝扭力的作用下跟中心齿轮啮合靠向单面，以消除齿轮啮合间隙所引起的误差。在大齿轮 2 的轴上装有小指针，用以记录大指针的回转圈数（即 mm 数）。

2）杠杆百分表的工作原理。杠杆百分表工作原理如图 7-37 所示。球面测杆与扇形齿轮靠摩擦连接，当球面测杆向上（或下）摆动时，扇形齿轮带动小齿轮转动，再经齿轮 2 和齿轮 1 带动指针转动，这样可在表上读出测量值。

杠杆式百分表的球面测杆臂长 $l = 14.85 \text{mm}$，扇形齿轮圆周展开齿数为 408 齿，小齿轮为 21 齿，齿轮 2 圆周展开齿数为 72 齿，齿轮 1 为 12 齿，百分表表面分为 80 格。当测杆转动 0.8mm（弧长）时，指针的转数 n 为：

$$n = \frac{0.8}{2\pi \times 14.85} \times \frac{408}{21} \times \frac{72}{12} = 1 \text{转}$$

由于表面等分成 80 格，因此指针每一格表示的读数值 a 为：

$$a = \frac{0.8}{80} = 0.01 \text{mm}$$

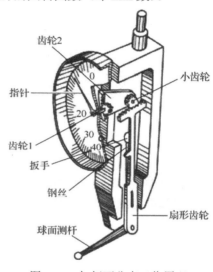

图 7-37　杠杆百分表工作原理

由此可知，杠杆百分表是利用杠杆和齿轮放大原理制成的。杠杆百分表的球面测杆可以自下向上摆动，也可自上向下摆动。当需要改变方向时，只要扳动扳手，通过钢丝使扇形齿轮靠向左面或右面。测量力由钢丝产生，它还可以消除齿轮啮合间隙。

（3）百分表的测量范围与精度等级

百分表的测量范围分为 0～3mm、0～5mm、0～10mm 等。精度分为 0 级、1 级、2 级，其中 0 级最高，1 级次之，2 级最低。百分表的精度等级和示值、回程误差及百分表的使用范围见表 7-10 和表 7-11。

表 7-10　百分表的精度等级和示值、回程误差

精度等级	示值误差			任意 1mm 内的示值误差	示值变化	回程误差
	0～3mm	0～5mm	0～10mm			
0 级	9	11	14	6	3	4
1 级	14	17	21	10	3	6
2 级	20	25	30	18	5	10

表 7-11　百分表的使用范围

分度值	精度等级	测量零件公差等级	
		使用范围	合理使用范围
0.01mm	0 级	7～14	IT 7～ IT 8
	1 级	7～16	IT 8～ IT 9
	2 级	8～16	IT 9～ IT 10

　　百分表上不仅能用于相对测量，也能用于绝对测量。百分表一般用磁性表座固定，测量时，测量杆应垂直于测量表面，使指针转动 1/4 周，然后调整百分表的零位，如图 7-38（a）所示；杠杆式百分表的使用较为方便，当需要改变方向测量时，只要扳动扳手，如图 7-38（b）所示。

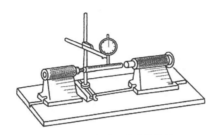 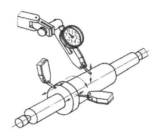

（a）钟表式百分表的使用　　　　　　　　（b）杠杆式百分表的使用

图 7-38　百分表的使用方法

　　提示　钟表式百分表在使用时应使测量杆垂直于零件的被测表面，如图 7-39（a）所示。测量圆柱面的直径时，测量杆的中心通过被测圆柱面的轴线，如图 7-39（b）所示。

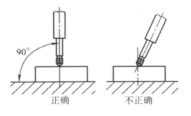 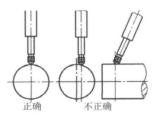

（a）测量杆的方位要求　　　　　　（b）测量杆的位置要求

图 7-39　钟表式百分表的使用要求

　　另外，在测量时还要求将测量头与被测量表面接触并使测量头向表内压缩 1～2mm，然后转动表盘，使指针对正零线，如图 7-40 所示。再将表杆上下提几次，待表针稳定后再进行测量。

　　杠杆百分表在测量时，应使杠杆百分表的球面测杆轴线与测量线尽量垂直，如图 7-41 所示。

2. 杠杆千分尺

　　杠杆千分尺是测量外尺寸的一种精密计量器具，它的外形与千分尺相似，如图 7-42 所示。它由螺旋测微部分和杠杆齿

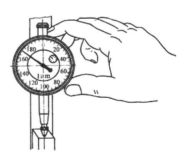

图 7-40　调整百分表零位

轮机构部分组成，螺旋测微部分的刻度值为 0.01mm，杠杆齿轮机构部分的刻度值有 0.001mm

和 0.002mm 两种，指示表的标尺示值范围仅仅为±0.02mm。刻度值为 0.001mm 的杠杆千分尺用于测量 IT6 级的尺寸，刻度值为 0.002mm 的杠杆千分尺用于测量 IT7 级的尺寸。杠杆千分尺的测量范围有 0～25mm、25～50mm、50～75mm 和 75～100mm 四种。

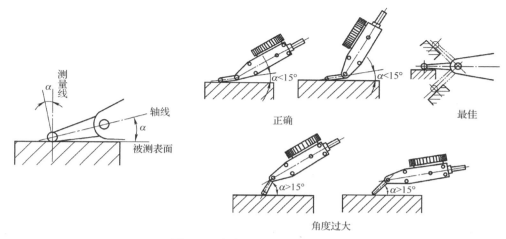

图 7-41 杠杆百分表的使用要求

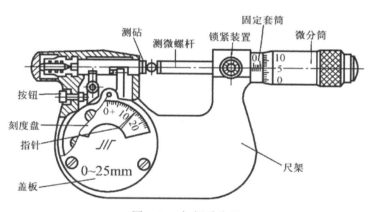

图 7-42 杠杆千分尺

　　杠杆千分尺在测量时既可作绝对测量，也可作相对测量。作绝对测量时，先校准零位，测量结果为千分尺读数±仪表指示针读数；作相对测量时，先根据被测零件的基准尺寸组合好量块，放入两测量面之间，使指针对零后锁紧千分尺的测量杆，然后压下按钮使测砧松开，换上工件，松开按钮即可读取工件实际（组成）要素与量块的尺寸差值，通过计算便可得到工件的实际（组成）的尺寸。

3. 比较仪

（1）杠杆齿轮式比较仪

杠杆齿轮式比较仪是借助杠杆和齿轮传动，将测杆的直线位移转换为角位移的量仪。杠杆齿轮式比较仪主要用于以比较测量法测量精密制件的尺寸和几何误差。该比较仪也可做其他测量装置的指示表。杠杆齿轮式比较仪的外形如图 7-43 所示，刻度值为 0.5μm、1μm、52μm、5μm。

（2）机械扭簧式比较仪

机械扭簧式比较仪结构简单，传动比大，在传动机械间没有摩擦和间隙，所以测力小，灵敏度高，广泛用于机械、轴承、仪表等行业。用于以比较法测量精密制件的尺寸和几何误差。该比较仪还可做其他测量装置的指示表。机械扭簧式比较仪的外形如图 7-44 所示。

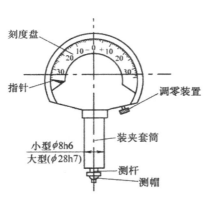

图 7-43　杠杆齿轮式比较仪

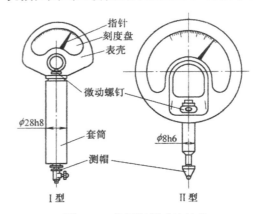

图 7-44　机械扭簧式比较仪

机械扭簧式比较仪的传动原理是：利用扭簧元件作为尺寸的转换和放大机构。其刻度值为 0.1μm、0.2μm、0.5μm、1μm、2μm、5μm、10μm。

二、光学量仪

光学量仪是利用光学原理制成的光学仪器。应用比较广泛的光学仪器有立式光学计、万能测长仪、工具显微镜等。

立式光学计是利用光学杠杆放大作用将测量杆的直线位移转换为反射镜的偏转，使反射光线也发生偏转，从而得到标尺影像的一种光学量仪。用相对测量法测量长度时，以量块（或标准件）与工件相比较来测量它的偏差尺寸，故又称立式光学比较仪。

光学计管是立式光学计的主要部件，它的工作原理是光学自准直原理和机械的杠杆正切原理。

自准直原理如图 7-45 所示。在图 7-45（a）中，位于物镜焦点上的物体（目标）C 发出的光线经物镜折射后成为一束平行于主光轴（一条没有经过折射的光线称为主光轴）的平行光束。光线前进若遇到一块与主光轴相垂直的平面反射镜，则仍沿原路反射回来，经物镜后光线仍会聚在焦点上，并造成目标的实像 C′，与目标 C 完全重合。

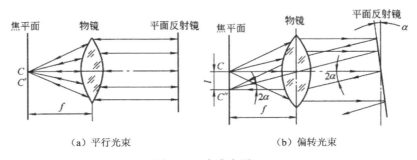

（a）平行光束　　　　　　　　　　（b）偏转光束

图 7-45　自准直原理

如图 7-45（b）所示，若使平面反射镜对主光轴偏转一个小的 α 角，则平面反射镜的法线也转过 α 角，所以反射光线就转过 2α 角。反射光线经物镜后，会聚于焦平面上的 C'' 点，C'' 点是目标 C 的成像，与 C 点的距离为 l，从图上可知

$$l = f\tan\alpha$$

式中 f——物镜的焦距。

平面反射镜偏转角 α 愈大，则像 C' 偏离目标 C 的距离 l 也愈大。这样，可用目标像 C' 的位置偏离值来确定平面反射镜的偏转度 α，这就是自准直原理。

假定在主光轴的轴线上安装一个活动测量杆，如图 7-46 所示，测量杆的一端与平面反射镜接触，同时平面反射镜可绕支轴 M 摆动。如果测量杆发生转动，就推动了平面反射镜围绕支轴 M 摆动。测量杆的移动量 s 与平面反射镜的摆动偏转角 α 的关系是正切关系，由图可知

$$s = a\tan\alpha$$

式中 a——臂长，即测量杆至支轴 M 点的距离。

这就是正切杠杆机构。

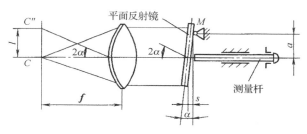

图 7-46　光学计管的工作原理

通过一块平面反射镜把正切杠杆机构与自准直系统联系在一起，这样，测量杆作微量位移 s，推动了平面反射镜偏转 α 角，于是目标像 C' 移动了距离 l。只要把 l 测量出来，就可以得出测量杆的移动量 s，这就是光学计管的工作原理。

$$K = l/s \approx 2f/a$$

式中 K——光学杠杆放大比。

一般光学计管的物镜焦距 $f = 200$mm，臂长 $a = 5$mm。

因此，光学计管的光学放大比为 80 倍。当测量杆移动 1μm 时，目标像就移动了 80μm。为了测出目标像 C' 的移动量，将目标 C 制成分度尺形式。分度尺的分度值为 0.001mm，因此它的刻度距离为：

$$0.001K = 0.001 \times 80 = 0.08 （mm）$$

分度尺共有 ±100 格刻度，其示值范围为 ±0.1mm。它的像通过一个目镜来观察，目镜的放大倍数为 12 倍。这样，光学计管的总的放大倍数为 $12K = 960$ 倍。也就是说当测量杆位移 1μm 时，经过 960 倍的放大，相当于明视距离下看到的刻线移动了将近 1mm。

光学计管的光学系统如图 7-47 所示，光线由进光反射镜进入光学计管中，由通光棱镜将光线转折 90°，照亮了分划板上的分度尺，分度尺上有 ±100 格的刻线，此刻线作为目标，光线继续前进，经三棱镜向下折射，透过物镜成为一束平行光线，射向平面反射镜。再按原来系统反射回去，由于分划板位于物镜的焦平面上，而且分度尺与主光轴相距为 b，按自准直原

理，在分划板另一半上将获得一个距主光轴仍为 b 的分度尺像，此处有一个指示线。当测量杆上下移动时，推动平面反射镜产生摆动，于是分度尺的像相对于指示线产生了移动，移动量通过目镜进行读数。

    立式光学计的外形如图 7-48 所示，立柱与底座相固定，底座上有一圆形可调整的工作台，用四个调整螺钉调整工作台前后左右的位置。用升降螺母可使横臂沿立柱上下移动，当位置确定后，用紧固螺钉锁紧。光学计管插入横臂的套筒中，它的一端为测帽，另一端为目镜、目镜座、连接座和进光反射镜，微动手轮可调节光学计管微量上下移动，以调节测帽和被测零件的接触程度，调节后用固定螺钉紧固光学计管的位置。零位调节手轮利用螺旋推动杠杆使棱镜转动一个微小角度以改变分度尺成像位置，使其能迅速对准零位。光学计管端有提升器，其只有一个螺钉可以调节提升的距离，以便适当地安放被测零件。立式光学计还配有投影装置，将投影灯插入插孔中，用固定螺钉紧固。它可将目镜中所观察到的分度尺像投影到磨砂玻璃上，使双眼同时观察，也可使几个人同时进行观察。

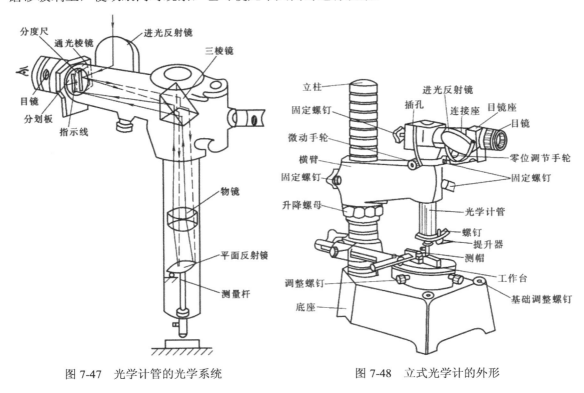

图 7-47   光学计管的光学系统   图 7-48   立式光学计的外形

7-4   常用角度量具

一、直角尺

1. 直角尺的结构形式

    常用直角尺的结构形式有圆柱角尺、刀口形角尺和宽座角尺等几种，如图 7-49 所示。其中宽座角尺结构简单，使用方便，可以测量工件的内、外角，在生产中应用较为广泛。

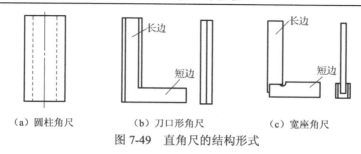

（a）圆柱角尺 （b）刀口形角尺 （c）宽座角尺

图 7-49 直角尺的结构形式

2．直角尺的用途

直角尺主要用于检测 90°外角或内角，测量垂直度误差，检查机床仪器的精度和划线等。

直角尺的制造精度分为 00 级、0 级、1 级和 2 级四个级别。00 级精度最高，2 级精度最低。00 级、0 级用于检测精密仪器的垂直度误差，也用于检定 1 级或 2 级直角尺，1 级用于检测精密工件，2 级用于检测一般工件。

3．直角尺的使用方法

1）测量前，应根据被测件的尺寸和精度要求，选择直角尺的规格和精度等级。

2）测量前，应检查直角尺的工作面和边缘是否有碰伤、毛刺等明显缺陷，将直角尺的工作面和被测零件表面擦净。

3）测量时，先将直角尺的短边放在辅助基准表面（或平板）上，再将长边轻轻地靠拢被测工件表面，如图 7-50 所示，不要碰撞。观察直角尺与被测表面之间的间隙大小和间隙出现的部位，再根据透光间隙的大小和出现间隙的部位来判断被测部位的垂直度误差。

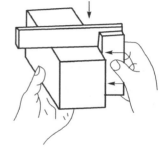

图 7-50 直角尺的使用

一般情况下，不外乎以下五种：无光，中间部位有少光，两端有少光，上端有光，下端有光。第一种情况说明被测面不仅平面度符合要求，而且与基准面垂直；第二、三种情况说明垂直度符合要求，但平面度没达到要求；后两种情况说明有垂直度误差。

4）在实际生产中，也可用塞尺和量块分别在直角尺的长边接近顶端处或低端处测量。这时，塞尺或量块组尺寸的最大差值即为被测件的垂直度误差。

4．直角尺的维护保养

1）在使用直角尺的过程中，要一手托短边，一手扶长边进行检测。使用中，绝不允许手提长边搬动直角尺或将直角尺倒放，以防变形，影响精度。

2）直角尺的使用精度与检测时所用的平板精度有关，使用时应注意合理使用。

3）使用直角尺时要注意，它的长边测量面和短边测量面是工作面，测量时只能用这两个面，而不能用长边和短边的侧面或侧棱。直角尺是一种比较精密的量具，使用过程中应避免磕碰。

4）使用完毕后，应将直角尺擦洗干净、涂油保养。

二、万能角度尺

1．万能角度尺的结构形式

万能角度尺也称万能量角器，按其尺身的形状分为扇形和圆形两种形式。

（1）扇形万能角度尺

扇形万能角度尺的结构如图 7-51 所示，它由尺身、直角尺、游标、制动器、基尺、直尺、卡块、捏手等组成。测量时基尺带着主尺沿着游标转动，当转到所需角度时，可以用制动器锁紧。卡块将 90°角尺和直尺固定在所需的位置上。在测量时，转动背面的捏手，通过小齿轮转动扇形齿轮，使基尺改变角度。其测量范围为 0°～320°。

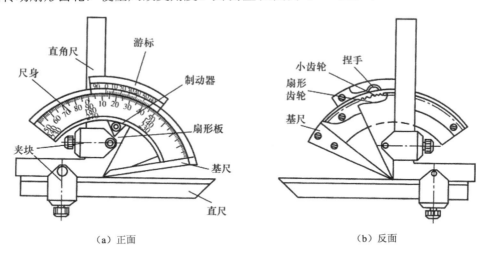

（a）正面　　　　　　　　　　　　　　　　　（b）反面

图 7-51　扇形万能角度尺

（2）圆形万能角度尺

圆形万能角度尺的结构如图 7-52 所示。小圆盘上刻有游标分度，边缘带基尺。利用夹块可将直尺固定在小圆盘上，并使直尺随游标一起转动。测量时可将直尺紧固在尺身上，以便从被测工件上取下角度尺进行读数。

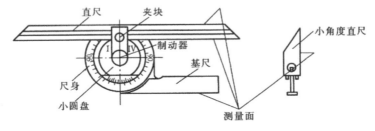

图 7-52　圆形万能角度尺

2．万能角度尺的刻线原理

万能角度尺的刻线原理与游标卡尺相似，不同的是游标卡尺的读数是长度单位值，而万能角度尺的读数是角度单位值。所以，万能角度尺也是利用游标原理进行读数的一种角度量具。按其游标刻度值不同可分为 2′和 5′两种。

（1）分度值为 2′的万能角度尺

万能角度尺尺身刻度每格为 1°，刻线将对应于尺身 29 格的一段弧长等分 30 格，如图 7-53 所示，每格所对的角度为 29°/30 = 60′×29/30 = 58′。因此，主尺一格与游标一格相差 1°−58′ = 2′。所以该游标万能角度尺的分度值为 2′。

（2）分度值为 5′的万能角度尺

万能角度尺的尺身刻线每格为 1°，游标刻线将对应于尺身 23 格的一段弧长等分 12 格，如图 7-54 所示，则每格对的角度为 23°/12 = 60′×23/12 = 115′，尺身 2 格与游标 1 格之差为 2°–115′ = 5′，所以该游标万能角度尺的分度值为 5′。

图 7-53　分度值为 2′的万能角度尺的刻线原理　　　图 7-54　分度值为 5′的万能角度尺的刻线原理

3．万能角度尺的读数方法

万能角度尺的读数方法与游标卡尺的读数方法相似，也分三步，以如图 7-55 所示的分度值为 2′的万能角度尺为例说明。

（1）读度数

即先从尺身上读出游标零线前面的整读数。图中游标零线前面的尺身上的整读数为 10，即度数为 10°。

（2）读分数

判断游标上的第几格的刻线与尺身上的刻线对齐，确定角度的分数。图中是第 25 格与尺身上的刻线对齐，分数为 2′×25 = 50′。

（3）求和

将度和分相加就是被测件的角度数值。图中结果为 10°+50′ = 10°50′。

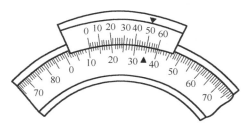

图 7-55　万能角度尺的读数示例

4．游标万能角度尺的使用方法

1）使用前，将万能角度尺的各测量面擦净。

2）检查万能角度尺的测量面是否生锈和碰伤，活动件是否灵活、平稳，能否固定在规定的位置上。

3）检查万能角度尺的零位是否正确。

4）根据被测角度选用万能角度尺的测量尺。表 7-12 为扇形万能角度尺测量工件角度的方法。

表 7-12　用万能角度尺测量工件角度的方法

测量角度	图示	方法
0°～50°	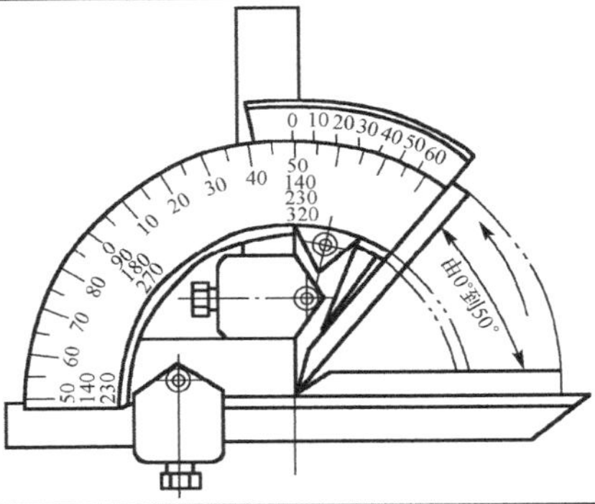	被测工件放在基尺和直尺的测量面之间
50°～140°	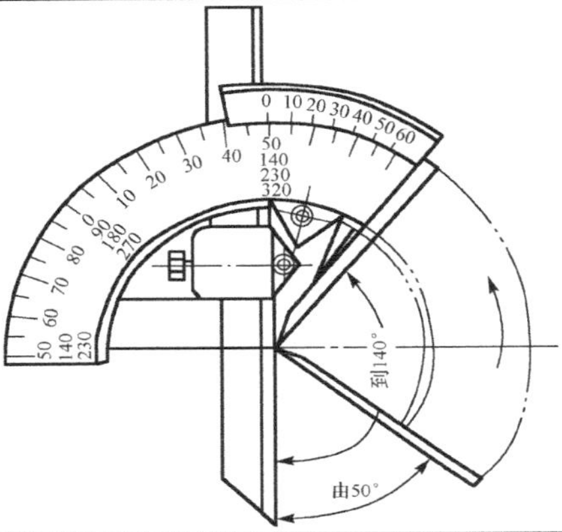	卸下 90°角尺，用直尺代替测量
140°～230°	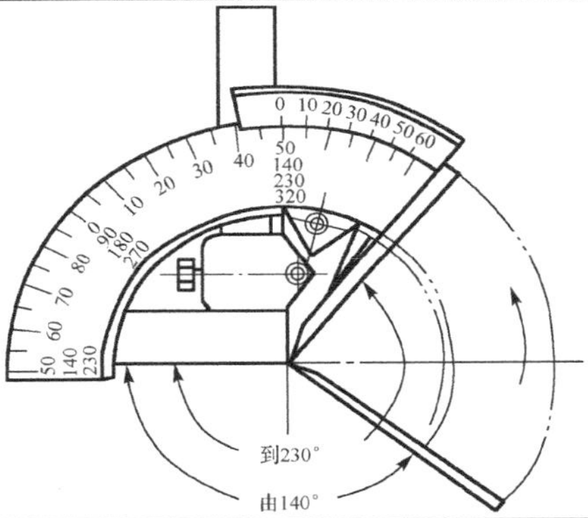	卸下直尺，用 90°角尺代替测量
230°～320°	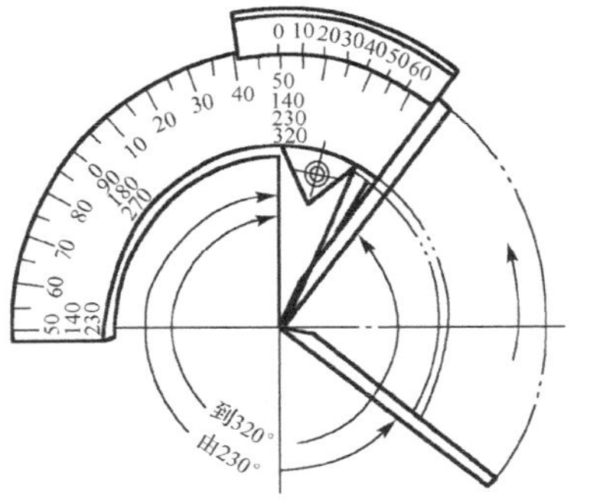	卸下直尺、90°角尺、卡规，被测工件放在基尺和尺身测量面之间进行测量

三、正弦规

1．正弦规的工作原理与使用方法

正弦规是利用三角函数中正弦（sin）关系来进行间接测量角度的一种精密量具。它由一块准确的钢质长方体和两个相同的精密圆柱体组成，如图 7-56（a）所示。两个圆柱之间的中心距要求很精确，中心连线与长方体工作平面严格平行。

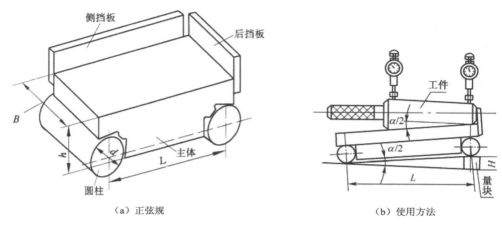

（a）正弦规　　　　　　　　　　　　（b）使用方法

图 7-56　正弦规及使用方法

测量时，将正弦规安放在平板上，圆柱的一端用量块垫高，被测工件放在正弦规的平面上，如图 7-56（b）所示。量块组高度可以根据被测工件圆锥半角进行精确计算获得。然后用百分表检验工件圆锥的两端高度，若读数值相同，就说明圆锥半角正确。用正弦规测量 3° 以下的角度，可以达到很高的测量精度。

已知圆锥半角 $\alpha/2$，需要垫进量块组高度为：

$$H = L\sin\frac{\alpha}{2}$$

已知量块组高度 H：

$$\sin\frac{\alpha}{2} = H/L$$

利用正弦规也可测量内圆角度，如图 7-57 所示。测量时，分别测量内圆锥素线角度 $\alpha_1/2$ 和 $\alpha_2/2$，图示为测量 $\alpha_1/2$ 的位置。测量 $\alpha_2/2$ 时，安

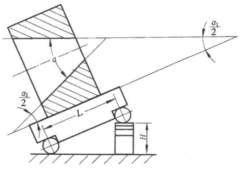

图 7-57　用正弦规测量内圆锥角

置在正弦规上的内圆锥不动，只把量块组换一位置安放，使之与另一圆柱接触，这样就可避免辅助测量基准的误差对测量结果的影响。从图中可看出，内圆锥的圆锥角 $\alpha = \alpha_1/2 + \alpha_2/2$。

2．正弦规的结构形式和基本尺寸

正弦规的结构形式分为窄形和宽型两类，每一类型又按其主体工作平面长度尺寸分为两类。正弦规常用精度等级为 0 级和 1 级，其中 0 级精度为高。正弦规的基本尺寸见表 7-13。

表 7-13　正弦规的基本尺寸　　　　　　　　　　　　　　（mm）

形式	精度等级	主要尺寸			
		L	B	d	h
窄型	0 级	100	25	20	30
	1 级	200	40	30	55
宽型	0 级	100	80	20	40
	1 级	200	80	30	55

7-5　其他计量器具

一、塞尺

塞尺如图 7-58 所示，也叫厚薄规，是由不同厚度的薄钢片组成的一套量具，用以检测两个面间的间隙大小，每个钢片上都标注有其厚度尺寸。其规格见表 7-14。

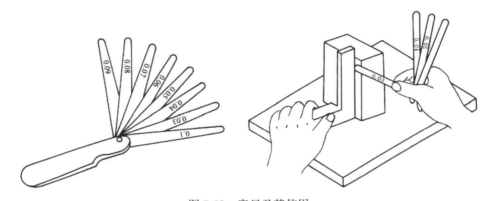

图 7-58　塞尺及其使用

表 7-14　常见塞尺的规格

型号	片数	塞尺厚度（mm）
75B13、100B13、150A13、200A13、300A13	13	0.10、0.02、0.03、0.04、0.05、0.06、0.07、0.08、0.09
75B14、100B14、150A14、200A14、300A14	14	1.00、0.05、0.06、0.07、0.08、0.09、0.10、0.15、0.20、0.25、0.30、0.40、0.50、0.75
75B17、100B17、1450A17、200A17、300A17	17	0.05、0.02、0.03、0.04、0.05、0.06、0.07、0.08、0.09、0.10、0.15、0.20、0.25、0.30、0.35、0.40、0.45
75B20、100B20、150A20、200A20、300A20	20	1.00、0.05、0.10、0.15、0.20、0.25、0.30、0.35、0.40、0.45、0.50、0.55、0.60、0.65、0.70、0.75、0.80、0.85、0.90、0.95
75B21、100B21、150A21、200A21、300A21	21	0.50、0.02、0.03、0.04、0.05、0.06、0.07、0.08、0.09、0.10、0.15、0.20、0.25、0.30、0.35、0.40、0.45

二、平尺

1. 刀口尺

刀口尺又称刀形样板平尺，其结构如图 7-59 所示，用来检验工件表面的直线度和平面度。刀口尺的测量范围以尺身测量面长度 L 来表示，有 75mm、125mm 和 200mm 等多种，精度等级分为 0 级和 1 级两种。

利用刀口尺测量时，应用右手大拇指与另外四指相对捏住尺身胶垫，尺头应置于左端，如图 7-60 所示。检测时，尺身应垂直于工件被测表面，对被测表面的纵向、横向和对角方向分别进行检测，且每个方向上至少要检测三处，以确定各方向的直线度误差，如图 7-61 所示。

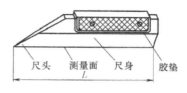

图 7-59　刀口尺

刀口尺检测的方法主要有两种。

1）塞尺插入法。利用刀口尺和塞尺可确定平面度的误差值，其具体操作方法如图 7-62 所示。对于中凹表面，其平面度误差值可以各检测部位中最大直线度误差值计；对于中凸表面，则应在其两侧以同样厚度的尺片塞入检测，其平面度误差值可以各检测部位中最大直线度误差值计。

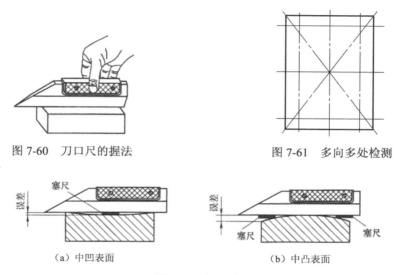

图 7-60　刀口尺的握法　　　　　　　图 7-61　多向多处检测

（a）中凹表面　　　　　　　　（b）中凸表面

图 7-62　插入法

使用塞尺时，应根据被测间隙的大小来选择适当厚度的单片塞尺进行试测量，如图 7-63 所示。当单片厚度不合适时，应组合几片进行测量，但不应超过三片。开始测量时，应不断调整塞尺片厚度，用适当推力将塞尺塞入被测间隙中，一般感到有阻力为宜，但塞尺片不能卷曲，如图 7-64 所示。

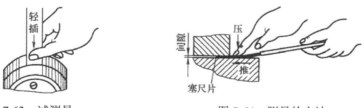

图 7-63　试测量　　　　　　　图 7-64　测量的方法

提示　塞尺检测得出的间隙大小值必须是在作两次极限尺寸检测后得出的结果。如用 0.03mm 的尺片可以插入，而用 0.04mm 的尺片插不进去，则其间隙量为 0.03～0.04mm。

2）透光估测法。简称透光法，是在一定光源条件下，通过目测观察刀口尺的工作面与被测工件表面接触后其缝隙透光强弱程度来估计尺寸量值。如图 7-65 所示，观察刀形样板平尺工作面与被测工件表面间隙的透光情况。透光越弱，则说明间隙量越小，误差值也就越小。

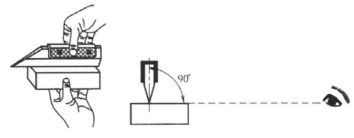

图 7-65   透光估测法

2．检验平尺

检验平尺又称标准平尺，是用来检验狭长工件平面的平面基准器具。常用的检验平尺有桥形平尺和工形平尺，如图 7-66 所示。桥形平尺用来检验机床导轨的直线度误差；工形平尺有双面和单面两种，常用它来检验狭长平面的相对位置的正确性。

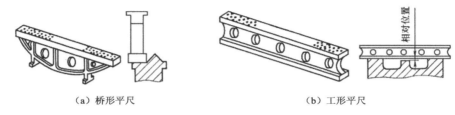

（a）桥形平尺   （b）工形平尺

图 7-66   检验平尺

3．角度平尺

用来检验两个刮削面成角度的组合平面，如燕尾导轨面。其结构和形状如图 7-67 所示。

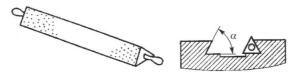

图 7-67   角度平尺

三、水平仪

水平仪主要用来检验平面对水平或垂直位置的误差，也可用来检验机床导轨的直线度误差、机件的相互平行表面的平行度误差、相互垂直表面的垂直度误差以及机件上的微小倾角等。

水平仪有条形水平仪、框式水平仪以及比较精密的合像水平仪等，如图 7-68 所示。框式水平仪框架的测量面有平面和 V 形槽，V 形槽便于在圆柱面上测量。水准器有纵向（主水准器）和横向（横水准器）两个。水准器是一个封闭的弧形玻璃管，表面上有刻线，内装乙醚（或酒精），并留有一个水准泡，水准泡总是停留在玻璃管内的最高处。

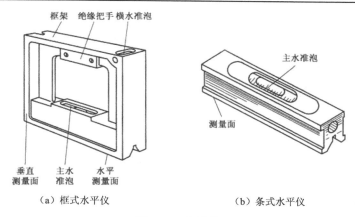

框架　绝缘把手　横水准泡

主水准泡

测量面

垂直
测量面　　主水
准泡　　水平
测量面

（a）框式水平仪　　　　　　（b）条式水平仪

图 7-68　水平仪

1．水平仪的工件原理

水平仪是以主水泡和横水泡的偏移情况来表示测量面的倾斜程度的。水准泡的位置以弧形玻璃管上的刻度来衡量。若水平仪倾斜一个角度，气泡就向左或右移动，根据移动的距离（刻度格数），直接或通过计算即可知被测工件的直线度，平面度或垂直度误差。

框式水平仪水准泡的刻度值有 0.02mm、0.03mm、0.05mm 三种，如 0.02mm 表示它在 1000mm 长度上水准泡偏移一格被测表面倾斜的高度 H 为 0.02mm，如图 7-69 所示。

框式水平仪的规格有 100mm×100mm、150mm×150mm、200mm×200mm、250mm×250mm、300mm×300mm 五种。

如果图 7-69 所示是 200mm×200mm，精度为 0.02mm 的水平仪进行的测量，那么主水泡偏移两格，则水平仪两端的高度差 h 为：

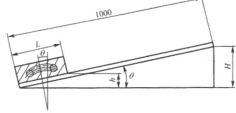

图 7-69　水平仪两端的高度差

$$h = 0.02/1000 = 0.00002\text{mm}$$

2．水平仪的读数方法

以气泡两端的长刻线作为零线，气泡相对线移动格数作为读数，这种读数方法最为常用，具体读数示例见表 7-15。

表 7-15　水平仪的读数方法

位置	图示	说明	读数
水平	0 0　　　　0 0　　　　0	水平仪处于水平位置，气泡两端位于长线上	读数为"0"

位置	图示	说明	读数
向左		水平仪逆时针方向倾斜，气泡向右移动偏右刻线两格	读数为"+2"
向右		水平仪顺时针方向倾斜，气泡向左移动偏左刻线三格	读数为"−3"

7-6　光滑极限量规

一、光滑极限量规的公差带

1．量规的功用与分类

量规是一种没有刻度的定值检测工具。一种规格的量规只能检测同种尺寸的工件。凡是用量规检测合格的工件，其实际尺寸都控制在给定的公差范围内。但量规不能检测出工件的实际尺寸以及几何误差的具体数值。但其检测工件方便、迅速、可靠、效率高。

光滑极限量规是检测孔和轴所用的量规。其外形与被检测的对象相反。检测孔的量规称为塞规，如图 7-70 所示；检测轴的量规称为卡规，如图 7-71 所示。

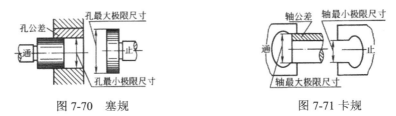

图 7-70　塞规　　　　　　　　　　　　图 7-71　卡规

量规按作用分为工作量规、验收量规和校对量规三种。

（1）工作量规

工件在制造过程中，操作者对工件进行检验所用的量规为工作量规，分为通规（用 T 表示）和止规（用 Z 表示）。

光滑极限量规都是通规和止规成对使用，通规用来检测孔或轴的作用尺寸是否超过最大实体尺寸，止规用来检测孔或轴的作用尺寸是否超过了最小实体尺寸。检测工件时，如通规通过工件，而止规不通过工件时，则该工件为合格；否则工件就不合格。

提示　如果用量规检测工件判断有争议时，应使通规等于或接近工件的最大实体尺寸，止规等于或接近工件的最小实体尺寸。

（2）验收量规

检验部门或用户代表在验收产品时所用的量规。验收量规一般不专门设计制造，而从工作量规中选择磨损较多的通规供用户代表使用。在现场巡回检验时，检验员也可使用工人使用的合格量规。

（3）校对量规

校对量规是用以检测工作量规的量规。由于孔用工作量规测量不方便，不需要校对量规（需要时可用较精密的计量器具进行校对测量），所以只有轴用工作量规（即卡规）才使用校对量规。

校对量规分为三种，见表 7-16。

表 7-16　校对量规的种类

种类	代号	说明
校通-通	TT	检验轴用工作量规通端的校对量规。检验时，通过轴用工作量规的通端，该通端合格
校止-通	ZT	检验轴用工作量规止端的校对量规。检验时，通过轴用工作量规的止端，该止端合格
校通-损	TS	检验轴用验收量规的通端是否已达到或超过磨损极限的量规

2．量规公差与量规公差带

量规在制造过程中，其尺寸不可能制得绝对准确，使它恰好与工件的极限尺寸相等，也就是说量规也存在制造的误差。因此对量规除了提出尺寸公差和几何公差外，为保证通规具有一定的使用寿命，同时还对通规的最小磨损量做出了规定。所以通规公差由制造公差（T）和磨损公差两部分组成。止规由于不经常通过工件，所以只规定了制造公差。

（1）工作量规的公差带

工作量规的公差带相对于工件公差带的分布有两种方案，见表 7-17。T_1 为保证公差，表示工件制造时允许的最大公差；T_2 为制造公差，是考虑到制造量规后，工件可能的最小制造公差。

国家标准《光滑极限量规》（GB 10920—2008）规定了量规公差带采用方案一，孔和轴用工作量规的公差带如图 7-72 所示。

表 7-17　量规公差带公布的两种方案

方案	图示	说明
方案一	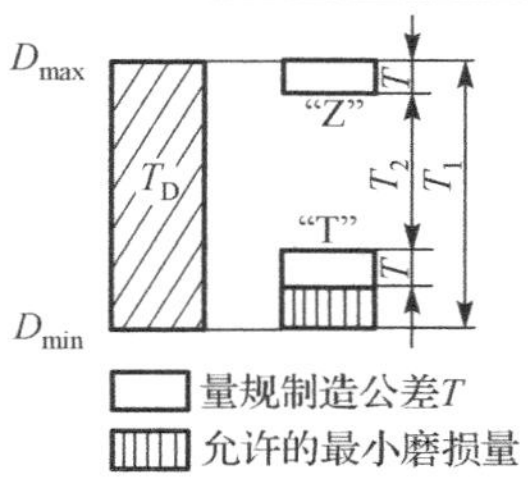 $D_{\max}$ "Z" T_D T_2 T_1 "T" $D_{\min}$ □ 量规制造公差T　▥ 允许的最小磨损量	量规公差带完全位于工件公差之内，保证公差等于工件公差，采用这种方案可保证配合性质，充分保证产品的质量，但也可能使有些合格品误码判为废品，并提高了加工要求

方案	图示	说明
方案二	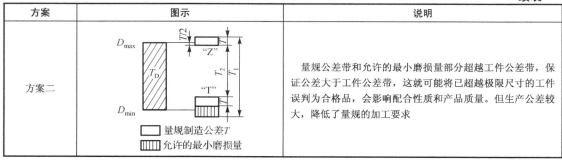量规制造公差 T 允许的最小磨损量	量规公差带和允许的最小磨损量部分超越工件公差带，保证公差大于工件公差带，这就可能将已超越极限尺寸的工件误判为合格品，会影响配合性质和产品质量。但生产公差较大，降低了量规的加工要求

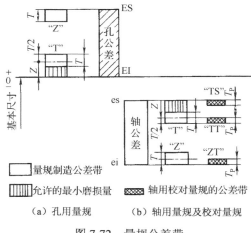

量规制造公差带　　允许的最小磨损量　　轴用校对量规的公差带

（a）孔用量规　　　　（b）轴用量规及校对量规

图 7-72　量规公差带

图 7-72 中，T 为制造量规尺寸公差，Z 为位置要素（通规尺寸公差带的中心到工件最大实体尺寸之间的距离）。当通规磨损到最大实体尺寸时，通规就不能再使用了。这时的极限就称为通规的磨损极限，磨损极限尺寸也等于工件的最大实体尺寸。止规不通过工件，所以国家标准只规定了制造量规的尺寸公差。

国家标准 GB 10920—2008 对基本尺寸小于或等于 500mm，公差等级为 IT6～IT16 的孔、轴工作量规的 T 值和 Z 值做出了规定，具体数值见表 7-18。

表 7-18　IT6～IT16 级工作量规制造公差和位置要素值　　　　　　（μm）

工件公称尺寸 D/mm	IT6		IT7		IT8		IT9		IT10		IT11		IT12		IT13		IT14		IT15		IT16	
	T	Z	T	Z	T	Z	T	Z	T	Z	T	Z	T	Z	T	Z	T	Z	T	Z	T	Z
≤3	1	1	1.2	1.6	1.6	2	2	3	2.4	4	3	6	4	9	6	14	9	20	14	30	20	40
3～6	1.2	1.4	1.4	2	2	2.6	2.4	4	3	5	4	8	5	11	7	16	11	25	16	35	25	50
6～0	1.4	1.6	1.8	2.4	2.4	3.2	2.8	5	3.6	6	5	9	6	13	8	20	13	30	20	40	30	60
10～18	1.6	2	2	2.8	2.8	4	3.4	6	4	8	6	11	7	15	10	24	15	35	25	50	35	75
18～30	2	2.4	2.4	3.4	3.4	5	4	7	5	9	7	13	8	18	12	28	18	40	28	60	40	90
30～50	2.4	2.8	3	4	4	6	5	8	6	11	8	16	10	22	14	34	22	50	34	75	50	110
50～80	2.8	3.4	3.6	4.6	4.6	7	6	9	7	13	9	19	12	26	16	40	26	60	40	90	60	130
80～120	3.2	3.8	4.2	5.4	5.4	8	7	10	8	15	10	22	14	30	20	46	30	70	46	100	70	150
120～180	3.8	4.4	4.8	6	6	9	8	12	9	18	12	25	16	35	22	52	35	80	52	120	80	180
180～250	4.4	5	5.4	7	7	10	9	14	10	20	14	29	18	40	26	60	40	90	60	130	90	200

续表

工件公称尺寸 D/mm	IT6		IT7		IT8		IT9		IT10		IT11		IT12		IT13		IT14		IT15		IT16	
	T	Z	T	Z	T	Z	T	Z	T	Z	T	Z	T	Z	T	Z	T	Z	T	Z	T	Z
250～315	4.8	5.6	6	8	8	11	10	16	12	22	16	32	20	45	28	66	45	100	66	150	100	220
315～400	5.4	6.2	7	9	9	12	11	18	14	25	18	36	22	50	32	74	50	110	74	170	110	250
400～500	6	7	8	10	10	14	12	20	16	28	20	40	24	55	36	80	55	120	80	190	120	280

（2）校对量规的公差带

轴用量规的校对量规的公差带如图 7-72（b）所示。校对量规的尺寸公差 T_P 为被校对工作量规尺寸公差的 50%。"TT"为检验轴用通规的"校通-通"量规，检验时通过为合格。"ZT"为检验用止规的"校止-通"量规，检验时通过为合格。"TS"为检验轴的通规是否达到磨损极限的"校通-损"量规，检验时不通过为合格，通过即报废。

（3）工作量规的几何公差

国家标准规定，量规的几何误差应在其尺寸公差带之内。其公差为量规公差的 50%（圆度、圆柱度公差值为尺寸公差的 25%）。

但当量规尺寸公差不超过 0.002mm 时，其几何公差均为 0.001mm（圆度、圆柱度公差值为尺寸公差的 0.0005）。

二、工作量规的设计

1. 量规的形式与尺寸

光滑极限量规的形式多样，应合理选择使用。量规的形式选择主要根据被测工件的大小、生产数量、结构特点和使用方法等因素来决定。

国家标准《光滑极限量规型式与尺寸》（GB 10920—2008）中，对光滑极限量规形式和尺寸以及适用的基本尺寸范围做出了具体的规定。以下是常用的几种量规形式。

（1）检测孔用量规

1）针式塞规。针式塞规如图 7-73 所示。主要用于检测直径尺寸为 1～6mm 的小孔。两个测头可用黏结剂粘牢在手柄两端，一个测头为通端，另一个测头为止端。针式塞规的基本尺寸可按表 7-19 进行选择。

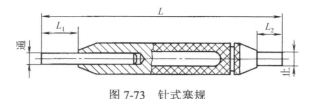

图 7-73　针式塞规

表 7-19　针式塞规尺寸　　　　　　　　　　（mm）

公称尺寸 D	L	L₁	L₂
1～3	65	12	8
3～6	80	15	10

2）锥柄圆柱塞规。锥柄圆柱塞规如图 7-74 所示，主要用于检测直径为 1～50mm 的孔。

两测头带有圆锥形的柄部（锥度 1：50），把它压入手柄的锥孔中，依靠圆锥的自锁性把它们紧固在一起。由于通端测头检测工件时要通过孔，所以易磨损，为便于拆换，在手柄上加工楔槽和楔孔，以便用工具将测头拆下来。锥柄圆柱塞规的尺寸见表 7-20。

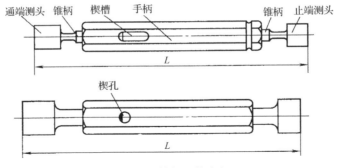

图 7-74　锥柄圆柱塞规

表 7-20　锥柄圆柱塞规尺寸　　　　　　　　　　（mm）

公称尺寸 D	L	公称尺寸 D	L	公称尺寸 D	L
1～3	62	10～4	97	24～30	136
3～6	74	14～18	110	300～	145
6～10	85	18～24	132	40～50	171

　　3）三牙锁紧式圆柱塞规。三牙锁紧式圆柱塞规如图 7-75 所示，用于检测直径尺寸大于 40～120mm 的孔。由于测头直径较大，可制成环形的测头装在手柄端部，用螺钉将其固定在手柄上，为防止测头转动，在测头上加工出等分的三个槽，在手柄上加工出三个等分的牙，装配时将牙与槽装在一起，再用螺钉固定，测头就牢固地固定在手柄上了。

　　通端测头轴向尺寸较大，一般为 25～40mm，所以测头前段磨损了还可拆下，调头后装在手柄上继续使用。当测头直径较大时，为便于测量，可把它制成单头的，即将通端测头和止端测头分别装在两个手柄上。三牙锁紧式圆柱塞规尺寸见表 7-21。

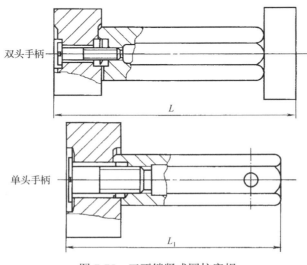

图 7-75　三牙锁紧式圆柱塞规

表 7-21　三牙锁紧式圆柱塞规尺寸　　　　　　　　　　　　（mm）

公称尺寸 D	双头手柄	单头手柄	
		通端塞规	止端塞规
	L	L₁	
40~50	164	1148	141
50~65	169	153	
65~80	—	173	165
80~90			
90~95			
95~100			
100~110			
110~120		178	

　　4）三牙锁紧式非全形塞规。三牙锁紧式非全形塞规如图 7-76 所示，用于检测直径尺寸大于 80~180mm 的孔。三牙锁紧式非全形塞规与三牙锁紧式圆柱塞规的主要区别是测头形状不同，三牙锁紧式非全形塞规的测头只取圆柱中间部分，这就减轻了量规的重量，便于使用。三牙锁紧式非全形塞规尺寸见表 7-22。

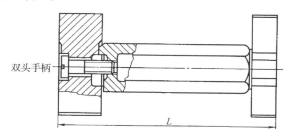

图 7-76　三牙锁紧式非全形塞规

表 7-22　三牙锁紧式非全形塞规尺寸　　　　　　　　　　　　（mm）

公称尺寸 D	双头手柄	单头手柄	
		通端塞规	止端塞规
	L	L₁	
80~100	181	158	148
100~120	186	163	
120~150	—	181	168
150~180		183	

　　5）非全形塞规。非全形塞规如图 7-77 所示，用于检测直径尺寸为 180~260mm 的孔。非全形塞规的通端和止端是分开的，它们是在非全形塞规测头上用螺钉、螺母将隔热片固定在其上当做手柄使用的。非全形塞规的测头如图 7-78 所示。为区别通端和止端，一般在止端的测头上加工出一个小槽。

　　6）球端杆规。球端杆规如图 7-79 所示，用于检测直径尺寸为 120~500mm 的孔。这样大的直径孔，使用非全形塞规很显笨重，因而把塞规制成杆状。它

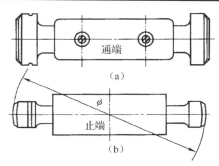

图 7-77　非全形塞规

的长度等于孔径的极限尺寸，两端的工作面制成球面的一部分，球面半径为 16mm。在球端杆规的中部套着隔热管，作为手持处。尺寸大于 120～250mm 的球端杆规只有一个隔热套，尺寸大于 250～500mm 的球端杆规有两个隔热套。

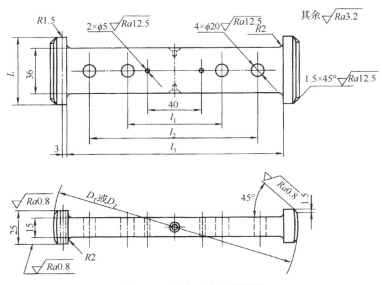

图 7-78　非全形塞规的测头

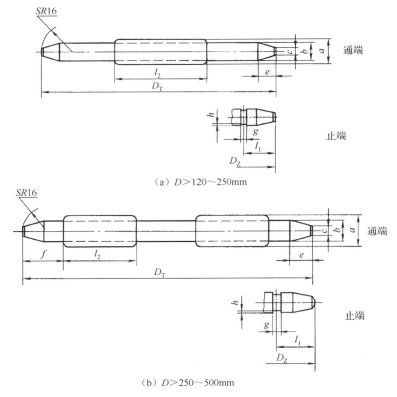

（a）D>120～250mm

（b）D>250～500mm

图 7-79　球端杆规

球端杆规的最大优点就是轻便，但由于杆规是细长形状，稍用力就会变形，会影响检测的准确性，甚至把杆规卡死在工件孔内，使工件受到损伤。杆规的球端与孔壁间是点接触，因此磨损较快。球端杆规尺寸见表 7-23。

表 7-23　球端杆规尺寸　　　　　　　　　　（mm）

公称尺寸 D	a	b	c	d	f	g	h	l_1	l_2
120～180	16	12	8	12	—	2	0.6	22	60
180～250									80
250～315	20	16	12	16	30			26	50
315～500	24	18	14	20	45	2.5	0.8	32	60

（2）轴用量规

1）圆柱环规。圆柱环规如图 7-80 所示，用于检测直径尺寸为 1～100mm 的轴。通端与止端分开，为从外观上区分通端与止端，一般在止端外圆柱面上加工一尺寸为 b 的槽。

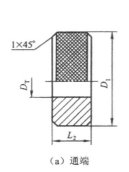
（a）通端

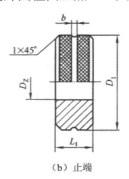
（b）止端

图 7-80　圆柱环规

圆柱环规尺寸见表 7-24。圆柱环规具有内圆柱面的测量面，为防止使用中变形，环规应有一定的厚度。

表 7-24　圆柱环规尺寸　　　　　　　　　　（mm）

公称尺寸 D	D_1	L_1	L_2	b	公称尺寸 D	D_1	L_1	L_2	b
1～2.5	16	4	6	1	32～40	71	18	24	2
2.5～5	22	5	10	1	40～50	85	20	32	3
5～10	32	8	12	1	50～60	100	20	32	3
10～15	38	10	14	2	60～70	112	24	32	3
15～20	45	12	16	2	70～80	125	24	32	3
20～25	53	14	18	2	80～90	140	24	32	3
25～32	63	16	20	2	90～100	160	24	32	3

2）双头组合卡规。双头组合卡规如图 7-81 所示，用于检测直径小于或等于 3mm 的小轴。卡规的通端和止端分布在两侧，由上卡规体和下卡规体用螺钉连接，并用圆柱销定位。

3）单头双极限组合卡规。单头双极限组合卡规如图 7-82 所示，用于检测直径小于或等于 3mm 的小轴。卡规的通端和止端在同侧，由上卡规体和下卡规体用螺钉连接，并用圆柱销定位。

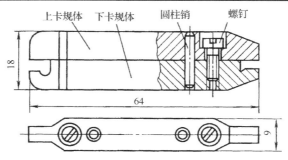

图 7-81　双头组合卡规

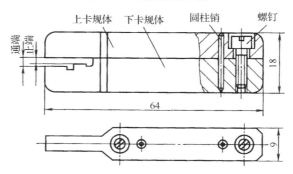

图 7-82　单头双极限组合卡规

4）双头卡规。双头卡规如图 7-83 所示，用于检测直径尺寸为 3～10mm 的轴。双头卡规用 3mm 厚的钢板制成，具有两个平行的测量面，结构简单，一般企业都能自己制造。卡规通端和止端分别在两侧。可根据卡规上文字识别通端和止端。双头卡规的尺寸见表 7-25。

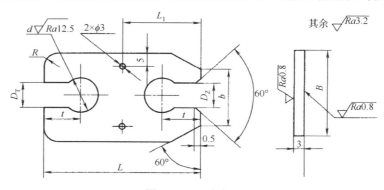

图 7-83　双头卡规

表 7-25　双头卡规尺寸　　　　　　　　　　　　　　　　　　（mm）

公称尺寸 D	L	L_1	B	b	d	R	t
3～6	45	22.5	26	14	10	8	10
6～10	52	26	30	20	12	10	12

5）单头双极限卡规。单头双极限卡规如图 7-84 所示，用于检测直径尺寸为 1～80mm 的轴。一般由 3～10mm 钢板制成，结构简单，通端和止端在同一侧，使用方便，应用广泛。单头双极限卡规尺寸见表 7-26。

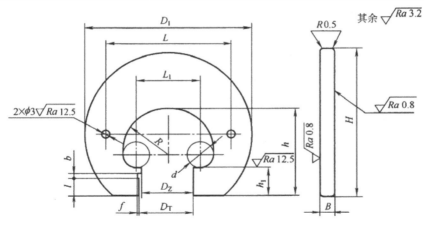

图 7-84　单头双极限卡规

表 7-26　单头双极限卡规　　　　　　　　　　　　　　　　　　（mm）

公称尺寸 D	D₁	L	L₁	R	d	l	b	f	h	h₁	B	H
1～3	32	20	6	6	6	5	2	0.5	19	10	3	31
3～6	32	20	6	6	6	5	2	0.5	19	10	4	31
6～10	40	26	9	8.5	8	5	2	0.5	22.5	10	4	38
10～18	50	36	16	12.5	8	8	2	0.5	29	15	5	46
18～30	65	48	26	18	10	8	2	0.5	36	15	6	58
30～40	82	62	35	24	10	11	3	0.5	45	20	8	72
40～50	94	72	45	29	12	11	3	0.5	50	20	8	82
50～65	116	92	60	38	14	14	4	1	62	24	10	100
65～80	136	108	74	46	16	14	4	1	70	24	10	114

2．量规工作尺寸的计算

量规工作尺寸的计算方法与步骤如下。

1）查找出孔或轴的上极限偏差与下极限偏差。

2）查找出量规的尺寸公差 T 和通规的位置要素 Z。

3）画出量规的公差带图。

4）计算出量规的工作尺寸。

5）确定量规的工作尺寸。

如：计算 $\phi 30H8/f7$ 孔用与轴用量规的工作尺寸（图 7-85）。

1）先查表得孔和轴的上极限偏差分别为：

孔：$ES = +0.033mm$，$EI = 0$

轴：$es = -0.020mm$，$EI = -0.041mm$

2）查表得 T 和 Z 值分别为：

塞规：$T = 0.0034mm$，$Z = 0.005mm$

卡规：$T = 0.0024mm$，$Z = 0.0034mm$

3）画出如图 7-85 所示的公差带图。

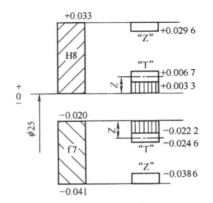

图 7-85　$\phi 38H8/f7$ 孔用与轴用量规公差带图

4）计算。

ϕ30H8 孔用用量规

通规：

上极限偏差 $= EI+Z+T/2 = 0+0.005+0.0034/2 = +0.0067$mm

下极限偏差 $= EI+Z-T/2 = 0+0.005-0.0034/2 = +0.0033$mm

磨损极限 $= EI = 0$mm

止规：

上极限偏差 $= ES = +0.0033$mm

下极限偏差 $= ES-T = 0.0033-0.0034 = +0.0296$mm

ϕ30f7 轴用量规

通规：

上极限偏差 $= es-Z+T/2 = -0.020-0.0034+0.0024/2 = -0.0222$mm

下极限偏差 $= es-Z-T/2 = -0.020-0.0034-0.0024/2 = -0.0246$mm

磨损极限 $= es = -0.020$mm

止规：

上极限偏差 $= ei+T = -0.041+0.0024 = -0.0386$mm

下极限偏差 $= ei = -0.041$mm

根据计算确定量规工作尺寸并列于表 7-27 中。

表 7-27　ϕ38H8/f7 量规的工作尺寸　　　　　　　　　　　（mm）

被检测工件	量规	量规最大极限尺寸		量规尺寸标注		量规磨损极限尺寸
		最大尺寸	最小尺寸	方法一	方法二	
ϕ30H8	通规	ϕ30.0067	ϕ30.0033	$\phi30^{+0.0067}_{+0.0033}$	$\phi30.0067^{0}_{-0.0034}$	ϕ30
	止规	ϕ30.033	ϕ30.0296	$\phi30^{+0.0330}_{+0.0296}$	$\phi30.033^{0}_{-0.0034}$	—
ϕ30f7	通规	ϕ29.9778	ϕ29.9754	$\phi30^{-0.0222}_{-0.0246}$	$\phi29.9754^{+0.0024}_{0}$	ϕ29.98
	止规	ϕ29.9614	ϕ29.959	$\phi30^{-0.0386}_{-0.0410}$	$\phi29.959^{+0.0024}_{0}$	—

3．量规的其他技术要求

量规测量面的材料一般采用碳素工具钢（T10A、T12A）、合金工具（CrWMn）等耐磨合金钢制造，也可在测量表面镀铬层或氮化处理。量规手柄可选用 Q235、硬木、铝以及布胶木等。

量规表面的硬度为 58～65HRC。为消除量规材料中的内应力，提高量规的使用寿命，量规要经过稳定性处理。

量规测量表面的表面粗糙度按表 7-28 选用。

表 7-28　量规测量表面的表面粗糙度 Ra 值　　　　　　　　　　（μm）

工作量规	工作量规公称尺寸		
	≤120	120～315	315～500
IT6 级孔用量规	≤0.04	≤0.08	≤0.16
IT6～IT9 级轴用量规	≤0.08	≤0.16	≤0.32

续表

工作量规	工作量规公称尺寸		
	≤120	120～315	315～500
IT7～IT9 级孔用量规	≤0.08	≤0.16	≤0.32
IT10～IT12 级孔、轴用量规	≤0.16	≤0.32	≤0.63
IT13～IT16 级孔、轴用量规	≤0.32	≤0.63	≤0.63

提示　在塞规测头端面或其他量规的非工作面或量规手柄上，应刻有被检测工件的基本尺寸和公差代号、通止端标记。

思考与习题

1. 说明读数值为 0.02mm 的游标卡尺的刻线原理。

2. 使用游标卡尺时应注意些什么？

3. 简述游标卡尺的读数方法，并确定图 7-86 所示各游标卡尺的读数值及所确定的被测尺寸的数值。

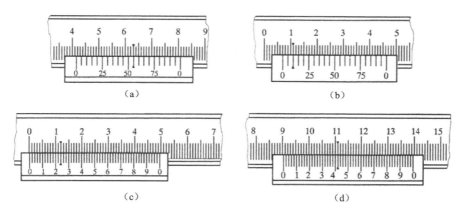

图 7-86　习题 3 图

4. 简述外径千分尺的读数原理。

5. 说明外径千分尺的读数方法，并确定图 7-87 所示的千分尺表示的被测尺寸的数值。

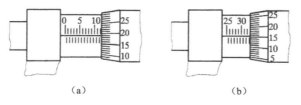

图 7-87　习题 5 图

6. 简要说明外径千分尺的零位偏差的调整方法。

7. 简要说明百分表的工作原理及主要应用场合。

8. 简要叙述读数值为 2′ 的万能角度尺的刻线原理。

9. 说明万能角度尺的读数方法，并读出图 7-88 所示的角度的数值。

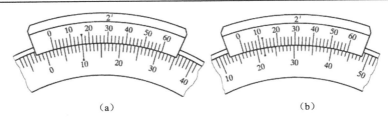

（a）　　　　　　　　　　　　（b）

图 7-88　习题 9 图

10．光滑极限量规有何特点？如何判断工件的合格性？

11．量规的通规除有制造公差外，为什么还有磨损公差？

12．设计和计算 $\phi 35H7/f6$ 孔用和轴用工件量规，选择量规形式，并画出量规工作图。

第8章 技术测量

8-1 技术测量基本知识

一、测量方法的分类

1．测量的概念

在机械制造中，测量技术主要是对零件的几何量（包括长度、几何形状、相互位置和表面粗糙度等）进行测量或检验，并判断其合格性。

测量就是把被测量与具有计量单位的标准量进行比较，从而确定被测量量值的过程。可用公式表式为：

$$L = qE$$

式中，L——被测量；

q——比值；

E——计量单位。

上式表明，任何几何量的量值都由两个部分组成：表征几何量的数值和该几何量的计量单位。如几何量 $L = 100mm$，这里的"mm"为长度计量单位，数值"100"则是以"mm"为计量单位时该几何量量值的数值。

显然，对任一被测对象进行测量，首先要建立计量单位，其次要有被测对象适应的测量方法，并达到所要求的测量精度。因此，一个完整的几何量测量过程包括被测对象、计量单位、测量方法和测量精度四个要素。

被测对象——在几何量测量中，被测对象指长度、角度、表面粗糙度、几何误差等。

计量单位——用以度量同类量值的标准量。

测量方法——是测量原理、测量器具和测量条件的总和。

测量精度——测量结果与真值一致的程度。

2．测量方法的分类

测量方法可从不同的角度进行分类。

（1）按计量器具是否直接测量出所需的量值分

这种分类方法可分为直接测量和间接测量。

1）直接测量。从计量器具的读数装置上直接读出被测参数的量值或相对于标准量的偏差。直接测量又分为绝对测量和相对测量。

若测量读数可直接表示出被测量的全值，则这种测量方法就称为绝对测量。如使用游标卡尺测量零件尺寸。

若测量读数仅表示被测量相对于已知标准量的偏差值，则这种方法被称为相对测量法。如使用量块和千分表测量零件尺寸时，先用量块调整计量器具零位，后用零件替换量块，则该零件尺寸就等于计量器具标尺上读数值和量块值的代数和。

2）间接测量。测量有关量，并通过一定函数关系求出被测之量的量值。如采用正弦规测量工件的角度。

（2）按零件被测参数的多少分

分为综合测量和单项测量。

1）单项测量。分别测量零件的各个参数，如分别测量齿轮的齿厚、齿距偏差。

2）综合测量。同时测量零件几个相关参数的综合效应或综合参数，如齿轮的综合测量。

（3）按被测零件表面与测头是否有机械接触分

分为接触测量和非接触测量。

1）接触测量。被测零件表面与测量头有机械接触，并有机械作用的测力存在。

2）非接触测量。被测零件表面与测量头没有机械接触，如光学投影测量、激光测量、气动测量等。

（4）按测量技术在机械制造工艺过程中所起的作用分

分为主动测量和被动测量。

1）主动测量。零件在加工过程中进行的测量。这种测量方法可直接控制零件的加工过程，能及时防止废品产生。

2）被动测量。零件加工完成后所进行的测量。这种方法仅能发现和剔除废品。

二、测量误差

1. 测量误差产生的原因

测量误差是指测量结果与被测量的真值之差，即：

$$\delta = l - \mu$$

式中，δ——测量误差；

l——测得值；

μ——被测量的真值。

被测量的真值是难以得知的，在实际工作中，常以较高精度的测得值作为相对真值。如用千分尺或比较仪的测得值作为相对真值，以确定游标卡尺测得的测量误差。可见测量误差 δ 的绝对值越小，测得值就越接近于真值 μ，测量的精度就越高；反之，精度就越低。

测量误差有两种表示方法：绝对误差和相对误差。相对误差 Δ 是指绝对误差 δ 和测量值 l 的比值，即：

$$\Delta \approx |\delta|/l \times 100\%$$

当被测值相等或相近时，δ 的大小可反映测量的精确程度；当被测值相差点较大时，则用相对误差较为合理。在长度测量中，相对误差应用较少，通常所说的测量误差一般是指绝对误差。

为提高测量精度，分析和估算测量误差的大小，就要了解测量误差产生的原因与其对测量结果的影响。测量误差产生的原因见表 8-1。

表 8-1　测量误差产生的原因

误差类型	产生原因
计量器具的误差	指计量器具的内在误差，包括设计原理、制造、装配调整、测量力所引起的变形和瞄准所存在的误差总和，反映在示值误差上，使测量结果各不一样
基准件误差	常用基准件如量规或标准件，都存在制造误差和检定误差，一般取基准件的误差占总测量误差的 1/5～1/3
测量方法误差	指测量时选择的测量方法不完善而引起的误差。测量时采用的测量方法不同，产生的测量误差也不一样。如测量基准、测量头形状选择不当，将产生测量误差；对高精度孔径测量使用气动仪比使用内径千分尺要精确得多
安装定位误差	测量时，应正确选择测量基准，并相应地确定被测工件的安装方法。为减小安装定位误差，在选择测量基准时，应尽量遵守"基准统一原则"，即工序检查应以工艺基准作为测量基准，终检时应以设计基准作为测量基准
环境条件所致误差	测量的环境条件包括温度、湿度、振动、气压、尘土、介质折射率等许多因素。一般情况下，可考虑温度影响。其余诸因素只有精密测量时才考虑
其他因素所致误差	如测量人员的技术水平、测量力的控制、心理状态与疲劳程度等所引起的测量误差

2．测量误差的分类

测量误差按其性质可分为三类，即系统误差、随机误差和粗大误差。

（1）系统误差

在相同条件下多次重复测量同一量值时，误差的数值和符号保持不变；或在条件改变时，按某一确定规律变化的误差称为系统误差。

可见系统误差有定值系统误差和变值系统误差两种。从理论上讲，当测量条件一定时，系统误差的大小和符号是确定的，因而，也是可以被消除的。但实际工作中，系统误差不一定能够完全消除，只能减小到一定的限度。根据系统误差被掌握的情况，可分为已定系统误差和未定系统误差两种。

1）已定系统误差。是符号和绝对值均已确定的系统误差。对于已定系统误差应予以消除或修正，即将测得值减去已定系统误差作为测量结果。例如，0～25mm 千分尺两测量面合拢时读数不对准零位，而是 +0.005mm，用此千分尺测量零件时，每个测得值都将大 0.005mm。此时可用修正值 "–0.005mm" 对每个测量值进行修正。

2）未定系统误差。是指符号和绝对值未经确定的系统误差。对未定系统误差应在分析原因、发现规律或采用其他手段的基础上，估计误差可能出现的范围，并尽量减小并消除。

在精密测量技术中，误差补偿和修正技术已成为提高仪器测量精度的重要手段之一，并越来越广泛地被采用。

（2）随机误差

随机误差也称偶然误差，是指在相同的条件下，多次测量同一量值，误差的绝对值和符号以不可预定的方式变化着，但误差出现的整体是服从统计规律的，这种类型的误差称为随机误差。

大量的实践证明，多数随机误差，特别是在各不占优势的独立随机因素综合作用下的随机误差是服从正态分布规律的，如图 8-1 所示。

由图 8-1 可知，随机误差有如下特性。

1）对称性。绝对值相等的正、负误差出现的概率相等。

2）单峰性。绝对值小的随机误差比绝对值大的随机误差出现的机会多。

3）有界性。在一定测量条件下，随机误差的绝对值不会大于某一界限值。

4）抵偿性。当无限增多测量次数时，随机误差的算术平均值趋向于零。

不同的标准偏差对应不同的正态分布曲线，如图 8-2 所示，图中表明，标准偏差愈小，曲线就愈陡，随机误差分布也就愈集中，测量的可靠性也就愈高；若标准偏差大，正态分布曲线趋于平坦，表面随机误差分布比较分散，测量方法的精度较低。

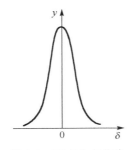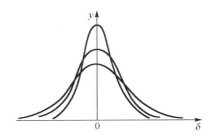

图 8-1 正态分布曲线   图 8-2 标准偏差对随机误差分布特性的影响

（3）粗大误差

粗大误差的数值较大，它是由测量过程中各种错误造成的，对测量结果有明显的歪曲，如已存在，应当剔除。

三、测量精度

测量精度是指测得值与真值的接近程度。精度是误差的相对概念。由于误差分为系统误差和随机误差，因此笼统的精度概念不能反映上述误差的差异，从而引出如下概念。

1. 精密度

其表示测量结果中随机误差大小的程度。精密度可简称"精度"。

2. 正确度

其表示测量结果中系统误差大小的程度，是所有系统误差的综合。

3. 精确度

其指测量结果受系统误差与随机误差综合影响的程度，也就是说，它表示测量结果与真值的一致程度。精确度亦称准确度。

在具体测量中，精密度高，正确度不一定高；正确度高，精密度不一定也高。精密度和正确度都高，则精确度就高。

以射击为例，如图 8-3（a）所示，表示武器系统误差小而气象、弹药等随机误差大，即正确度高而精密度低。图 8-3（b）表示武器系统误差大而气象、弹药等随机误差小，正确度低而精密度高。图 8-3（c）表示系统误差和随机误差均小，即精确度高，说明各种条件都好。

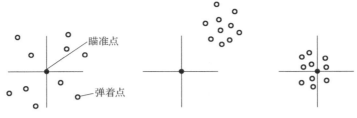

（a）正确度高而精密度低　　（b）正确度低而精密度高　　（c）精确度高

图 8-3　射弹散布精度

四、验收极限的确定

在测量过程中，由于计量器具和计量系统都存在误差，可能在测量过程中，出现将合格产品判为废品，即称为"误废"，将不合格产品判为合格产品，即称为"误收"。为保证验收质量，标准规定了验收极限、计量器具的测量不确定度允许值和计量器具的选用原则（但对温度、压陷效应等不进行修正）。

1．验收极限尺寸的确定

（1）内缩方式

验收极限是从规定的最大实体极限和最小实体极限分别向工件公差内移动一个安全裕度（A）来确定的，如图 8-4 所示。

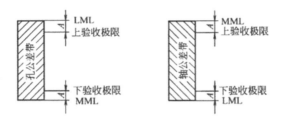

图 8-4　验收极限与工件公差带关系

$$上验收极限 = 最大极限尺寸（D_{\max}，d_{\max}）-安全裕度（A）$$

$$下验收极限 = 最小极限尺寸（D_{\min}，d_{\min}）+安全裕度（A）$$

A 值按工件公差的 1/10 确定，其数值列在表 8-2 中。安全裕度 A 相当于测量中总的不确定度，它表征了各种误差的综合影响。

（2）不内缩方式

规定验收极限等于工件的最大极限尺寸和最小极限尺寸，即 A 值等于零。

2．验收极限方式的选择

验收极限方式的选择要结合尺寸功能要求及其重要程度、尺寸公差等级、测量不确定度和工艺能力等因素综合考虑。

1）对遵守包容要求的尺寸、公差等级高的尺寸，其验收极限要选内缩方式。

2）对非配合和一般公差的尺寸，其验收极限应选不内缩方式。

表8-2　安全裕度（A）计量器具的测量不确定度允许值（u₁）　　（μm）

公差等级 6～11

公称尺寸/mm 大于	至	6 T	6 A	6 u₁ I	6 u₁ II	6 u₁ III	7 T	7 A	7 u₁ I	7 u₁ II	7 u₁ III	8 T	8 A	8 u₁ I	8 u₁ II	8 u₁ III	9 T	9 A	9 u₁ I	9 u₁ II	9 u₁ III	10 T	10 A	10 u₁ I	10 u₁ II	10 u₁ III	11 T	11 A	11 u₁ I	11 u₁ II	11 u₁ III
—	3	6	0.6	0.54	0.9	1.4	10	1.0	0.9	1.5	2.3	14	1.4	1.3	2.1	3.2	25	2.5	2.3	3.8	5.6	40	4.0	3.6	6.0	9.0	60	6.0	5.4	9.0	14
3	6	8	0.8	0.72	1.2	1.8	12	1.2	1.1	1.8	2.7	18	1.8	1.6	2.7	4.1	30	3.0	2.7	4.5	6.8	48	4.8	4.3	7.2	11	75	7.5	6.8	11	17
6	10	9	0.9	0.81	1.4	2.0	15	1.5	1.4	2.3	3.4	22	2.2	2.0	3.3	5.0	36	3.6	3.3	5.4	8.1	58	5.8	5.2	8.7	13	90	9.0	8.1	14	20
10	18	11	1.1	1.0	1.7	2.5	18	1.8	1.7	2.7	4.1	27	2.7	2.4	4.1	6.1	43	4.3	3.9	6.5	9.7	70	7.0	6.3	11	16	110	11	10	17	25
18	30	13	1.3	1.2	2.0	2.9	21	2.1	1.9	3.2	4.7	33	3.3	3.0	5.0	7.4	52	5.2	4.7	7.8	12	84	8.4	7.6	13	19	130	13	12	20	29
30	50	16	1.6	1.4	2.4	3.6	25	2.5	2.3	3.8	5.6	39	3.9	3.5	5.9	8.8	62	6.2	5.6	9.3	14	100	10	9.0	15	23	160	16	14	24	36
50	80	19	1.9	1.7	2.9	4.3	30	3.0	2.7	4.5	6.8	46	4.6	4.1	6.9	10	74	7.4	6.7	11	17	120	12	11	18	27	190	19	17	29	43
80	120	22	2.2	2.0	3.3	5.0	35	3.5	3.2	5.3	7.9	54	5.4	4.9	8.1	12	87	8.7	7.8	13	20	140	14	13	21	32	220	22	20	33	50
120	180	25	2.5	2.3	3.8	5.6	40	4.0	3.6	6.0	9.0	63	6.3	5.7	9.5	14	100	10	9.0	15	23	160	16	15	24	36	250	25	23	38	56
180	250	29	2.9	2.6	4.4	6.5	46	4.6	4.1	6.9	10	72	7.2	6.5	11	16	115	12	10	17	26	185	18	17	28	42	290	29	26	44	65
250	315	32	3.2	2.9	4.8	7.2	52	5.2	4.7	7.8	12	81	8.1	7.3	12	18	130	13	12	19	29	210	21	19	32	47	320	32	29	48	72
315	400	36	3.6	3.2	5.4	8.1	57	5.7	5.1	8.4	13	89	8.9	8.0	13	20	140	14	13	21	32	230	23	21	35	52	360	36	32	54	81
400	500	40	4.0	3.6	6.0	9.0	63	6.3	5.7	9.5	14	97	9.7	8.7	15	22	155	16	14	23	35	250	25	23	38	56	400	40	36	60	90

公差等级 12～18

公称尺寸/mm 大于	至	12 T	12 A	12 u₁ I	12 u₁ II	13 T	13 A	13 u₁ I	13 u₁ II	14 T	14 A	14 u₁ I	14 u₁ II	15 T	15 A	15 u₁ I	15 u₁ II	16 T	16 A	16 u₁ I	16 u₁ II	17 T	17 A	17 u₁ I	17 u₁ II	18 T	18 A	18 u₁ I	18 u₁ II
—	3	100	10	9.0	15	140	14	13	21	250	25	23	38	400	40	36	60	600	60	54	90	1000	100	90	150	1400	140	135	210
3	6	120	12	11	18	180	18	16	27	300	30	27	45	480	48	43	72	750	68	60	110	1200	120	110	180	1800	180	160	270
6	10	150	15	14	23	220	22	20	33	360	36	32	54	580	58	52	87	900	90	80	140	1500	150	140	230	2200	220	200	330
10	18	180	18	16	27	270	27	24	41	430	43	39	65	700	70	63	110	1100	110	100	170	1800	180	160	270	2700	270	240	400
18	30	210	21	19	32	330	33	30	50	520	52	47	78	840	84	76	130	1300	130	120	200	2100	210	190	320	3300	330	300	490
30	50	250	25	23	38	390	39	35	59	620	62	56	93	1000	100	90	150	1600	160	140	240	2500	260	220	360	3900	390	350	580
50	80	300	30	28	45	460	46	41	69	740	74	67	110	1200	120	110	180	1900	190	170	290	3000	300	270	450	4600	460	410	690
80	120	350	35	32	53	540	54	49	81	870	87	78	130	1400	140	130	210	2200	220	200	330	3500	350	320	530	5400	540	480	810
120	180	400	40	36	60	630	63	57	95	1000	100	90	150	1600	160	150	240	2500	250	230	380	4000	400	360	600	6300	630	570	940
180	250	460	45	41	69	720	72	65	110	1150	115	100	170	1850	180	170	280	2900	290	260	440	4600	460	410	690	7200	720	650	1080
250	315	520	52	47	78	810	81	73	120	1300	130	120	190	2100	210	190	320	3200	320	290	480	5200	520	470	780	8100	810	730	1210
315	400	570	57	51	86	890	89	80	130	1400	140	130	210	2300	230	210	350	3600	360	320	540	5700	570	510	830	8900	890	800	1330
400	500	630	63	57	95	970	97	87	150	1500	150	140	230	2500	250	230	380	4000	400	360	600	6300	630	570	950	9700	970	870	1450

五、计量器具的选择

按照计量器具的测量不确定度允许值（u_1）选择计量器具。选择时，应使所选用的计量器具的测量不确定度数值等于或小于选定的 u_1 值。

计量器具的测量不确定度允许值（u_1）按测量不确定度（u）与工件公差的比值分挡。

对 IT6～1711 级分为Ⅰ、Ⅱ、Ⅲ三挡，分别为工件公差的 1/10、1/6、1/4；对 1712～1718 级分为Ⅰ、Ⅱ两挡。

计量器具的测量不确定度允许值（u_1）约为测量不确定度（u）的 0.9 倍，即：

$$u_1 = 0.9u$$

一般情况下应优先选用Ⅰ挡，其次选用Ⅱ、Ⅲ挡。

选择计量器具时，应保证其不确定度不大于其允许值 u_1。有关量仪的 u_1 值见表 8-3～表 8-6。

表 8-3　安全裕度与计量器具不确定度允许值 u_1　　　　　　（mm）

零件公差值 T		安全裕度 A	计量器具的不确定度允许值 u_1	零件公差值 T		安全裕度 A	计量器具的不确定度允许值 u_1
大于	至			大于	至		
0.009	0.018	0.001	0.009	0.180	0.320	0.018	0.0160
0.018	0.032	0.002	0.0018	0.320	0.580	0.032	0.0290
0.032	0.058	0.003	0.0027	0.580	1.000	0.060	0.0540
0.058	0.100	0.006	0.0054	1.000	1.800	0.100	0.0900
0.100	0.180	0.010	0.0090	1.800	3.200	0.180	0.1600

表 8-4　千分尺和游标卡尺的不确定允许值 u_1　　　　　　（mm）

尺寸范围	计量器具类型			
	分度值为 0.01mm 的千分尺	分度值为 0.01mm 的内径千分尺	分度值为 0.02mm 的游标卡尺	分度值为 0.05mm 的游标卡尺
	不确定允许值 u_1			
0～50	0.004	0.008	0.020	0.050
50～100	0.005	0.008	0.020	0.050
100～150	0.006	0.008	0.020	0.050
150～200	0.007	0.013	0.020	0.050
200～250	0.008	0.013	0.020	0.050
250～300	0.009	0.013	0.020	0.050
300～350	0.010	0.020	0.020	0.100
350～400	0.011	0.020	0.020	0.100
400～450	0.012	0.020	0.020	0.100
450～500	0.013	0.025	0.020	0.100
500～600		0.030		0.100
600～700		0.030		0.100
700～1000		0.030		0.150

表 8-5 比较仪的不确定允许值 u_1 （mm）

尺寸范围		分度值为 0.0005mm	分度值为 0.001mm	分度值为 0.002mm	分度值为 0.005mm
大于	至	不确定允许值 u_1			
—	25	0.0006	0.0010	0.0017	0.0030
25	40	0.0007			
40	65	0.0008	0.0011	0.0018	
65	90	0.0008			
90	115	0.0009	0.0012	0.0019	
115	165	0.0010	0.0013		
165	215	0.0012	0.0014	0.0020	0.0035
215	265	0.0014	0.0016	0.0021	
265	315	0.0016	0.0017	0.0022	

说明：测量时，使用的标准器由 4 块 1 级（或 4 等）量块组成。

表 8-6 指示表的不确定允许值 u_1 （mm）

尺寸范围		使用计量器具			
		分度值为 0.01mm 的千分尺	分度值为 0.01、0.002、0.005mm 的千分表	分度值为 0.01mm 百分表（0 级在全程范围内，1 级在任意 1mm 内）	分度值为 0.01mm 的百分表（1 级在全程范围内）
大于	至	不确定允许值 u_1			
—	25	0.005	0.010	0.018	0.030
25	40				
40	65				
65	90				
90	115				
115	165	0.006			
165	215				
215	265				
265	315				

说明：测量时，使用的标准器由 4 块 1 级（或 4 等）量块组成。

8-2 几何误差的检测

一、几何误差的检测原则

几何误差的项目很多，为能够正确合理地选择检测方案，国家标准规定了几何误差的 5 个检测原则，并附有检测方法。本节仅介绍这 5 个检测原则，见表 8-7。

表 8-7 GB/T 1958—2004 规定的五种检测原则

编号	检测原则名称	说明	示例
1	与拟合要素比较原则	将被测要素与共拟合要素相比较，量值由直接法或间接法获得 拟合要素用模拟方法获得，必须有足够的精度	模拟理想要素 直接法获得量值

编号	检测原则名称	说明	示例
			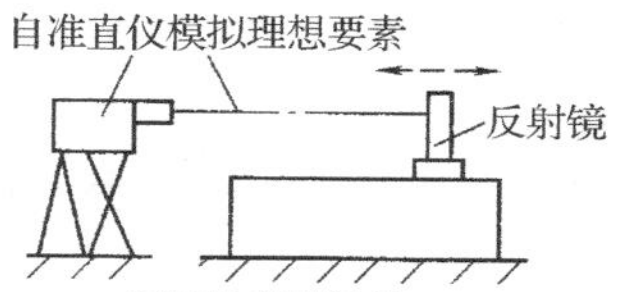 自准直仪模拟理想要素 反射镜 间接法获得量值
2	测量坐标值原则	测量被测提取要素的坐标值(如直角坐标值、极坐标值、圆柱面坐标值),并经过数据处理获得几何误差值	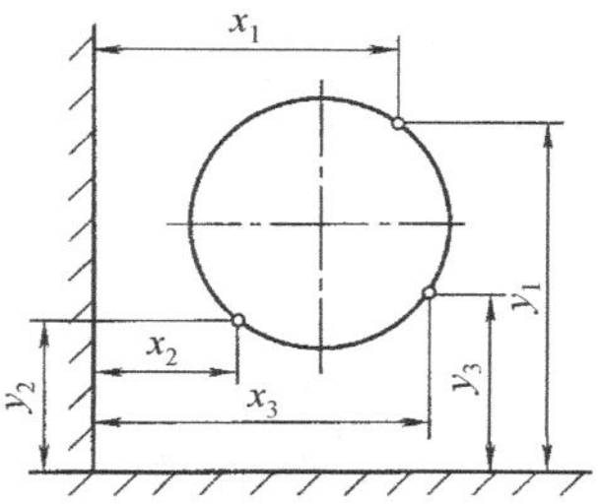 x_1 x_2 x_3 y_1 y_2 y_3 测量直角坐标值
3	测量特征参数原则	测量被测提取要素上具有代表性的参数(即特征参数)来表示几何误差值	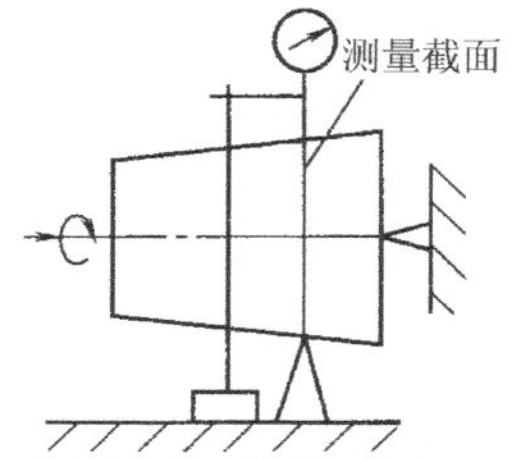 测量截面 两点法测量圆度特征参数
4	测量跳动原则	测量被测提取要素基准轴线回转过程中,沿给定方向测量其某参考点或线的变动量 变动量是指指示表最大与最小读数之差	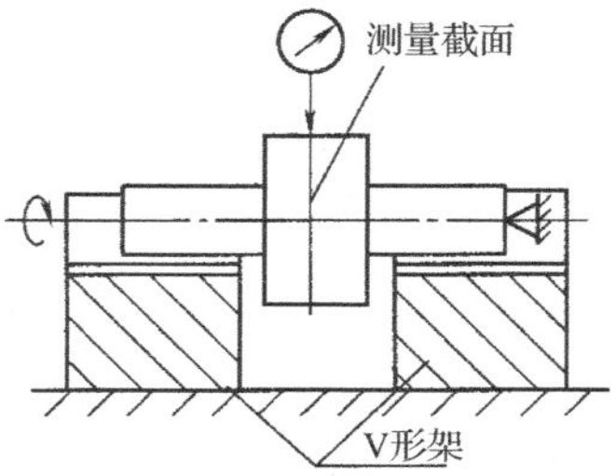 测量截面 V形架 测量径向跳动
5	控制实效边界原则	测量被测提取要素是否超过实效边界,以判断合格与否	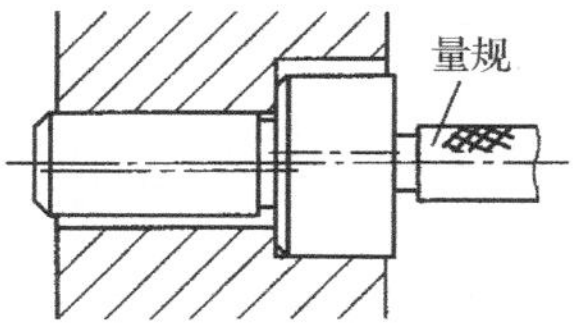 量规 用综合量规检验同轴度误差

二、几何误差的测量

1. 形状误差的测量

(1)直线度误差的测量(表8-8)

表 8-8　直线度误差的测量方法

方法	图例	说明
比较法	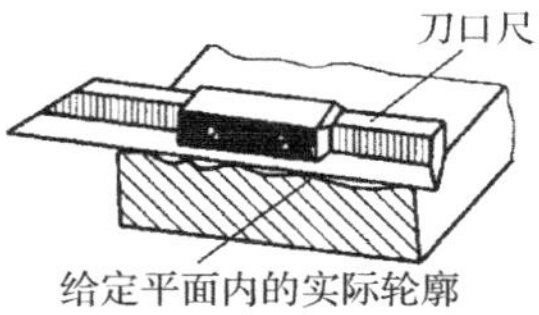 刀口尺 给定平面内的实际轮廓	工件尺寸小于 300mm 时，用模拟拟合要素与被测表面贴合（刀口尺直接与被测工件表面接触），估读光隙大小，判别直线度（不透光时，间隙值小于 0.5μm；蓝光时间隙值约为 0.8μm；红色光隙时为 1.25～1.75μm；色花光隙时，间隙大于 2.5μm；当间隙大于 20μm 时须采用成组塞尺测量
指示表测量法	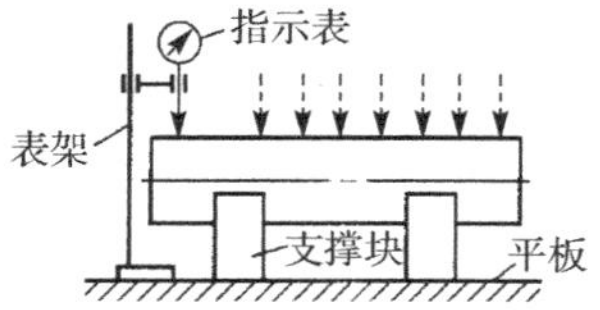 指示表 表架 支撑块　平板	用指示表测量圆柱体素线或轴线的直线度误差。以平板上某一方向作为理想直线，与用等高块支承的零件上的被测实际线相比较
节距法	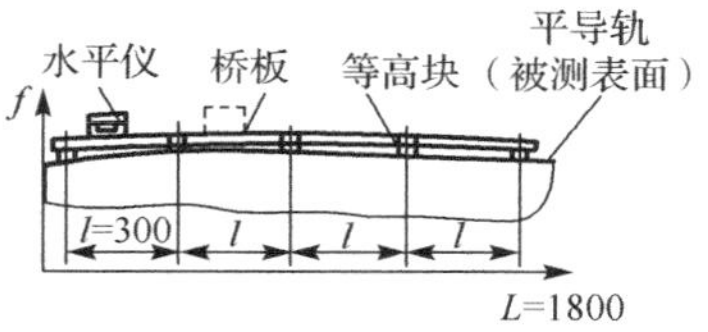 水平仪　桥板　等高块　平导轨（被测表面） f l=300　l　l　l L=1800	对于较长表面，将被测长度分段，用仪器逐段测取数值后，进行数据处理，求出误差值

（2）平面度误差的测量（表 8-9）

表 8-9　平面度误差的测量方法

方法	图例	说明	适用场合
光波干涉法	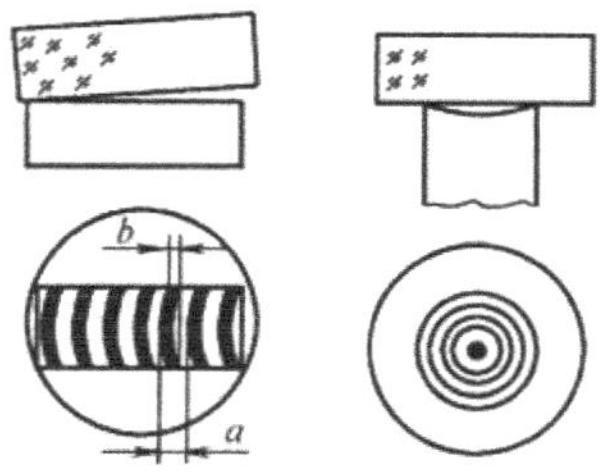 b a	以平晶作为测量基准，应用光波干涉原理，根据干涉带的排列形状和弯曲程度来评定被测表面的平面度误差	适用于精密加工后有较小平面
三点法	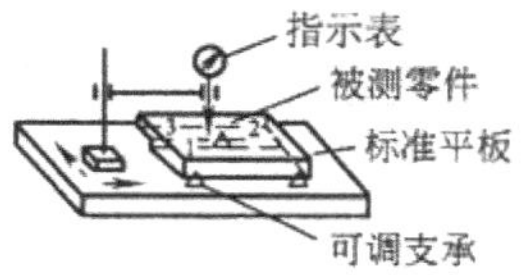 指示表 被测零件 标准平板 可调支承	调整被测表面上相距最远的三点（1、2 和 3），使三点与平板等高，作为评定基准。被测表面内，指示表的最大读数与最小读数之差即为该平面的平面度误差	适用于加工精度不太高的平面
对角线法	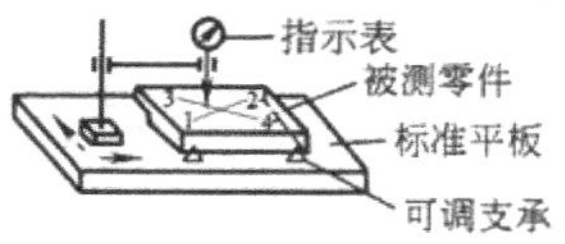 指示表 被测零件 标准平板 可调支承	调整被测表面的对角线上的两点（1、2）与平板等高，再调整另一对角线上的两点（3、4）与平板等高。移动指示表，在被测表面内，最大读数与最小读数之差即为该平面的平面度误差	

　　当精度要求较高或需要仲裁时，可将已测量的数值，通过基准面的变换，成为符合最小条件的平面度误差，即采用最小条件评定法，来判别平面度误差。其判别准则见表 8-10。

　　（3）圆度与圆柱度误差的测量

　　圆度和圆柱度误差的相同之处是都用半径差来表示，不同之处在于圆度公差是控制横截面误差，圆柱度公差则是控制横截面和轴向截面的综合误差。圆度与圆柱度误差的测量方法见表 8-11。

表 8-10　平面度误差最小条件判别准则

准则	图示	说明
三角形准则	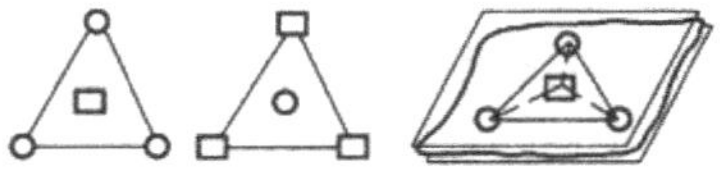	由两平行平面包容被测面时，两平行平面与被测面接触点分别为 3 个等值最高（低）点与 1 个最低（高）点，且最低（高）点的投影落在由 3 个等值最高（低）点所组成的三角形之内
交叉准则		由两平行平面包容被测面时，两平行平面与被测面接触点分别为两个等值最高点与两个等值最低点，且最高点连线的投影与最低点连线相互交叉
直线准则	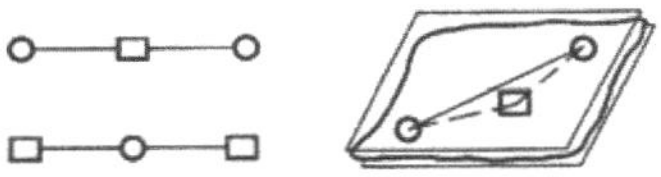	由两平行平面包容被测面时，两平行平面与被测面接触点分别为两个等值最高（低）点与一个最低（高）点，且一个最低（高）点的投影位于两等值最高（低）点的连线上

说明：〇——最高点，□——最低点。

表 8-11　圆度与圆柱度误差的测量方法

方法	图例	说明	适用场合
三点法	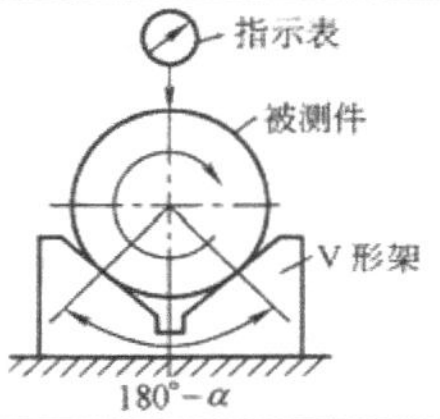	将 V 形架放在平板上，测件放在比它长的 V 形架上。用指示表检测，在被测件回转一周过程中，测取一个横截面上的最大与最小读数，其差值的一半就是该零件的圆柱度误差	一般精度的工件
用圆度仪	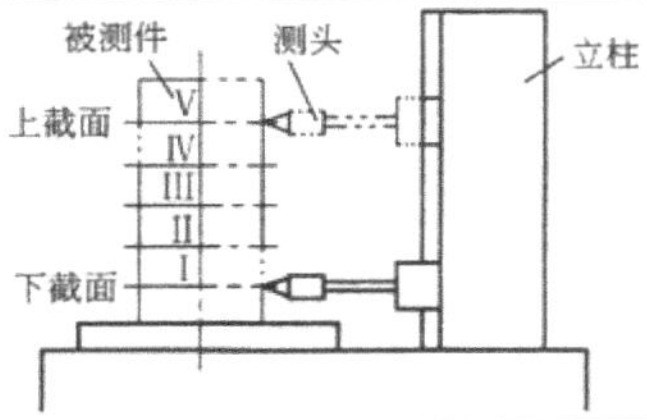	将被测件的轴线调整到与仪器同轴，记录被测件回转一周过程中测量截面上各点的半径差	精度要求较高的工件

提示　由于受测量仪器（如圆度仪）测量范围的限制，尤其对长径比（L/d）很大的工件，如液压缸、炮内径的圆柱度误差，要用专门量仪进行检测。

2. 线轮廓度与面轮廓度误差的测量

在检测线轮廓度误差时，可用轮廓投影仪或万能工具显微镜的投影装置，将被测零件的轮廓放大成像于投影屏上，进行测量。当工件精度要求较低时，可用轮廓样板观察贴切间隙的大小检测其合格性。在检测面轮廓度误差时，当精度要求较高时，可用三坐标测量机或光学跟踪轮廓仪直接测量；精度要求较低时，用一般截面轮廓样板测量。

线轮廓度与面轮廓度误差的具体测量方法见表 8-12。

表 8-12　线轮廓度与面轮廓度误差的测量方法

方法	图例	说明
投影法	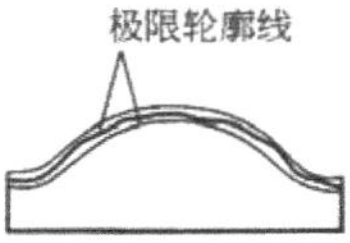	将被测轮廓投影于投影屏上，并与极限轮廓相比较，实际轮廓的投影应在极限轮廓之间

方法	图例	说明
样板法	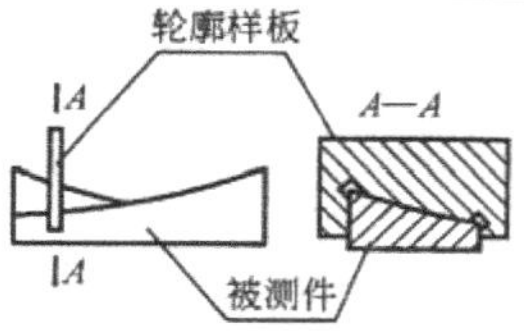	将若干截面轮廓样板放在各指定位置上，用光隙估计间隙的大小判断面轮廓度误差的大小
跟踪法	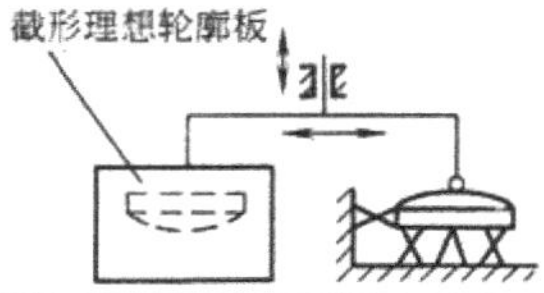	将被测件在工作台上正确定位，仿形测头沿被测剖面轮廓移动，画有剖面形状的理想轮廓板随之一起移动，被测轮廓的投影应落在其公差带内

3. 方向误差和位置误差的测量

（1）平行度误差的测量（表 8-13）

表 8-13　平行度误差的测量方法

内容	图例	说明
面对面平行度误差的测量	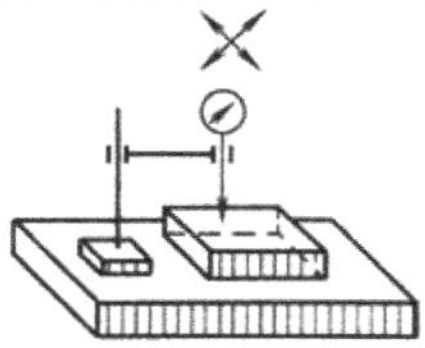	被测件直接置于平板上，在整个被测面上按规定测量线进行测量，取指示表最大读数差为平行度误差
面对线平行度误差的测量	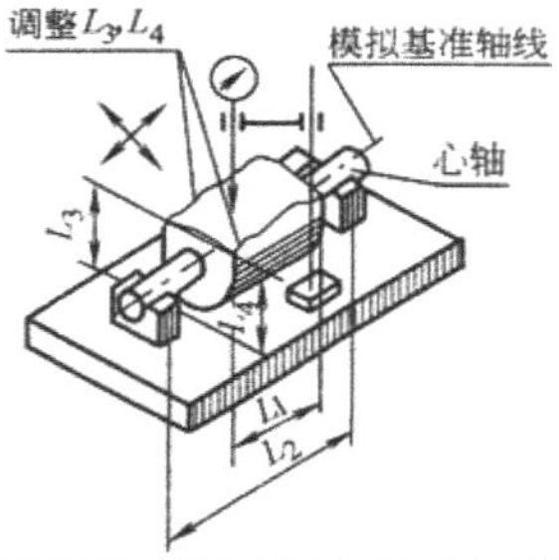	被测件放在等高支承上，调整零件 $L_3 = L_4$，然后测量被测表面，以指示表的最大读数为平行度误差
两个方向上线对线平行度误差的测量	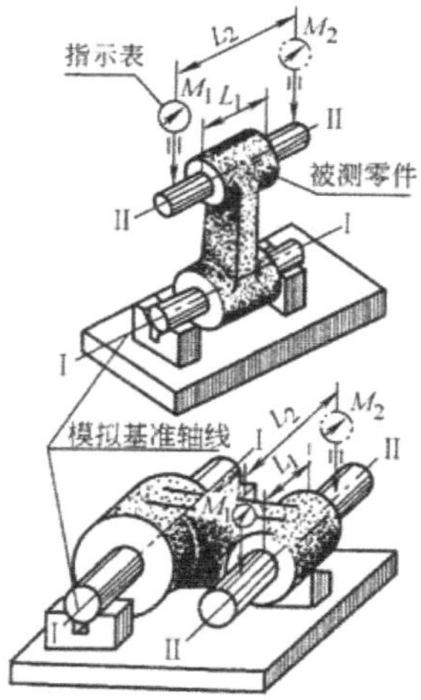	基准轴线和被测轴线由心轴模拟。将被测件放在等高支承上，在选定长度 L_2 和两端位置上测得指示表的读数 M_1 和 M_2。其平行度误差 $= L_1/L_2 \lvert M_1 - M_2 \rvert$ 对于相互垂直的两个方向上有公差要求的被测件，则在两个方向上按前述方法分别测量，两个方向上的平行度误差应分别小于给定的公差值

（2）垂直度误差的测量（表 8-14）

表 8-14　垂直度误差的测量方法

内容	图例	说明
面对面垂直度误差的测量	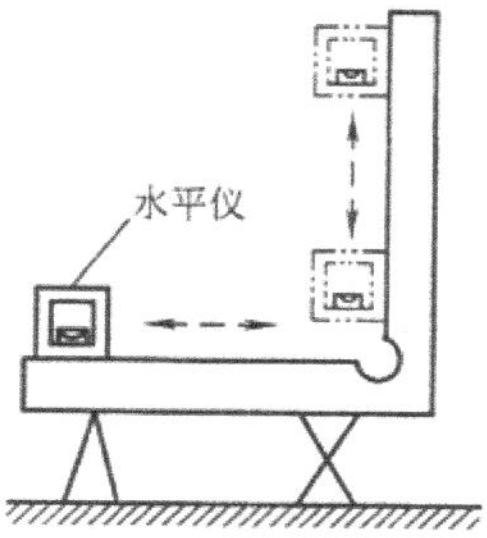	用水平仪调整基准表面至水平，把水平仪分别放在基准表面和被测表面，分段逐步测量，记下读数，换算成线值。用图解法或计算法确定基准方位，再求出相对于基准的垂直度误差
面对线垂直度误差的测量	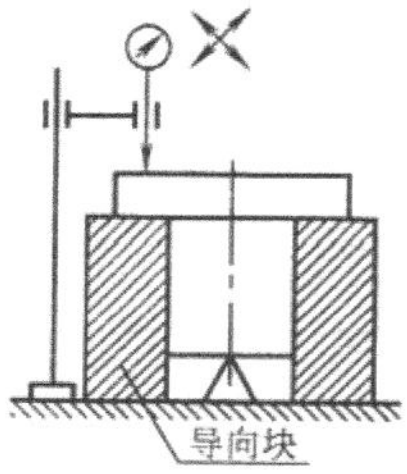	将被测件置于导向块内，基准由导向块模拟。在整个被测面上测量，所得数值中的最大读数差即为垂直度误差
线对线垂直度误差的测量	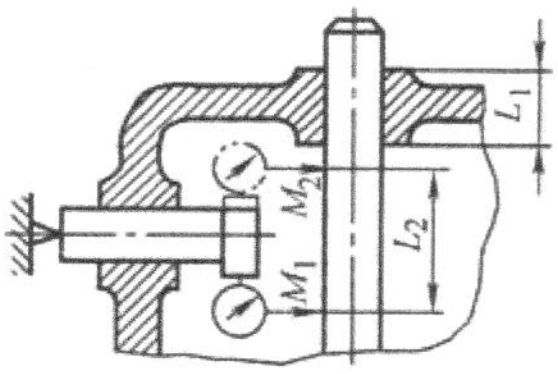	基准轴线和被测轴线由心轴模拟。转动基准心轴，在测量距离 L_2 的两个位置上测得读数为 M_1 和 M_2，垂直度误差 $=L_1/L_2|M_1-M_2|$

（3）倾斜度误差的测量（表 8-15）

表 8-15　倾斜度误差的测量方法

内容	图例	说明
面对面倾斜度误差的测量	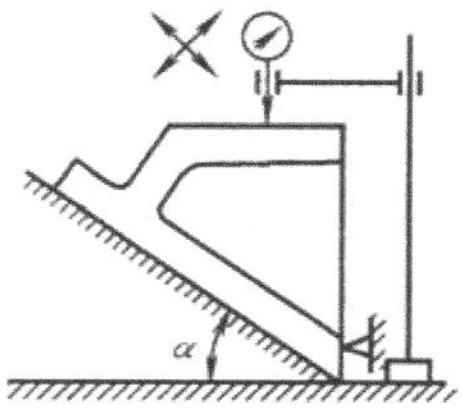	将被测件放在定角座上调整被测件，使整个测量面的读数差为最小值。取指示表的最大与最小读数差为该零件的倾斜度误差
线对面倾斜度误差的测量	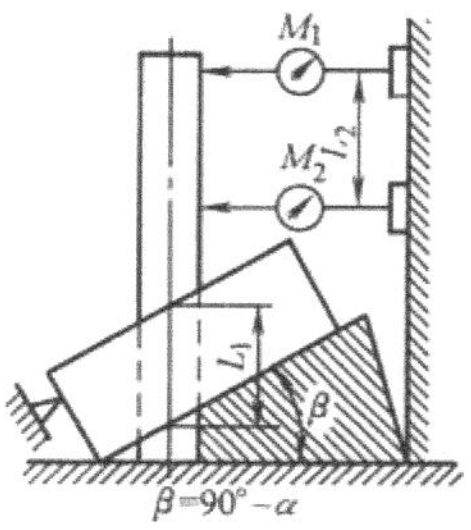	被测轴线由心轴模拟。调整被测件，使指示表的示值 M_1 为最大。在测量距离为 L_2 的两个位置上进行测量，读数为 M_1 和 M_2，倾斜度误差 $=L_1/L_2|M_1-M_2|$

内容	图例	说明
线对线倾斜度误差的测量		在测量距离为 L_2 的两个位置上进行测量，读数为 M_1 和 M_2，倾斜度误差 $= L_1/L_2|M_1 - M_2|$

（4）同轴度误差的测量（表 8-16）

表 8-16　同轴度误差的测量方法

方法	图例	说明
垂向回转测量	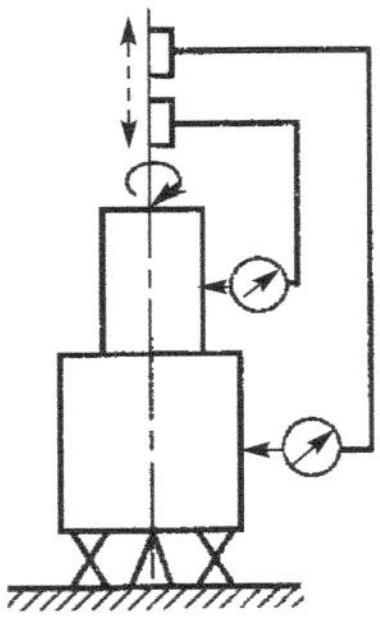	调整被测件，使基准轴线与仪器主轴的回转轴线同轴。测量被测零件的基准和被测部位，并记下在若干横剖面上测量的各轮廓图形。根据剖面图形，按定义经计算求出基准轴线至被测轴线最大距离的两倍，即为同轴度误差
横向回转测量	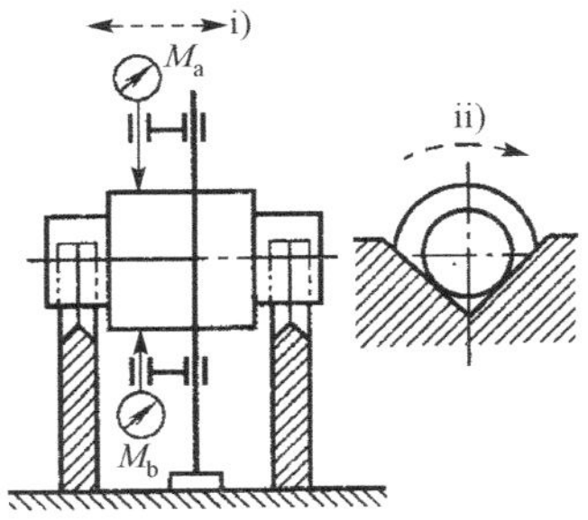	在被测件基准轮廓要素的中剖面处将被测件用两面三刀等高的刃口状 V 形架支起来。在轴剖面内测上下两条素线相互对应的读数差，取其最大读数差值为该剖面同轴度误差，即 $|M_a - M_b|_{max}$
综合量规测量	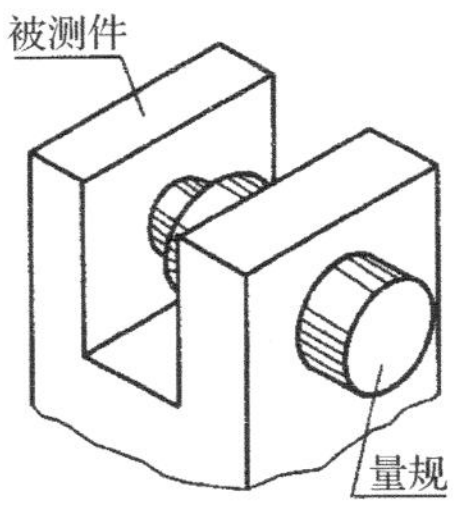	量规的直径分别为基准孔的最大实体尺寸和被测孔的实效尺寸。凡被量规所通过的零件为合格

（5）对称度误差的测量（表 8-17）

表 8-17　对称度误差的测量方法

内容	图例	说明
面对面对称度误差的测量	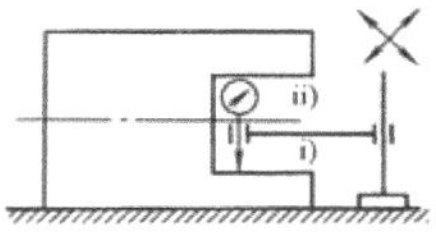	将被测件置于平板上。测量被测表面与平板之间的距离；将被测件翻转，再测量另一被测表面与平板之间的距离。取各剖面内测得的对应点最大差值作为对称度误差
面对线对称度误差的测量	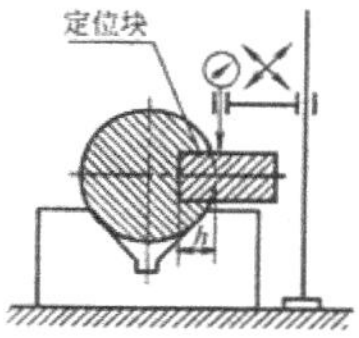	基准轴线由 V 形架模拟，被测中心平面由定位块模拟。调整被测件，使定位块沿径向与平板平行，测量定位块与平板之间的距离，再将被测件翻转 180° 后，在同一剖面上重复上述测量。该剖面上下两点对应点的读数差的最大值为 a，则该剖面的对称度误差 $= ah/(d-h)$。d 为轴的直径

（6）位置度误差的测量（表 8-18）

表 8-18　位置度误差的测量方法

内容	图例	说明
指示表测量线位置度误差	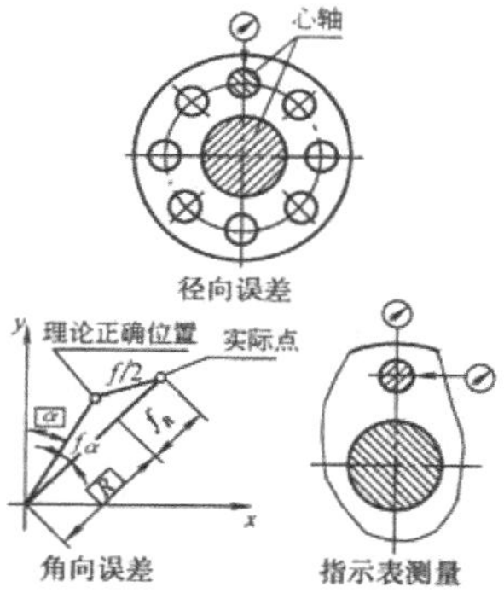	调整被测件，使基准轴线与分度装置的回转轴线同轴，任选取一孔，以其中心作为角向定位，测出各孔的径向误差 f_R 和角向误差 f_a，其位置度误差 $f = \sqrt{f^2_R + (Rf_\alpha)^2}$（$f_a$ 为弧度值，R 为半径）；或用两个指示表分别测出各孔径向误差 f_y 和切向误差 f_x，位置度误差 $f = \sqrt{f_x^2 + f_y^2}$（必要时 f 值可按定位最小区域进行数据处理）。翻转被测件，按上述方法重复测量，取其中较大值为该要素的位置度误差
综合量规测量线位置度误差	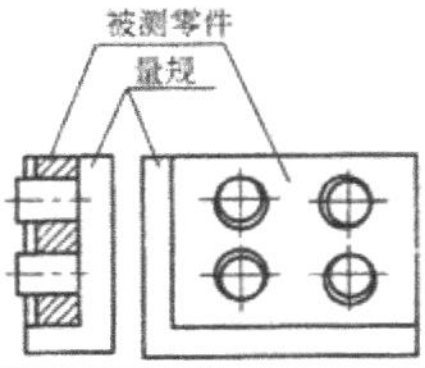	量规销的直径为被测孔的实效尺寸，量规各销的位置与被测孔的理论位置相同，凡被量规通过的零件，而且与量规定位面相接触，则表示位置度合格

4. 圆跳动和全跳动误差的测量（表 8-19）

表 8-19　圆跳动和全跳动误差的测量方法

内容	图例	说明
圆跳动误差的测量	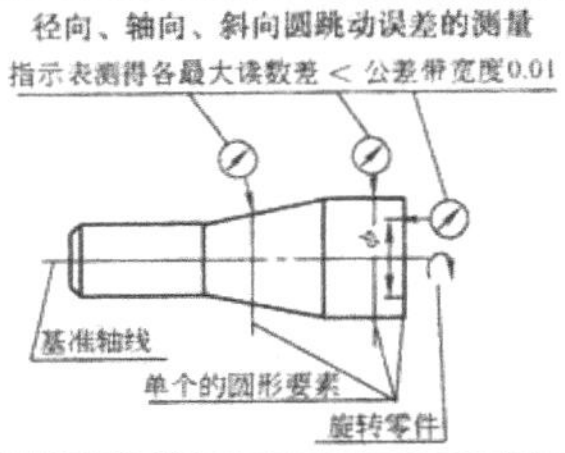	当零件绕基准回转时，在测量面任何位置，要求跳动量不大于给定的公差值。在测量过程中应绝对避免轴向移动

续表

内容	图例	说明
全跳动误差的测量	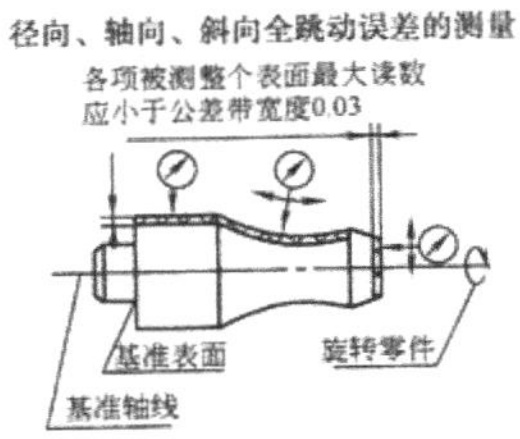 径向、轴向、斜向全跳动误差的测量 各项被测整个表面最大读数 应小于公差带宽度0.03 基准表面　旋转零件 基准轴线	当零件绕基准回转时，并使指示表的测头相对基准沿被测表面移动，测遍整个表面，要求整个表面的跳动处于给定的全跳动公差带内

提示　斜向圆跳动的测量方向是被测表面的法线方向。全跳动是一项综合性指标，可以同时控制圆度、同轴度、圆柱度、素线的直线度、平行度、垂直度误差等，即全跳动合格，则其圆跳动误差、圆柱度误差、同轴度误差、垂直度误差也合格。

8-3　表面粗糙度参数的检测

表面粗糙度测量的方法很多，常用的测量方法与程序见表 8-20。

表 8-20　粗糙度检验的简化程序（GB/T 10610—2009）

序号	方法	说明
1	目视法	对于那些明显没必要用更精确的方法来检验的工件表面，选择目视法检查。例如，因为实际表面粗糙度比规定的表面粗糙度明显地好或明显地不好，或者因为存在明显的影响表面功能的表面缺陷
2	比较法	如果目视检查不能做出判定，可采用与粗糙度比较样块进行触觉和视觉比较的方法
3	测量法	如果用比较检查不能做出判定，应根据目视检查在表面上那个最有可能出现极值的部位进行测量 1）在所标出参数符号后面没有注明"max"（最大值）的要求时，若出现下述情况，工件是合格的，并停止检测。否则，工件应判废： ——第 1 个测得值不超过图样上规定值的 70% ——最初的 3 个测得值不超过规定值 ——最初的 6 个测得值中只有 1 个值超过规定值 ——最初的 12 个测得值中只有 2 个值超过规定值 2）在标出参数符号后面标有"max"时，一般在表面可能出现最大值处（如有明显可见的深槽处）至少应进行三次测量；如果表面呈均匀痕迹，则可在均匀分布的三个部位测量 3）利用测量仪器能获得可靠的粗糙度检验结果。因此，对于要求严格的零件，一开始就应直接使用测量仪器进行检验

一、比较法

比较法是指被测表面与已知高度参数值的表面粗糙度样块进行比较，用目测和手摸的感触来判断表面粗糙度的一种检测方法。

比较法适用于 $Ra>2.5\mu m$ 的表面。以如图 8-5 所示表面粗糙度样块工作表面上的粗糙度为标准，以判定被测表面是否符合规定。

比较法简单易行，适合在车间使用。由于其评定的可靠性在很大程度上取决于检验人员的经验，因而主要用于评定表面粗糙度要求不很严格的表面。

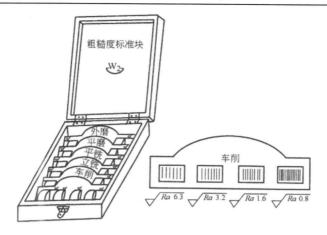

图 8-5　表面粗糙度样块

提示　用样块进行比较检验时，样块和被测表面的材质、加工方法应要求一致。

二、光切法

光切法是利用光切原理测量表面粗糙度的一种方法，常用的仪器是光切显微镜，其结构如图 8-6 所示。在仪器的底座上装有立柱，显微镜的主体通过横臂和立柱连接，转动手轮可将横臂沿立柱上下移动，以进行显微镜的粗调焦，并可用旋手将横臂固定在立柱上。显微镜的光学系统装在一个封闭的壳体内，其上装有可换物镜组，用手柄借助弹簧力固紧。壳体上装有测微目镜，通过微调手轮进行显微镜的微调焦。在仪器上测量粗糙度时，先将被检零件放在工作台上，待测表面的加工纹理应与狭缝垂直。在燕尾槽处装上适当倍数的物镜，经粗调及微调手轮调焦，使视场中出现清晰的狭窄齿状亮带。

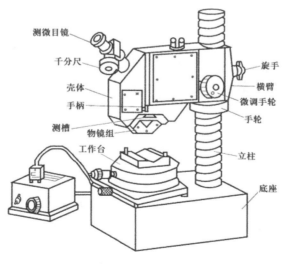

图 8-6　光切显微镜

光切显微镜的基本原理如图 8-7 所示。光切显微镜由两个镜管组成，右为投射照明管，左为观察管，两个镜管轴线成 90°。照明管中光源发出的光线经过聚光镜、光栅及物镜后，形成一束平行光带。这束平行光以 45° 的倾角投射到被测表面。光带在表面波峰 S_1 和波谷 S_2 处产生反射，经观察管的物镜后分别成像于分划板的 S_1' 和 S_2' 处。若被测表面微观不平度高度为 h，轮廓峰、谷 S_1 和 S_2 在 45° 截面上的距离为 h_1，像 S_1' 与 S_2' 之间的距离为 h_1'，则三者之间的关系为：

$$h_1' = K h_1 = Kh/\cos45°$$

式中，K——物镜的放大倍数。

测量时转动物镜上的千分尺，使目镜分划板上十字线的水平线先后与波峰及相邻的一个波谷对齐，此间分划板沿 45° 角方向移动的距离为 H。其中 H 与 h_1' 的关系为：

$$h_1' = H\cos45°$$

令 $i = 1/2K$（i 为使用不同放大倍数的物镜时目镜上的千分尺的分度值，它由仪器的说明书给定），则：

$$h = \quad h_1'\cos45°/K = \quad H/2K = iH$$

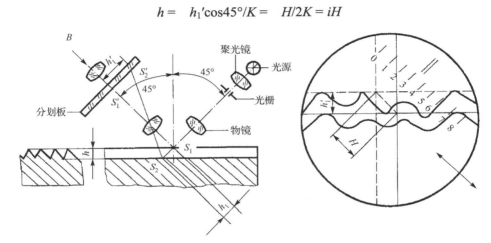

图 8-7　光切显微镜测量原理

从目镜观察表面粗糙度轮廓图像，以获得 Rz 值和 Ra 值。也可通过测量描绘出轮廓图像，再计算 Ra 值，因其方法较复杂而不常用。必要时可将粗糙度轮廓图像拍照下来评定。光切显微镜适用于计量室使用。

三、干涉显微镜测量法

干涉显微镜如图 8-8 所示，这种测量法适用于 $Rz0.032\sim0.8\mu m$ 的表面。它是利用光波干涉原理，以光波波长为基准来测量表面粗糙度的。被测表面有一定的粗糙度就呈现出凸凹不平的峰谷状干涉条纹，通过目镜观察，利用测微装置测量这些干涉条纹的数目和峰谷的弯曲程度，即可计算出表面粗糙度的 Ra 值。必要时还可将干涉条纹的峰谷拍照下来评定。干涉法适用于精密加工的表面粗糙度测量，适合在计量室使用。

图 8-8　干涉显微镜

四、针描法

针描法又称感触法，它是利用金刚石针尖与被测表面相接触，当针尖以一定速度沿着被测表面移动时，被测表面的微观不平将使触针在垂直于表面轮廓方向上产生上下移动，将这种上下移动转换为电量并加以处理。便可对记录装置记录得到的实际轮廓图进行分析计算，或直接从仪器的指示表中获得参数值。

采用针描法测量表面粗糙度的仪器叫做电动轮廓仪，如图 8-9 所示，它适用于 $Ra0.025\sim6.3\mu m$ 及 $Rz0.1\sim25\mu m$ 的表面。

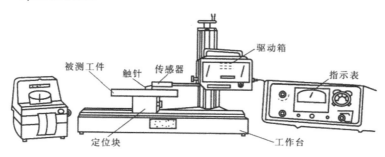

图 8-9 电动轮廓仪

测量时仪器触针尖端在被测表面上，垂直于加工纹理方向的截面上做水平移动测量，从指示仪表直接得出一个测量行程 Ra 值，这是 Ra 值测量最常用的方法。也可用仪器的记录装置描绘粗糙度轮廓曲线的放大图，再计算 Ra 或 Rz 值。此类仪器适用在计量室使用，但便携式电动轮廓仪可在生产现场使用。

五、印模法

在实际测量中，常会遇到深孔、盲孔、凹槽和内螺纹等，既不能使用仪器直接测量，也不能使用样板比较的表面，这时常用印模法进行测量。印模法是利用一些无流动性和弹性的塑性材料（如石蜡等）贴合在被测表面上。将被测表面的轮廓复制成模，然后测量印模，从而来评定被测表面的粗糙度。

8-4 角度和锥度的检测

一、比较测量法

比较测量法是用定角度量具与被测角度相比较，用光隙法或涂色法估计被测角度的偏差。比较测量法常用的量具有角度量块、角度或锥度样板、圆锥量规等。

1. 角度量块

角度量块是一种结构简单的精密角度测量工具，主要用于检测某些角度测量工具（如万能角度尺）、校对角度样板，也可用于精密机床加工时的角度调整或直接检测工件角度。

成套的角度量块有 36 块组和 94 块组。每套都有三角形和四角形的两种角度量块，如

图 8-10 所示。三角形量块有一个工作角度 α，四角形量块有四个工作角度 α、β、γ、δ，角度量块右单独使用，也可组合起来使用。角度量块的精度分为 1、2 两级，其工作角度的极限偏差为 1 级 ±10″，2 级 ±30″。角度量块的测量范围为 10°～350°。

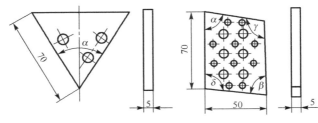

图 8-10　角度量块

2．角度样板

角度样板属于专用量具，常用在成批和大量生产时，以减少辅助时间。图 8-11 所示为角度样板测量圆锥齿轮坯角度。

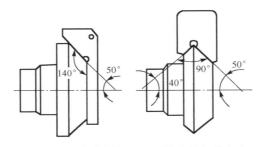

图 8-11　用角度样板测量圆锥齿轮坯的角度

3．圆锥量规

圆锥量规用于检验成批生产的内、外圆锥的锥度和基面距偏差。检验内锥体用锥度塞规，检验外锥体用锥度环规。圆锥量规的结构形式如图 8-12 所示。

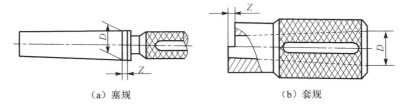

（a）塞规　　　　　　　　　　（b）套规

图 8-12　圆锥量规

圆锥连接时，一般对锥度要求比对直径要求严，所以用圆锥量规检验工件时，首先用涂色法检验工件的锥度。即在量规上沿母线方向薄薄地涂上 2～3 条显示剂（红丹粉或蓝油），如图 8-13 所示，然后手握套规轻轻地套在工件上，稍加轴向推力，并将套规转动半圈，如图 8-14 所示。最后取下套规，观察工件表面显示剂擦去的情况。若三条显示剂全长擦去痕迹均匀，表面圆锥接触良好，说明锥度正确，如图 8-15 所示；若小端擦去，大端未擦去，说明圆锥角小了；若大端擦去，小端未擦去，则说明圆锥角大了。

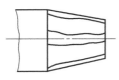

图 8-13 涂色方法

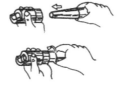

图 8-14 用套规检查圆锥

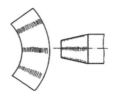

图 8-15 合格的圆锥面展开图

圆锥的最大或最小圆锥直径可以用圆锥界限量规来检验，如图 8-16 所示。塞规和套规除了有一个精确的圆锥表面外，端面上分别有一个台阶（或刻线）。台阶长度（或刻线之间的距离）Z 就是最大或最小圆锥直径的公差范围，Z 为允许的轴向位移量单位为 mm。

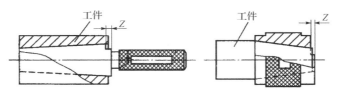

图 8-16 用圆锥界限量规检验

二、间接测量法

间接测量法是通过有关尺寸，再经过计算得到被测角度的方法。这种方法简单实用，适合小批量生产。使用工具有圆球、圆柱、平板和万能量具等。

1．角度测量

如图 8-17 所示，为了测量内角 α，可将两个半径为 R 的圆柱放在 OA 与 OB 两平面之间，使它们相互接触，用量块测得尺寸 E。

在直角 ΔO_1CO_2 中，$O_2C = E$，$O_1O_2 = 2R$，则：

$$\sin\alpha = O_2C/O_1O_2 = E/2R$$

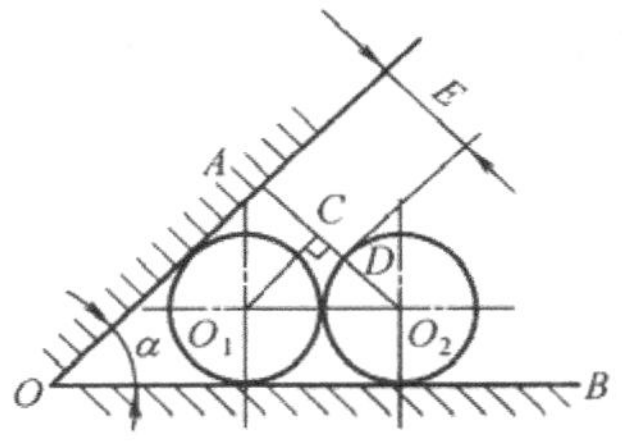

2．锥角测量

图 8-17 内角测量

（1）用圆柱或圆球测量

如图 8-18 所示，用两个半径为 R 的圆柱测量外圆锥的夹角。先测出尺寸 N，然后用量块同时将圆柱垫高 H，再测出尺寸 M。在直角 $\triangle abc$ 中，可以得出：

$$\tan(\alpha/2) = bc/ab = (M-N)/2H$$

如图 8-19 所示，用两个半径不同的圆球测量内圆锥的锥角。先可将半径为 R_1 的小球放入孔中，测出尺寸 H_1，再换半径为 R_2 的大球，测出尺寸 H_2，在直角 $\triangle abc$ 中，可以得出：

$$\sin(\alpha/2) = bc/ab = (R_2 - R_1)/[(H_1 + R_1) - (H_2 + R_2)]$$

（2）正弦规测量

正弦规可测量内外锥体的锥度，样板的角度，孔中心线与平面之间的夹角，外锥体的小端和大端直径，圆锥螺纹量规的中径以及检定水平仪等。

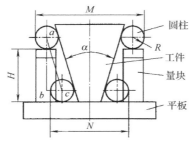

图 8-18 外圆锥角的测量

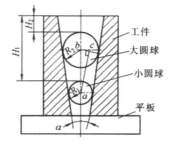

图 8-19 内圆锥角的测量

三、绝对测量法

绝对测量法是用测量角度的量具、量仪直接测量被测角度，被测角度值可从量具或量仪上直接读出数值。绝对测量法常用的量具和量仪有万能角度尺和光学分度头等。这里只讲光学分度头。

光学分度头适用于精密的角度测量和工件的精密分度工作。一般是以工件的旋转中心作为测量基准，以此来测量工件的中心夹角。

光学分度头的结构类似于一般的机械分度头，所不同的是它具有精密光学分度装置。分度值有 1′、10″、5″、2″或 1′等几种，其中 1′分度头现已很少使用。

图 8-20 所示为 5″投影式光学分度头，其示值误差不大于 10″。图 8-21 所示为分度头影屏视场，视场方框内出现 90°的"度"刻线（它是光学分度头度盘上刻线在影屏上的像）和"分"分划板双线，下面的小扇形窗是分度值为 5″的"秒"度盘刻线。中间为不动的指标值。使用时，旋转读数手轮，即转动"秒"度盘和移动"分"分划板双线，使视场中"度"刻线像夹到邻近一对"分"分划板双线的正中，读数值为影屏视场方框内的读数和小扇形窗内读数之和。图 8-22 中，读数值为 90°30′+3′54″ = 90°33′54″（4″为估读值）。

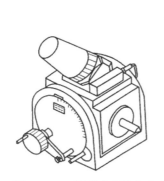

图 8-20 5″投影式光学分度头

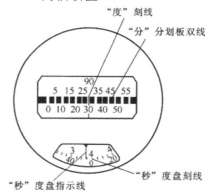

图 8-21 光学分度读数值

8-5 螺纹的检测

一、综合检验

综合检验是指一次同时检验螺纹的几个参数，以几个参数的综合误差来判断螺纹的合格性。对螺纹进行综合检验时使用的是螺纹量规和光滑极限量规，它们都由通规（通端）和止规（止端）组成。

光滑极限量规用于检测内、外螺纹顶径尺寸的合格性，螺纹量规的通规用于检测内、外螺纹的作用中径及底径的合格性，螺纹量规的止规用于检测内、外螺纹单一中径的合格性。

螺纹量规分为检验外螺纹用的螺纹环规和卡规，检验内螺纹用的螺纹塞规。螺纹量规是按极限尺寸判断原则而设计的，螺纹通规体现的是最大实体牙型边界，具有完整的牙型，并且其长度应等于被检测螺纹的旋合长度，以用于正确的检测作用中径。若被检的螺纹的作用中径未超过螺纹的最大实体牙型中径，且被检螺纹的底径也合格，那么螺纹通规就会在旋合长度内与被检螺纹顺利旋合。

螺纹量规的止规用于检测被检螺纹的单一中径。为避免牙型半角误差及螺距累积误差对检测的影响，止规的牙型常制成截短型牙型，以使止端只在单一中径处与被检螺纹的牙侧接触，并且止端的螺纹只做出几牙。

如图 8-22 所示，用卡规先检验外螺纹顶径的合格性，再用螺纹量规（检验外螺纹的称为螺纹环规）的通端检验，若外螺纹的作用中径合格，且底径（外螺纹小径）没有大于其上极限尺寸，通端应能在旋合长度内与被检螺纹旋合。若被检螺纹的单一中径合格，螺纹环规的止端不应通过被检螺纹，但允许旋进最多 2～3 牙。

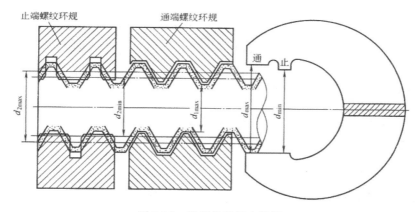

图 8-22　外螺纹的综合检测

如图 8-23 所示，用光滑极限量规（塞规）检验内螺纹顶径的合格性。再用螺纹量规（螺纹塞规）的通端检验内螺纹的作用中径和底径，若作用中径合格，且内螺纹的大径不小于其下极限尺寸，通规应在旋合长度内与内螺纹旋合。若内螺纹的单一中径合格，螺纹塞规的止端就不通过，但允许旋进最多 2～3 牙。

二、单项测量

单项测量是利用各种测量工具和量仪分别测量螺纹的中径、牙型角和螺距等，并分别确定其合格性。

1．螺纹顶径的测量

螺纹顶径是指外螺纹的大径或内螺纹的小径，一般用游标卡尺或千分尺测量，如图 8-24 所示。

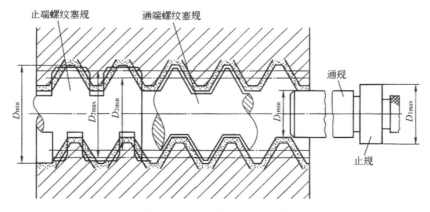

图 8-23　内螺纹的综合检测

2．螺距（或导程）的测量

用钢直尺、游标卡尺或螺纹样板对螺距（或导程）进行测量，如图 8-25 所示。

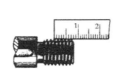

（a）用钢直尺测量

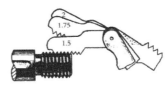

（b）用螺纹样板测量

图 8-24　用游标卡尺检测螺纹大径　　　　　图 8-25　螺距或导程的测量

提示　用钢直尺或游标卡尺进行测量时，最好量 5 个或 10 个牙的螺距（或导程长度），然后取其平均值。

3．牙型角的测量

一般螺纹的牙型角可以用螺纹样板（图 8-26）或牙型角样板（图 8-27）来检验。

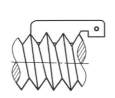

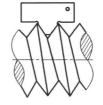

图 8-26　用螺纹样板检测牙型角　　　　　图 8-27　用牙型角样板检测牙型角

对于梯形螺纹和锯齿形螺纹，可用游标万能角度尺来测量，其测量方法如图 8-28 示。

4．螺纹中径的测量

（1）用螺纹千分尺测量螺纹中径

用螺纹千分尺测量螺纹中径。三角形螺纹的中径可用螺纹千分尺测量，如图 8-29 所示。螺纹千分尺的读数原理与千分尺相同，但不同的是，螺纹千分尺有 60° 和 55° 两套适用于不同牙型角和不同螺距的测量头。测量头可以根据测量的需要进行选择，然后分别插入千分尺的测杆和砧座的孔内。但必须注意，在更换测量头后，必须调整砧座的位置，使千分尺对准"0"位。

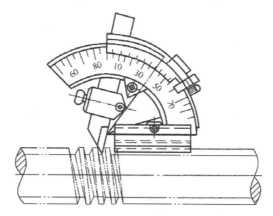

图 8-28　万能角度尺测量梯形螺纹的牙型角

测量时，跟螺纹牙型角相同的上下两个测量头正好卡在螺纹的牙侧上。从图 8-29（b）中可以看出，$ABCD$ 是一个平行四边形，因此测得的尺寸 AD 就是中径的实际尺寸。

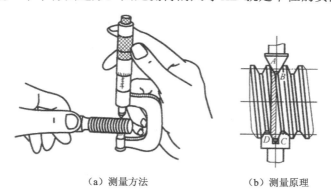

（a）测量方法　　　　　　　　（b）测量原理

图 8-29　用螺纹千分尺测量螺纹中径

螺纹千分尺的误差较大，为 0.1mm 左右。一般用来测量精度不高、螺距（或导程）为 0.4～6mm 的三角形螺纹。

（2）三针测量螺纹中径

用三针测量螺纹中径是一种比较精密的测量方法。测量时将三根量针放置在螺纹两侧相对应的螺旋槽内，用千分尺量出两边量针顶点之间的距离 M，如图 8-30 所示。根据 M 的值可以计算出螺纹中径的实际尺寸。三针测量时，M 值和中径 d_2 的计算公式见表 8-21。

测量时所用的三根直径相等的圆柱形量针，是由量具厂专门制造的，也可用三根新直柄麻花钻的柄部代替。量针直径 d_D 不能太小或太大。最佳量针直径是指量针横截面与螺纹中径处牙侧相切时的量针直径，如图 8-31（b）所示。量针直径的最大值、最佳值和最小值可用表 8-21 中的公式计算。选用量针时，应尽量接近最佳值，以便获得较高的测量精度。

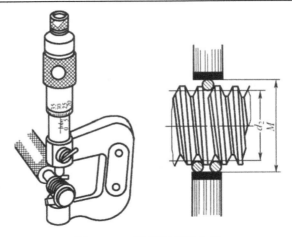

图 8-30　三针测量螺纹中径

表 8-21　三针测量螺纹中径 d_2（或蜗杆分度圆直径 d_1）的计算公式　　　　（mm）

螺纹或蜗杆	牙型角 α	M 值的计算公式	量针直径 d_0		
			最大值	最佳值	最小值
普通螺纹	60°	$M = d_2 + 3\,d_D - 0.866P$	1.01P	0.577P	0.505P
英制螺纹	55°	$M = d_2 + 3.166d_D - 0.961P$	0.894P−0.029	0.564P	0.481P−0.016
梯形螺纹	30°	$M = d_2 + 4.864d_D - 1.866P$	0.656P	0.518P	0.486P
米制蜗杆	20°（齿形角）	$M = d_1 + 3.924d_D - 4.316m_x$	2.446 m_x	1.672 m_x	1.610 m_x

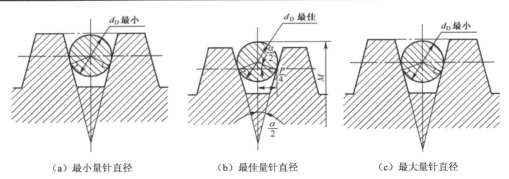

（a）最小量针直径　　　　　　（b）最佳量针直径　　　　　　（c）最大量针直径

图 8-31　量针直径的选择

（3）单针测量螺纹中径

用单针测量螺纹中径的方法如图 8-32 所示，这种方法比三针测量法简单。测量时只使用一根量针，另一侧利用螺纹大径作为基准，在测量前应先量出螺纹大径的实际尺寸，其原理与三针测量法相同。

单针测量时，千分尺测得的读数值可按下式计算：

$$A = \frac{M + d_0}{2}$$

式中，d_0——螺纹大径的实际尺寸，mm；

M——用三针测量时千分尺的读数，mm。

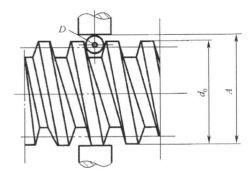

图 8-32　单针测量螺纹中径

5. 用工具显微镜测量螺纹各参数

图 8-33 所示为大型显微镜外观图，其中，底座用以支撑量仪整体；工作台用以放置工件，工作台中央为一个透明的玻璃板，以使该玻璃下的光线能透射上来，在目镜的视场内形成被测工件的轮廓影像，工作台可横向、纵向和转位移动，并能读出其移值；光学显微镜组用于把工件轮廓影像放大送至目镜视场以供测量；立柱用于安装光学放大镜组及相关部件。

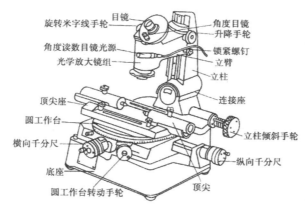

图 8-33 大型显微镜外观

用工具显微镜测量螺纹各参数的方法有影像法和轴切法，其中影像法应用较为广泛，它能测量螺纹的大径、中径、小径、螺距、牙型半角等几何参数。

（1）影像法

将工具显微镜中止镜的中心虚线与螺纹牙侧面的阴影边界直接对准后进行测量，如图 8-34 所示。

（2）轴切法

比影像法有较高的测量精度，因使用了专用测量刀上面的细刻线（宽 3～4μm，距离为 0.3 或 0.9mm，与刀刃平行）代替牙廓影像进行瞄准测量，如图 8-35 所示。

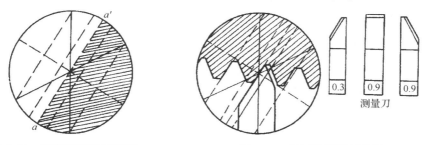

图 8-34 影像法测量示意图   图 8-35 轴切法测量示意图

8-6 键和花键的检测

一、平键轴槽与毂槽的检测

键和键槽的尺寸可以用千分尺、游标卡尺等普通计量器具来测量。键槽宽度可以用量块或极限量规来检验。

　　如图 8-36（a）所示，轴键槽对基准轴线的对称度公差采用独立原则。这时键槽对称度误差可按图 8-36（b）所示的方法来测量。被测轴以其基准部位放置在 V 形支承座上，以平板作为测量基准，用 V 形支承座体现轴的基准轴线，它平行于平板。用定位块（或量块）模拟体现键槽中心平面。将置于平板上的指示器的测头与定位块的顶面接触，沿定位块的一个横截面移动，并稍微转动被测零件来调整定位块的位置，使指示器沿定位块这个横截面移动的过程中示值始终稳定为止，因而确定定位块的这个横截面内的素线平行于平板。

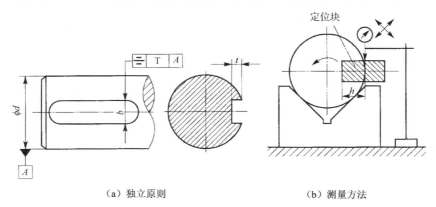

（a）独立原则　　　　　　　　　　　　　　（b）测量方法

图 8-36　轴键槽对称度误差测量

　　如图 8-37（a）所示，轮毂键槽对称度公差与键槽宽度的尺寸公差及基准孔孔径的尺寸公差的关系均采用最大实体要求。这时，键槽对称度误差可用图 8-37（b）所示的量规检验。

　　该量规以圆柱面作为定位表面模拟体现基准轴线，来检验键槽对称度误差，若它能够同时自由通过轮毂的基准孔和被测键槽，则表示合格。

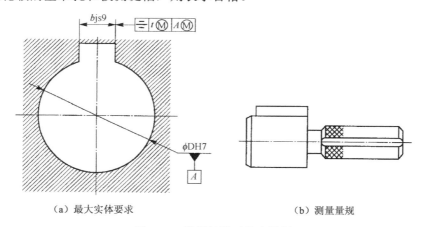

（a）最大实体要求　　　　　　　　　　　（b）测量量规

图 8-37　轮毂键槽对称度量规

二、矩形花键的检测

　　如图 8-38（a）所示为花键塞规，其前端的圆柱面是用来引导塞规进入内花键的，其后端的花键则用来检测内花键各部位。图 8-38（b）所示为花键环规，其前端的圆孔是用来引导环规进入外花键，其后端的花键则用来检测外花键各部位。

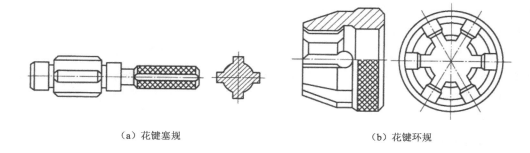

（a）花键塞规　　　　　　　　　　　　　　（b）花键环规

图 8-38　矩形花键位置量规

当花键小径定心表面采用包容要求，各键（各键槽）的对称度公差以及花键各部位的公差均遵守独立原则时，花键小径、大径和各键（各键槽）应分别测量或检验。小径定心表面应该用光滑极限量规检验，大径和键宽（键槽宽）用两点法测量，键（键槽）的对称度误差和大径表面轴线对小径表面轴线的同轴度误差都使用普通计量器具来测量。

当花键小径定心表面采用包容要求，各键（各键槽）位置度公差与键宽（键槽宽）的尺寸公差的关系采用最大实体要求，且该位置度公差与小径定心表面尺寸公差的关系也采用最大实体要求时，为了保证花键装配形式的要求，验收内、外花键应该首先使用花键塞规和花键环规（均系全形通规）分别检验内、外花键的实际尺寸和形位误差的综合结果，即同时检验花键的小径、大径、键宽（键槽宽）表面的实际尺寸和形状误差以及各键（各键槽）的位置度误差，大径表面轴线对小径表面轴线的同轴度误差等的综合结果。花键量规应能自由通过被测花键，这样才表示合格。

被测花键用花键量规检验合格后，还要分别检验其小径、大径和键宽（键槽宽）的实际尺寸是否超出各自的最小实体尺寸，即按内花键小径、大径及键槽宽的最大极限尺寸和外花键小径、大径及键宽的最小极限尺寸分别用单项止端塞规和单项止端卡规检验它们的实际尺寸，或者使用普通计量器具测量它们的实际尺寸。

8-7　现代检测技术简介

一、光栅技术

1．计量光栅

在长度计量测试中应用的光栅称为计量光栅。它一般由很多间距相等的不透光刻线和刻线间透光缝隙构成。光栅尺的材料有玻璃和金属两种。

计量光栅一般可分为长光栅和圆光栅。长光栅的刻线密度有每毫米 25、50、100 和 250 条等。圆光栅的每周刻线数有 10800 条和 21600 条两种。

2．光栅的莫尔条纹的产生

如图 8-39 所示，将两块具有相同栅距（W）的光栅刻线面平行地叠合在一起，中间保持 0.01～0.1mm 间隙，并使两光栅刻线之间保持一很小夹角 θ。于是，在 a-a 线上，两块光栅的刻线相互重叠，缝隙透光（或刻线间的反射面反光），形成一条亮条纹；而在 *b-b* 线上，两块光栅的刻线彼此错开，缝隙被遮住，形成一条暗条纹。由此产生的一系列明暗相间的条纹称为莫尔条纹。莫尔条纹近似地垂直于光栅刻线，因而称为横向莫尔条纹。两亮条纹或暗条纹之间的宽度 B 称为条纹间距。

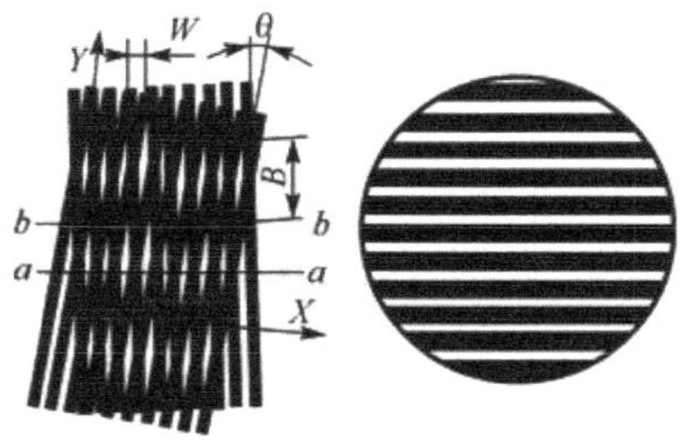

3. 莫尔条纹的特性

（1）对光栅栅距的放大作用

根据图 8-39 所示的几何关系可知，当两光栅刻线的交角 θ 很小时，$B \approx W/\theta$（θ 以弧度 rad 为单位）。这表明适当调整夹角 θ，可使条纹间距 B 比光栅栅距 W 放大几百倍甚至更大，这对莫尔条纹的光敏接收器接收非常有利。

（2）对光栅刻线误差的平均效应

由图 8-39 可以看出，每条莫尔条纹都由许多光栅刻线的交点组成，所以个别光栅刻线的误差和疵病，在莫尔条纹中得到平均。设 δ_0 为光栅刻线误差，n 为光电接收器所接收的刻线数，则经莫尔条纹读出系统的误差为 $\delta = \delta_0 / \sqrt{n}$。

由于 n 一般可以达几百条刻线，所以莫尔条纹的平均效应可使系统测量精度提高很多。

（3）莫尔条纹运动与光栅副运动的对应性

在图 8-39 中，当两光栅尺沿 X 方向相对移动一个栅距 W 时，莫尔条纹在 Y 方向也随之移动一个莫尔条纹间距 B，即保持着运动周期的对应性；当光栅尺的移动方向相反时，莫尔条纹的移动方向也随之相反，即保持了运动方向的对应性。利用这个特性，可实现数字式的光电读数和光栅副相对运动方向的判别。

图 8-39　莫尔条纹

二、三坐标测量技术

1. 三坐标测量机的工作原理

三坐标测量机由三个相互垂直的运动轴 X、Y、Z 建立起一个直角坐标系，测头的一切运动都在这个坐标系中进行，测头的运动轨迹由测球中心点来表示。测量时，把被测零件放在工作台上，测头与零件表面接触，三坐标测量机的检测系统可随时给出测球中心点在坐标系中的精确位置。当测球沿工件的几何型面移动时，就可得出被测几何型面上各点的坐标尺寸及相关误差，如图 8-40 所示。要测量工件上两孔的孔径大小及孔心距 $O_1 O_2$，利用坐标测量原理，应先测出 P_1、P_2、P_3 三点坐标值，根据这三点坐标即可计算出孔心 O_1 的坐标及孔径。然后根据 P_4、P_5、P_6 三点求出孔心 O_2 的坐标及孔径，再利用孔心 O_1、O_2 计算中心距。

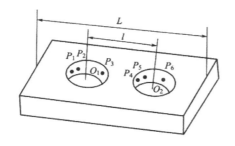

图 8-40　三坐标测量机测量孔径示意图

由此可以将三坐标测量机定义为"采用触发式、扫描式等形式的传感器随 X、Y、Z 三个相互垂直的导轨相对移动，与固定于工作台上的被测件接触或非接触发信、采样，并通过数据处理器或计算机等计算出工件的各点坐标及各项功能测量的仪器"。三坐标测量机的测量功能应包括尺寸精度、定位精度、几何精度和轮廓精度等。

2．三坐标测量机的主要技术特性

1）三坐标测量机按检测精度分为精密万能测量机和生产型测量机。前者一般放置于计量室，用于精密测量，分辨力为 0.1μm、0.2μm、0.5μm、1μm。后者一般放置于生产车间，用于加工过程中的检测，分辨力为 5μm 或 10μm；小型测量机分辨力可达 1μm 或 2μm。

2）按操作方式不同，可分为手动、机动和自动测量机三种，按结构形式可分为悬臂式、桥式、龙门式和水平臂式，按检测零件的尺寸范围可分为大、中、小三类（大型机的 x 轴测量范围大于 2000mm，中型机的 x 轴测量范围为 600～2000mm，小型三坐标测量机的 x 轴测量范围一般小于 600mn）。

3）三坐标测量机通常配置有测量软件系统、输出打印机、绘图仪等外围设备，增强了数据处理和自动控制等功能，主体结构如图 8-41 所示。

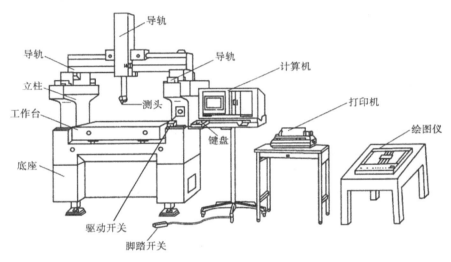

图 8-41　三坐标测量机

3．三坐标测量机的测量方法

三坐标测量机进行零件的参数检测，一般按下述步骤进行。

1）首先分析被测件图纸，以明确工件的设计和加工基准，确定建立坐标系所需的元素和建立方法，明确需要检测的项目的测量元素，进而确定工件的摆放方位和所需测头角度及测针的大小等。

2）选配测头并组合安装，然后对测头进行校正。

3）建立工件坐标系。

4）根据图纸要求，对工件的几何参数进行测量。

5）记录评价信息，输出检测报告。

4．三坐标测量机的应用

三坐标测量是集精密机械、电子技术、传感器技术、电子计算机等现代技术之大成。对任何复杂的几何表面与几何形状，只要坐标测量机测头能感受（或瞄准）到，就可以测出它们的几何尺寸和相互位置关系，并借助于计算机完成数据处理。

如果在三坐标测量机上设置分度头、回转台（或数控转台），除采用直角坐标系外，还可采用极坐标、圆柱坐标系量，使测量范围更加扩大。有 x、y、z、φ（回转台）四轴坐标的测量机，常称四坐标测量机。增加回转轴的数目，还有五坐标或六坐标测量机。

1）三坐标测量机与加工中心相配合，具有"测量中心"的功能。在现代化生产中，三坐标测量机已成为 CAD/CAM 系统中的一个测量单元，它将测量信息反馈到系统主控计算机，进一步控制加工过程，提高产品质量。

2）三坐标测量机及其配置的实物编程软件系统通过对实物与模型的测量，得到加工面几何形状的各种参数而生成加工程序，完成实物编程；借助于绘图软件和绘图设备，可得到整个实物的外观设计图样，实现设计、制造一体化的生产系统，并且该图样可 3D 立体旋转，是逆向工程的最佳工具。

3）多台测量机联机使用，组成柔性测量中心，可实现生产过程的自动检测，提高生产效率。

因此，三坐标测量机越来越广泛地应用于机械制造、电子、汽车和航空航天等工业领域。

三、圆度测量技术

1．圆度仪的工作原理

圆度误差的测量方法有半径法、直角坐标法和特征参数法。其中圆度仪利用半径法进行圆度的测量，圆度仪以精密旋转轴作为测量基准，采用电感、压电等传感器接触测量被测件的径向形状变化量，并按圆度定义进行评定和记录的测量仪器，用于测量回转体内、外圆的圆度、同轴度等。

圆度仪按照总体布局和回转方式可以分为两大类：转台回转式和测头回转式，即工件与转台一起回转和测头绕固定工件回转两种形式。

（1）转台回转式

如图 8-42 所示，测量时，工件放在转台上并同转台一起转动，测头停留在被测截面处，转台旋转一周，即可获得圆度误差。

如果测头沿工件做连续的上下运动，工件又不停地转，则测头在外表面上的轨迹为一条螺旋线，即获得零件圆柱度误差。也可以用截面法测量，即测头与工件表面接触，工件回转时测头不动，只是采集半径的变化量，采完一圈后，测头上升一个距离，工件继续转，测头再采集第二个截面的数据，以此循环下去，直到测完整个圆柱为止。

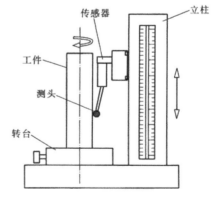

图 8-42　转台回转式圆度仪

转台回转式圆度仪的优点是：

1）不受实际高度或直径的限制。

2）适用于形状难测的工件。

3）便于移动，适用于车间使用。

其缺点是：

1）受轴向负载和偏心负载的限制。

2）测量很高的工件时有困难。

3）测量内台阶需要专用的触针。

4）难以在零件转动时定心。

（2）测头回转式

如图 8-43 所示，测量时，被测工件不动，测头随主轴一起转动，测头旋转一周，即可获得圆度误差。若测头能上下移动，则可实现圆柱度的测量。由于主轴精度很高，在理想情况下可认为它回转运动的轨迹是"真圆"。当被测件有圆度误差时，必定相对"真圆"产生径向偏离，该偏差值被测头感受并转换成电信号。载有被测件半径偏差信号的电信号，经电子放大、圆度滤波、圆柱度计算或经 A/D 转换及计算机处理，最后用数字显示出圆柱度误差值，或者用记录器记录下被测件的轮廓图形（径向偏离），还用计算机作误差分离、误差修正和控制测量。

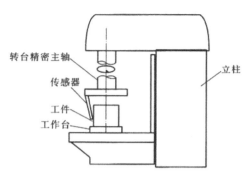

图 8-43　测头回转式圆度仪

测头回转式圆度仪的优点是：

1）工件负载不受限制，也不需要带有 X 和 Y 定心调整机构的工作台。

2）可以测定有偏心负载和需要外支承的不稳定工件。

3）可在测头转动时定心。

其缺点为：

1）工件的高度和直径受到限制。

2）对某些形状的工件要求配备很特殊的触针臂杆或特殊的测头安装设备。

2．圆度仪测量工件的步骤

使用圆度（圆柱度）仪进行工件圆度等参数测量时，一般按照下列步骤进行：

1）接通气源、电源，启动电脑，打开测量软件。

2）将待测工件清洗干净，放在工作台上。

3）选择圆度测量，并进行相应参数的设置。

4）利用调偏心机构对工件进行调整，使工件轴线与主轴轴线重合。

5）对工件进行测量，保存测量数据。

6）选择数据处理，打开数据文件名，对数据进行处理，并进行数据的输出打印。

四、激光技术

激光是一种新型的光源，它具有其他光源无法比拟的优点，即很好的单色性、方向性、相干性和能量高度集中性。

现在，激光技术已成为建立长度计量基准和精密测试的重要手段。它不但可以用干涉法

　　测量线位移，还可以用双频激光干涉法测量小角度，用环形激光测量圆周分度，以及用激光准直技术测量直线度误差等。这里主要介绍应用广泛的激光干涉测长仪的基本原理。

　　常用的激光测长仪实质上就是以激光作为光源的迈克尔逊干涉仪，如图 8-44 所示，从激光器发出的激光束，经透镜 L、L_1 和光阑 P_1 组成的准直光管扩束成一束平行光，经分光镜 M 被分成两路，分别被角隅棱镜 M_1 和 M_2 反射回到 M 重叠，被透镜 L_2 聚集到光电计数器 PM 处。当工作台带动棱镜 M_2 移动时，在光电计数处由于两路光束聚集产生干涉，形成明暗条纹，通过计数就可以计算出工作台移动的距离 $S = N\lambda/2$（式中，N 为干涉条纹数，λ 为激光波长）。

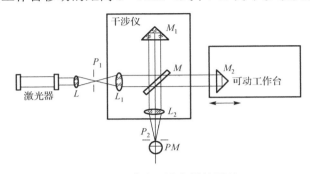

图 8-44　激光干涉仪测长原理

思考与习题

1. 什么是测量？测量方法分为哪几类？
2. 测量误差产生的原因是什么？
3. 测量误差可分为哪几类？各有什么性质特点？
4. 什么是测量精度？它有哪些内容？
5. 如何确定验收极限尺寸？
6. 怎样选用计量量器？
7. 如何检测工件的几何误差？
8. 表面粗糙度检测的方法有哪几种？各适用于什么场合？
9. 用圆锥量规采用涂色法检测工件的圆锥时如何判断其合格性？
10. 螺纹的检测方法分哪两类？各有什么特点？
11. 螺纹塞规和螺纹环规的通端和止端的牙型与长度有什么不同？
12. 用三针法测量外螺纹单一中径时，量针直径应如何选择？
13. 花键的检测与哪些因素有关？其检测内容是什么？

附　表

附表一　轴的基本偏差数值表　　　　　　　　　　（μm）

公称尺寸/mm		基本偏差数值																
		上极限偏差 es												下极限偏差 ei				
		所有标准公差等级												IT5和IT7	IT7	IT8	IT4至IT7	≤IT3 >IT7
大于	至	a	b	c	cd	d	e	ef	f	fg	g	h	Js	j	j	j	k	k
—	3	−270	−140	−160	−134	−20	−14	−10	−6	−4	−2	0	偏差=±IT$_n$/2，式中IT$_n$是IT值数	−2	−4	−6	0	0
3	6	−270	−140	−70	−46	−30	−20	−14	−10	−6	−4	0		−2	−4		+1	0
6	10	−280	−150	−80	−56	−40	−25	−18	−13	−8	−5	0		−2	−5		+1	0
10	14	−290	−150	−95		−50	−32		−16		−6	0		−3	−6		+1	0
14	18																	
18	24	−300	−160	−110		−65	−40		−20		−7	0		−4	−8		+2	0
24	30																	
30	40	−310	−170	−120		−80	−50		−25		−9	0		−5	−10		+2	0
40	50	−320	−180	−130														
50	65	−340	−190	−140		−100	−60		−30		−10	0		−7	−12		+2	0
65	80	−360	−200	−150														
80	100	−380	−220	−170		−120	−72		−36		−12	0		−9	−15		+3	0
100	120	−410	−240	−180														
120	140	−460	−260	−200		−145	−85		−43		−14	0		−11	−18		+3	0
140	160	−520	−280	−210														
160	180	−580	−310	−230														
180	200	−660	−340	−240		−170	−100		−50		−15	0		−13	−21		+4	0
200	225	−740	−380	−260														
225	250	−820	−420	−280														
250	280	−920	−480	−300		−190	−110		−56		−17	0		−16	−26		+4	0
280	315	−1050	−540	−330														
315	355	−1200	−600	−360		−210	−125		−62		−18	0		−18	−28		+4	0
355	400	−1350	−1680	−400														
400	450	−1500	−760	−440		−230	−135		−68		−20	0		−20	−32		+5	0
450	500	−1650	−840	−480														
500	560					−260	−145		−76		−22	0					0	0
560	630																	
630	710					−290	−160		−80		−24	0					0	0
710	800																	
800	900					−320	−170		−86		−26	0					0	0
900	1000																	
1000	1120					−350	−195		−98		−28	0					0	0
1120	1250																	
1250	1400					−390	−220		−110		−30	0					0	0
1400	1600																	
1600	1800					−430	−240		−120		−32	0					0	0
1800	2000																	
2000	2240					−480	−260		−130		−34	0					0	0
2240	2500																	
2500	2800					−520	−290		−145		−38	0					0	0
2800	3150																	

| 公称尺寸/mm | | 基本偏差数值 下极限偏差 ei — 所有标准公差级数 | | | | | | | | | | | | | |
大于	至	m	n	p	r	s	t	u	v	x	y	z	za	zb	zc
—	3	+2	+4	+6	+10	+14		+18		+20		+26	+32	+40	+60
3	6	+4	+8	+12	+15	+19		+23		+28		+35	+45	+50	+80
6	10	+6	+10	+15	+19	+23		+28		+34		+42	+52	+67	+97
10	14	+7	+12	+18	+23	+28		+33		+40		+50	+64	+90	+130
14	18								+39	+45		+60	+77	+108	+150
18	24	+8	+15	+22	+28	+35		+41	+47	+54	+63	+73	+98	+136	+188
24	30						+41	+48	+55	+64	+75	+88	+118	+160	+218
30	40	+9	+17	+26	+34	+43	+48	+60	+68	+80	+94	+112	+148	+200	+274
40	50						+54	+70	+81	+97	+114	+136	+180	+242	+325
50	65	+11	+20	+32	+41	+53	+66	+87	+102	+122	+144	+172	+226	+300	+405
65	80				+43	+59	+75	+102	+120	+146	+174	+210	+274	+360	+480
80	100	+13	+23	+37	+51	+71	+91	+124	+146	+176	+214	+258	+335	+445	+585
100	120				+54	+79	+104	+144	+172	+210	+254	+310	+400	+525	+690
120	140	+15	+27	+43	+63	+92	+122	+170	+202	+248	+300	+365	+470	+620	+800
140	160				+65	100	+134	+190	+228	+280	+340	+415	+535	+700	+900
160	180				+68	+108	+146	+210	+252	+310	+380	+465	+600	+780	+1000
180	200	+17	+31	+50	+77	+122	+166	+236	+284	+350	+425	+520	+670	+880	+1150
200	225				+80	+130	+180	+258	+310	+385	+470	+575	+740	+960	+1250
225	250				+84	+140	+196	+284	+340	+425	+520	+610	+820	+1050	+1350
250	280	+20	+34	+56	+94	+158	+218	+315	+385	+475	+580	+710	+920	+1200	+1550
280	315				+98	+170	+240	+350	+425	+525	+650	+790	+1000	+1300	+1700
315	355	+21	+37	+62	+108	+190	+268	+390	+475	+590	+730	+900	+1150	+1500	+1900
335	400				+114	+208	+294	+435	+530	+660	+820	+1000	+1300	+1650	+2100
400	450	+23	+40	+68	+126	+232	+330	+490	+595	+740	+920	+1100	+1450	+1850	+2400
450	500				+132	+252	+360	+540	+660	+820	+1000	+1250	+1600	+2100	+2600
500	560	+26	+44	+78	+150	+280	+400	+600							
560	630				+155	+310	+450	+660							
630	710	+30	+50	+88	+175	+340	+500	+740							
710	800				+185	+380	+560	+840							
800	900	+34	+56	100	+210	+430	+620	+940							
900	1000				+220	+470	+680	+1050							
1000	1120	+40	+66	+120	+250	+520	+780	+1150							
1120	1250				+260	+580	+840	+1300							
1250	1400	+48	+78	+140	+300	+640	+960	+1450							
1400	1600				+330	+720	+1050	+1600							
1600	1800	+58	+92	+170	+370	+820	+1200	+1850							
1800	2000				+400	+920	+1350	+2000							
2000	2240	+68	+110	+195	+440	+1000	+1500	+2300							
2240	2500				+460	+1100	+1650	+2500							
2500	2800	+76	+135	+240	+550	+1250	+1900	+2900							
2800	3150				+580	+1400	+2100	+3200							

注：1. 公称尺寸小于或等于1mm时，基本偏差 a 和 b 均不采用。

2. 公差带 js7 至 js11，若 IT_n 值数是奇数，则取偏差 $=\pm\dfrac{IT_n-1}{2}$。

附录二　孔的基本偏差数值精　　　　　　　　（μm）

公称尺寸/mm 大于	至	A	B	C	CD	D	E	EF	F	FG	G	H	JS	J IT6	J IT7	J IT8	K ≤IT8	K >IT8	M ≤IT8	M >IT8	N ≤IT8	N >IT8
—	3	+270	+140	+60	+34	+20	+14	+10	+6	+4	+2	0		+2	+4	+6	0	0	−2	−2	−4	−4
3	6	+270	+140	+70	+46	+30	+20	+14	+10	+6	+4	0		+5	+6	+10	−1+Δ		−4+Δ	−4	−8+Δ	0
6	10	+280	+150	+80	+56	+40	+25	+18	+13	+8	+5	0		+5	+8	+12	−1+Δ		−6+Δ	−6	−10+Δ	0
10	14	+290	+150	+95		+50	+32		+16		+6	0		+6	+10	+15	−1+Δ		−7+Δ	−7	−12+Δ	0
14	18	+290	+150	+95		+50	+32		+16		+6	0		+6	+10	+15	−1+Δ		−7+Δ	−7	−12+Δ	0
18	24	+300	+160	+110		+65	+40		+20		+7	0		+8	+12	+20	−2+Δ		−8+Δ	−8	−15+Δ	0
24	30	+300	+160	+110		+65	+40		+20		+7	0		+8	+12	+20	−2+Δ		−8+Δ	−8	−15+Δ	0
30	40	+310	+170	+120		+80	+50		+25		+9	0		+10	+14	+24	−2+Δ		−9+Δ	−9	−17+Δ	0
40	50	+320	+180	+130		+80	+50		+25		+9	0		+10	+14	+24	−2+Δ		−9+Δ	−9	−17+Δ	0
50	65	+340	+190	+140		+100	+60		+30		+10	0		+13	+18	+28	−2+Δ		−11+Δ	−11	−20+Δ	0
65	80	+360	+200	+150		+100	+60		+30		+10	0		+13	+18	+28	−2+Δ		−11+Δ	−11	−20+Δ	0
80	100	+380	+220	+170		+120	+72		+36		+12	0		+16	+22	+34	−3+Δ		−13+Δ	−13	−23+Δ	0
100	120	+410	+240	+180		+120	+72		+36		+12	0		+16	+22	+34	−3+Δ		−13+Δ	−13	−23+Δ	0
120	140	+460	+260	+200		+145	+85		+43		+14	0		+18	+26	+41	−3+Δ		−15+Δ	−15	−27+Δ	0
140	160	+520	+280	+210		+145	+85		+43		+14	0		+18	+26	+41	−3+Δ		−15+Δ	−15	−27+Δ	0
160	180	+580	+310	+230		+145	+85		+43		+14	0		+18	+26	+41	−3+Δ		−15+Δ	−15	−27+Δ	0
180	200	+660	+340	+240		+170	+100		+50		+15	0		+22	+30	+47	−4+Δ		−17+Δ	−17	−31+Δ	0
200	225	+740	+380	+260		+170	+100		+50		+15	0		+22	+30	+47	−4+Δ		−17+Δ	−17	−31+Δ	0
225	250	+820	+420	+280		+170	+100		+50		+15	0		+22	+30	+47	−4+Δ		−17+Δ	−17	−31+Δ	0
250	280	+920	+480	+300		+190	+110		+56		+17	0		+25	+36	+55	−4+Δ		−20+Δ	−20	−34+Δ	0
280	315	+1050	+540	+330		+190	+110		+56		+17	0		+25	+36	+55	−4+Δ		−20+Δ	−20	−34+Δ	0
315	355	+1200	+600	+360		+210	+125		+62		+18	0		+29	+39	+60	−4+Δ		−21+Δ	−21	−37+Δ	0
355	400	+1350	+680	+400		+210	+125		+62		+18	0		+29	+39	+60	−4+Δ		−21+Δ	−21	−37+Δ	0
400	450	+1500	+760	+440		+230	+135		+68		+20	0		+33	+43	+66	−5+Δ		−23+Δ	−23	−40+Δ	0
450	500	+1650	+840	+480		+230	+135		+68		+20	0		+33	+43	+66	−5+Δ		−23+Δ	−23	−40+Δ	0
500	560					+260	+145		+76		+22	0					0		−26		−44	
560	630					+260	+145		+76		+22	0					0		−26		−44	
630	710					+290	+160		+80		+24	0					0		−30		−50	
710	800					+290	+160		+80		+24	0					0		−30		−50	
800	900					+320	+170		+86		+26	0					0		−34		−56	
900	1000					+320	+170		+86		+26	0					0		−34		−56	
1000	1120					+350	+195		+98		+28	0					0		−70		−66	
1120	1250					+350	+195		+98		+28	0					0		−70		−66	
1250	1400					+390	+220		+110		+30	0					0		−48		−78	
1400	1600					+390	+220		+110		+30	0					0		−48		−78	
1600	1800					+430	+240		+120		+32	0					0		−58		−92	
1800	2000					+430	+240		+120		+32	0					0		−58		−92	
2000	2240					+480	+260		+130		+34	0					0		−68		−110	
2240	2500					+480	+260		+130		+34	0					0		−68		−110	
2500	2800					+520	+290		+145		+38	0					0		−76		−135	
2800	3150					+520	+290		+145		+38	0					0		−76		−135	

JS 列注：偏差 = ±ITn/2，式中 ITn 是 IT 值数。

续表

基本偏差数值（上极限偏差 ES）——列 ≤IT7（P至ZC）及标准公差等级大于IT7 的 P～ZC；Δ值——标准公差等级 IT3～IT8。

公称尺寸/mm 大于	至	≤IT7 P至ZC	P	R	S	T	U	V	X	Y	Z	ZA	ZB	ZC	IT3	IT4	IT5	IT6	IT7	IT8
—	3		−6	−10	−14		−18		−20		−26	−32	−40	−60	0	0	0	0	0	0
3	6		−12	−15	−19		−23		−28		−35	−42	−50	−80	1	1.5	1	3	4	6
6	10		−15	−19	−23		−28		−34		−42	−52	−67	−97	1	1.5	2	3	6	7
10	14		−18	−23	−28		−33		−40		−50	−64	−90	−130	1	2	3	3	7	9
14	18							−39	−45		−60	−77	−108	−105						
18	24		−22	−28	−35		−41	−47	−54	−63	−73	−98	−136	−188	1.5	2	3	4	8	12
24	30					−41	−48	−55	−64	−75	−88	−118	−160	−218						
30	40		−26	−34	−43	−48	−60	−68	−80	−94	−112	−148	−200	−274	1.5	3	4	5	9	14
40	50					−54	−70	−81	−97	−114	−136	−180	−242	−325						
50	65		−32	−41	−53	−66	−87	−102	−122	−144	−172	−226	−300	−405	2	3	5	6	11	16
65	80			−43	−59	−75	−102	−120	−146	−174	−210	−274	−360	−480						
80	100		−37	−51	−71	−91	−124	−146	−178	−214	−258	−335	−445	−585	2	4	5	7	13	19
100	120			−54	−79	−104	−144	−172	−210	−254	−310	−400	−525	−690						
120	140		−43	−63	−92	−122	−170	−202	−248	−300	−365	−470	−620	−800	3	4	6	7	15	23
140	160			−65	−100	−134	−190	−228	−280	−340	−415	−535	−700	−900						
160	180			−68	−108	−146	−210	−252	−310	−380	−465	−600	−780	−1000						
180	200		−50	−77	−122	−166	−236	−284	−350	−425	−520	−670	−880	−1150	3	4	6	9	17	26
200	225			−80	−130	−180	−258	−310	−385	−470	−575	−740	−960	−1250						
225	250			−84	−140	−196	−284	−340	−425	−520	−640	−820	−1050	−1350						
250	280		−56	−94	−158	−218	−315	−385	−475	−580	−710	−920	−1200	−1550	4	4	7	9	20	29
280	315			−98	−170	−240	−350	−425	−525	−650	−790	−1000	−1300	−1700						
315	355		−62	−108	−190	−268	−390	−475	−590	−730	−900	−1150	−1500	−1900	4	5	7	11	21	32
355	400			−114	−208	−294	−435	−530	−660	−820	−1000	−1300	−1650	−2100						
400	450		−68	−126	−232	−330	−490	−595	−740	−920	−1100	−1450	−1850	−2400	5	5	7	13	23	34
450	500			−132	−252	−360	−540	−660	−820	−1000	−1250	−1600	−2100	−260						
500	560		−78	−150	−280	−400	−600													
560	630			−155	−310	−450	−660													
630	710		−88	−175	−340	−500	−740													
710	800			−185	−380	−560	−840													
800	900		−100	−210	−430	−620	−940													
900	1000			−220	−470	−680	−1050													
1000	1120		−120	−250	−520	−780	−1150													
1120	1250			−260	−580	−840	−1300													
1250	1400		−140	−300	−640	−960	−1450													
1400	1600			−330	−720	−1050	−1600													
1600	1800		−170	−370	−820	−1200	−1850													
1800	2000			−400	−920	−1350	−2000													
2000	2240		−195	−440	−1000	−1500	−2300													
2240	2500			−460	−1100	−1650	−2500													
2500	2800		−240	−550	−1250	−1900	−2900													
2800	3150			−580	−1400	−2100	−3200													

注：1. 公称尺寸小于或等于 1mm 时，基本偏差 A 和 B 及大于 IT8 的 N 均不采用。

2. 公差带 JS7 至 JS11，若 IT_n 值数是奇数，则取偏差 $=\pm\dfrac{IT_n-1}{2}$。

3. 对小于或等于 IT8 的 K、M、N 和小于或等于 IT7 的 P 至 ZC，所需 Δ 值从表内右侧选取。

　　例如：18～30mm 段的 K7：Δ=8μm，所以 ES=−2+8=+6μm

　　　　　18～30mm 段的 S6：Δ=4μm，所以 ES=−35+4=−31μm

4. 特殊情况：250～315mm 段的 M6，ES=−9μm（代替−11μm）。

附表三　轴的极限偏差表　　　　　　　　　　　　　（μm）

公称尺寸/mm		公差带														
		a					b					c				
		公差等级														
大于	至	9	10	11	12	13	9	10	11	12	13	8	9	10	11	12
—	3	−270	−270	−270	−270	−270	−140	−140	−140	−140	−140	−60	−60	−60	−60	−60
		−295	−310	−330	−370	−410	−165	−180	−200	−240	−280	−74	−85	−100	−120	−160
3	6	−270	−270	−270	−270	−270	−140	−140	−140	−140	−140	−70	−70	−70	−70	−70
		−300	−318	−345	−390	−450	−170	−188	−215	−260	−320	−88	−100	−118	−145	−190
6	10	−280	−280	−280	−280	−280	−150	−150	−150	−150	−150	−80	−80	−80	−80	−80
		−316	−338	−370	−430	−500	−186	−208	−240	−300	−370	−102	−116	−138	−170	−220
10	14	−290	−290	−290	−290	−290	−150	−150	−150	−150	−150	−95	−95	−95	−95	−95
14	18	−333	−360	−400	−470	−560	−193	−220	−260	−330	−420	−122	−138	−165	−205	−275
18	24	−300	−300	−300	−300	−300	−160	−160	−160	−160	−160	−110	−110	−110	−110	−110
24	30	−352	−384	−430	−510	−630	−212	−244	−290	−370	−490	−143	−162	−194	−240	−320
30	40	−310	−310	−310	−310	−310	−170	−170	−170	−170	−170	−120	−120	−120	−120	−120
		−372	−410	−470	−560	−700	−232	−270	−330	−420	−560	−159	−182	−220	−280	−370
40	50	−320	−320	−320	−320	−320	−180	−180	−180	−180	−180	−130	−130	−130	−130	−130
		−382	−420	−480	−570	−710	−242	−280	−340	−430	−570	−169	−192	−230	−290	−380
50	65	−340	−340	−340	−340	−340	−190	−190	−190	−190	−190	−140	−140	−140	−140	−140
		−414	−460	−530	−640	−800	−264	−310	−380	−490	−650	−186	−214	−260	−330	−440
65	80	−360	−360	−360	−360	−360	−200	−200	−200	−200	−200	−150	−150	−150	−150	−150
		−434	−480	−550	−660	−820	−274	−320	−390	−500	−660	−196	−224	−270	−340	−450
80	100	−380	−380	−380	−380	−380	−220	−220	−220	−220	−220	−170	−170	−170	−170	−170
		−467	−520	−600	−730	−920	−307	−360	−440	−570	−760	−224	−257	−310	−390	−520
100	120	−410	−410	−410	−410	−410	−240	−240	−240	−240	−240	−180	−180	−180	−180	−180
		−497	−550	−630	−760	−950	−327	−380	−460	−590	−780	−234	−267	−320	−400	−530
120	140	−460	−460	−460	−460	−460	−260	−260	−260	−260	−260	−200	−200	−200	−200	−200
		−560	−620	−710	−860	−1090	−360	−420	−510	−660	−890	−263	−300	−360	−450	−600
140	160	−520	−520	−520	−520	−520	−280	−280	−280	−280	−280	−210	−210	−210	−210	−210
		−620	−680	−770	−920	−1150	−380	−440	−530	−680	−910	−273	−310	−370	−460	−610
160	180	−580	−580	−580	−580	−580	−310	−310	−310	−310	−310	−230	−230	−230	−230	−230
		−680	−740	−830	−980	−1210	−410	−470	−560	−710	−940	−293	−330	−390	−480	−630
180	200	−660	−660	−660	−660	−660	−340	−340	−340	−340	−340	−240	−240	−240	−240	−240
		−775	−845	−950	−1120	−1380	−455	−525	−630	−800	−1060	−312	−355	−425	−530	−700
200	225	−740	−740	−740	−740	−740	−380	−380	−380	−380	−380	−260	−260	−260	−260	−260
		−855	−925	−1030	−1200	−1460	−495	−565	−670	−840	−1100	−332	−375	−445	−550	−720
225	250	−820	−820	−820	−820	−820	−420	−420	−420	−420	−420	−280	−280	−280	−280	−280
		−935	−1005	−1110	−1280	−1540	−535	−605	−710	−880	−1140	−352	−395	−465	−570	−740
250	280	−920	−920	−920	−920	−920	−480	−480	−480	−480	−480	−300	−300	−300	−300	−300
		−1050	−1130	−1240	−1440	−1730	−610	−690	−800	−1000	−1290	−381	−430	−510	−620	−820
280	315	−1050	−1050	−1050	−1050	−1050	−540	−540	−540	−540	−540	−330	−330	−330	−330	−330
		−1180	−1260	−1370	−1570	−1860	−670	−750	−860	−1060	−1350	−411	−460	−540	−650	−850
315	355	−1200	−1200	−1200	−1200	−1200	−600	−600	−600	−600	−600	−360	−360	−360	−360	−360
		−1340	−1430	−1560	−1770	−2090	−740	−830	−960	−1170	−1490	−449	−500	−590	−720	−930
355	400	−1350	−1350	−1350	−1350	−1350	−680	−680	−680	−680	−680	−400	−400	−400	−400	−400
		−1490	−1580	−1710	−1920	−2240	−820	−910	−1040	−1250	−1570	−489	−540	−630	−790	−970
400	450	−1500	−1500	−1500	−1500	−1500	−760	−760	−760	−760	−760	−440	−440	−440	−440	−440
		−1655	−1750	−1900	−2130	−2470	−915	−1010	−1160	−1390	−1730	−537	−595	−690	−840	−1070
450	500	−1650	−1650	−1650	−1650	−1650	−840	−840	−840	−840	−840	−480	−480	−480	−480	−480
		−1805	−1900	−2050	−2280	−2620	−995	−1090	−1240	−1470	−1810	−577	−635	−730	−880	−1110

续表

公称尺寸/mm		c	d					e					f		
大于	至	13	7	8	9	10	11	6	7	8	9	10	5	6	7
—	3	−60 −200	−20 −30	−20 −34	−20 −45	−20 −60	−20 −80	−14 −20	−14 −24	−14 −28	−14 −39	−14 −54	−6 −10	−6 −12	−6 −16
3	6	−70 −250	−30 −42	−30 −48	−30 −60	−30 −78	−30 −105	−20 −28	−20 −32	−20 −38	−20 −50	−20 −68	−10 −15	−10 −18	−10 −22
6	10	−80 −300	−40 −55	−40 −62	−40 −76	−40 −98	−40 −130	−25 −34	−25 −40	−25 −47	−25 −61	−25 −83	−13 −19	−13 −22	−13 −28
10	14	−95 −365	−50 −68	−50 −77	−50 −93	−50 −120	−50 −160	−32 −43	−32 −50	−32 −59	−32 −75	−32 −102	−16 −24	−16 −27	−16 −34
14	18	−95 −365	−50 −68	−50 −77	−50 −93	−50 −120	−50 −160	−32 −43	−32 −50	−32 −59	−32 −75	−32 −102	−16 −24	−16 −27	−16 −34
18	24	−110 −440	−65 −86	−65 −98	−65 −117	−65 −149	−65 −195	−40 −53	−40 −61	−40 −73	−40 −92	−40 −124	−20 −29	−20 −33	−20 −41
24	30	−110 −440	−65 −86	−65 −98	−65 −117	−65 −149	−65 −195	−40 −53	−40 −61	−40 −73	−40 −92	−40 −124	−20 −29	−20 −33	−20 −41
30	40	−120 −510	−80 −105	−80 −119	−80 −142	−80 −180	−80 −240	−50 −66	−50 −75	−50 −89	−50 −112	−50 −150	−25 −36	−25 −41	−25 −50
40	50	−130 −520	−80 −105	−80 −119	−80 −142	−80 −180	−80 −240	−50 −66	−50 −75	−50 −89	−50 −112	−50 −150	−25 −36	−25 −41	−25 −50
50	65	−140 −600	−100 −130	−100 −146	−100 −174	−100 −220	−100 −290	−60 −79	−60 −90	−60 −106	−60 −134	−60 −180	−30 −43	−30 −49	−30 −60
65	80	−150 −610	−100 −130	−100 −146	−100 −174	−100 −220	−100 −290	−60 −79	−60 −90	−60 −106	−60 −134	−60 −180	−30 −43	−30 −49	−30 −60
80	100	−170 −710	−120 −155	−120 −174	−120 −207	−120 −260	−120 −340	−72 −94	−72 −107	−72 −126	−72 −159	−72 −212	−36 −51	−36 −58	−36 −71
100	120	−180 −720	−120 −155	−120 −174	−120 −207	−120 −260	−120 −340	−72 −94	−72 −107	−72 −126	−72 −159	−72 −212	−36 −51	−36 −58	−36 −71
120	140	−200 −830	−145 −185	−145 −208	−145 −245	−145 −305	−145 −395	−85 −110	−85 −125	−85 −148	−85 −185	−85 −245	−43 −61	−43 −68	−43 −83
140	160	−210 −840	−145 −185	−145 −208	−145 −245	−145 −305	−145 −395	−85 −110	−85 −125	−85 −148	−85 −185	−85 −245	−43 −61	−43 −68	−43 −83
160	180	−230 −860	−145 −185	−145 −208	−145 −245	−145 −305	−145 −395	−85 −110	−85 −125	−85 −148	−85 −185	−85 −245	−43 −61	−43 −68	−43 −83
180	200	−240 −860	−170 −216	−170 −242	−170 −285	−170 −355	−170 −460	−100 −129	−100 −146	−100 −172	−100 −215	−100 −285	−50 −70	−50 −79	−50 −96
200	225	−260 −980	−170 −216	−170 −242	−170 −285	−170 −355	−170 −460	−100 −129	−100 −146	−100 −172	−100 −215	−100 −285	−50 −70	−50 −79	−50 −96
225	250	−280 −1000	−170 −216	−170 −242	−170 −285	−170 −355	−170 −460	−100 −129	−100 −146	−100 −172	−100 −215	−100 −285	−50 −70	−50 −79	−50 −96
250	280	−300 −1110	−190 −242	−190 −271	−190 −320	−190 −400	−190 −510	−110 −142	−110 −162	−110 −191	−110 −240	−110 −320	−56 −79	−56 −88	−56 −108
280	315	−330 −1140	−190 −242	−190 −271	−190 −320	−190 −400	−190 −510	−110 −142	−110 −162	−110 −191	−110 −240	−110 −320	−56 −79	−56 −88	−56 −108
315	355	−360 −1250	−210 −267	−210 −299	−210 −350	−210 −440	−210 −570	−125 −161	−125 −182	−125 −214	−125 −265	−125 −355	−62 −87	−62 −98	−62 −119
355	400	−400 −1290	−210 −267	−210 −299	−210 −350	−210 −440	−210 −570	−125 −161	−125 −182	−125 −214	−125 −265	−125 −355	−62 −87	−62 −98	−62 −119
400	450	−440 −1410	−230 −293	−230 −327	−230 −385	−230 −480	−230 −630	−135 −175	−135 −198	−135 −232	−135 −290	−135 −385	−68 −95	−68 −108	−68 −131
450	500	−480 −1450	−230 −293	−230 −327	−230 −385	−230 −480	−230 −630	−135 −175	−135 −198	−135 −232	−135 −290	−135 −385	−68 −95	−68 −108	−68 −131

公称尺寸/mm		公差带												
		f		g					h					
		公差等级												
大于	至	8	9	4	5	6	7	8	1	2	3	4	5	6
—	3	−6 −20	−6 −31	−2 −5	−2 −6	−2 −8	−2 −12	−2 −16	0 −0.8	0 −1.2	0 −2	0 −3	0 −4	0 −6
3	6	−10 −28	−10 −40	−4 −8	−4 −9	−4 −12	−4 −16	−4 −22	0 −1	0 −1.5	0 −2.5	0 −3	0 −5	0 −8
6	10	−13 −35	−13 −49	−5 −9	−5 −11	−5 −14	−5 −20	−5 −27	0 −1	0 −1.5	0 −2.5	0 −4	0 −6	0 −9
10	14	−16 −43	−16 −59	−6 −11	−6 −14	−6 −17	−6 −24	−6 −33	0 −1.2	0 −2	0 −3	0 −5	0 −8	0 11
14	18													
18	24	−20 −53	−20 −72	−7 −13	−7 −16	−7 −20	−7 −28	−7 −40	0 −1.5	0 −2.5	0 −4	0 −6	0 −9	0 −13
24	30													
30	40	−25 −64	−25 −87	−9 −16	−9 −20	−9 −25	−9 −34	−9 −48	0 −1.5	0 −2.5	0 −4	0 −7	0 −11	0 −16
40	50													
50	65	−30 −76	−30 −104	−10 −18	−10 −23	−10 −29	−10 −40	−10 −50	0 −2	0 −3	0 −5	0 −8	0 −13	0 −19
65	80													
80	100	−36 −90	−36 −123	−12 −22	−12 −27	−12 −34	−12 −47	−12 −66	0 −2.5	0 −4	0 −6	0 −10	0 −15	0 −22
100	120													
120	140	−43 −106	−43 −143	−14 −26	−14 −32	−14 −39	−14 −54	−14 −77	0 −3.5	0 −5	0 −8	0 −12	0 −18	0 −25
140	160													
160	180													
180	200	−50 −122	−50 −165	−15 −29	−15 −35	−15 −41	−15 −61	−15 −87	0 −4.5	0 −7	0 −10	0 −14	0 −20	0 −29
200	225													
225	250													
250	280	−56 −137	−56 −186	−17 −33	−17 −40	−17 −49	−17 −69	−17 −98	0 −6	0 −8	0 −12	0 −16	0 −23	0 −32
280	315													
315	355	−62 −151	−62 −202	−18 −36	−18 −43	−18 −54	−18 −75	−18 −107	0 −7	0 −9	0 −13	0 −18	0 −25	0 −36
355	400													
400	450	−68 −165	−68 −223	−20 −40	−20 −47	−20 −60	−20 −83	−20 −117	0 −8	0 −10	0 −15	0 −20	0 −27	0 −40
450	500													

续表

公称尺寸/mm 大于	至	h7	h8	h9	h10	h11	h12	h13	j5	j6	j7	js1	js2	js3
—	3	0 -10	0 -14	0 -25	0 -40	0 -60	0 -100	0 -140	—	+4 -2	+6 -4	±0.4	±0.6	±1
3	6	0 -12	0 -18	0 -30	0 -48	0 -75	0 -120	0 -180	+3 -2	+6 -2	+8 -4	±0.5	±0.75	±1.25
6	10	0 -15	0 -22	0 -30	0 -58	0 -90	0 -150	0 -220	+2 -2	+7 -2	+10 -5	±0.5	±0.75	±1.25
10	14	0 -18	0 -27	0 -43	0 -70	0 -110	0 -180	0 -270	+5 -3	+8 -3	+12 -6	±0.6	±1	±1.5
14	18													
18	24	0 -21	0 -33	0 -52	0 -84	0 -130	0 -210	0 -330	+5 -4	+9 -4	+13 -8	±0.75	±1.25	±2
24	30													
30	40	0 -25	0 -39	0 -62	0 -100	0 -160	0 -250	0 -390	+6 -5	+11 -5\	+15 -10	±0.75	±1.25	±2
40	50													
50	65	0 -30	0 -46	0 -74	0 -120	0 -190	0 -300	0 -460	+6 -7	+12 -7	+8 -12	±1	±1.5	±2.5
65	80													
80	100	0 -35	0 -54	0 -87	0 -140	0 -220	0 -350	0 -540	+6 -9	+13 -9	+20 -15	±1.25	±2	±3
100	120													
120	140	0 -40	0 -63	0 -100	0 -160	0 -250	0 -400	0 -630	+7 -11	+14 -11	+22 -18	±1.75	±2.5	±4
140	160													
160	180													
180	200	0 -46	0 -72	0 -115	0 -185	0 -290	0 -460	0 -720	+7 -13	+16 -13	+25 -21	±2.25	±3.5	±5
200	225													
225	250													
250	280	0 -52	0 -81	0 -130	0 -210	0 -320	0 -520	0 -810	+7 -16	—	—	±3	±4	±6
280	315													
315	355	0 -57	0 -89	0 -140	0 -230	0 -360	0 -570	0 -890	+7 -18	—	+29 -28	±3.5	±4.5	±6.5
355	400													
400	450	0 -63	0 -97	0 -155	0 -250	0 -400	0 -630	0 -970	+7 -20	—	+31 -32	±4	±5	±7.5
450	500													

续表

公称尺寸/mm		公差带										k	
		js											
		公差等级											
大于	至	4	5	6	7	8	9	10	11	12	13	4	5
—	3	±1.5	±2	±3	±5	±7	±12	±20	±30	±50	±70	+3 / 0	+4 / 0
3	6	±2	±2.5	±4	±6	±9	±15	±24	±37	±60	±90	+5 / +1	+6 / +1
6	10	±2	±3	±4.5	±7	±11	±18	±29	±45	±75	±110	+5 / +1	+7 / +1
10	14	±2.5	±4	±5.5	±9	±13	±21	±35	±55	±90	±135	+6 / +1	+9 / +1
14	18												
18	24	±3	±4.5	±6.5	±10	±16	±26	±42	±65	±105	±165	+8 / +2	+11 / +2
24	30												
30	40	±3.5	±5.5	±8	±12	±19	±31	±50	±80	±125	±195	+9 / +2	+13 / +2
40	50												
50	65	±4	±6.5	±9.5	±15	±23	±37	±60	±95	±150	±230	+10 / +2	+15 / +2
65	80												
80	100	±5	±7.5	±11	±17	±27	±43	±70	±110	±175	±270	+13 / +3	+18 / +3
100	120												
120	140	±6	±9	±12.5	±20	±31	±50	±80	±125	±200	±315	+15 / +3	+21 / +3
140	160												
160	180												
180	200	±7	±10	±14.5	±23	±36	±57	±92	±145	±230	±360	+18 / +4	+24 / +4
200	225												
225	250												
250	280	±8	±11.5	16	±26	±40	±65	±105	±160	±200	±405	+20 / +4	+27 / +4
280	315												
315	355	±9	±12.5	±18	±28	±44	±70	±115	±180	±285	±445	+22 / +4	+29 / +4
355	400												
400	450	±10	±13.5	±20	±31	±48	±77	±125	±200	±315	±485	+25 / +5	+32 / +5
450	500												

公称尺寸/mm		公差带											
		k			m					n				
		公差等级											
大于	至	6	7	8	4	5	6	7	8	4	5	6	7	8
—	3	+6 0	+10 0	+14 0	+5 +2	+6 +2	+8 +2	+12 +2	+16 +2	+7 +4	+8 +4	+10 +4	+14 +4	+18 +4
3	6	+9 +1	+13 +1	+18 0	+8 +4	+9 +4	+12 +4	+16 +4	+22 +4	+12 +8	+13 +8	+16 +8	+20 +8	+26 +8
6	10	+10 +1	+16 +1	+22 0	+10 +6	+12 +6	+15 +6	+21 +6	+28 +6	+14 +10	+16 +10	+19 +10	+25 +10	+32 +10
10	14	+12 +1	+19 +1	+27 0	+12 +7	+15 +7	+18 +7	+25 +7	+34 +7	+17 +12	+20 +12	+23 +12	+30 +12	+39 +12
14	18													
18	24	+15 +2	+23 +2	+33 0	+14 +8	+17 +8	+21 +8	+29 +8	+41 +8	+21 +15	+24 +15	+28 +15	+36 +15	+48 +15
24	30													
30	40	+18 +2	+27 +2	+39 0	+16 +9	+20 +9	+25 +9	+34 +9	+48 +9	+24 +17	+28 +17	+33 +17	+42 +17	+56 +17
40	50													
50	65	+21 +2	+32 +2	+46 6	+19 +11	+24 +11	+30 +11	+41 +11	+57 +11	+28 +20	+33 +20	+39 +20	+50 +20	+66 +20
65	80													
80	100	+25 +3	+38 +3	+54 0	+23 +13	+28 +13	+35 +13	+48 +13	+67 +13	+33 +13	+38 +23	+45 +23	+58 +23	+77 +23
100	120													
120	140	+28 +3	+43 +3	+63 0	+27 +15	+33 +15	+40 +15	+55 +15	+78 +15	+39 +27	+45 +27	+52 +27	+67 +27	+90 +27
140	160													
160	180													
180	200	+33 +4	+50 +4	+72 0	+31 +17	+37 +17	+46 +17	+63 +17	+89 +17	+45 +31	+51 +31	+60 +31	+77 +31	+103 +31
200	225													
225	250													
250	280	+36 +4	+56 +4	+81 0	+36 +20	+43 +20	+52 +20	+72 +20	+101 +20	+50 +34	+57 +34	+66 +34	+86 +34	+115 +34
280	315													
315	355	+40 +4	+61 +4	+89 0	+39 +21	+46 +21	+57 +21	+78 +21	+110 +21	+55 +37	+62 +37	+73 +37	+94 +37	+126 +37
355	400													
400	450	+45 +5	+68 +5	+97 0	+43 +23	+50 +23	+63 +23	+86 +23	+120 +23	+60 +40	+67 +40	+80 +40	+103 +40	+137 +40
450	500													

续表

公称尺寸/mm		公差带												
		p					r					s		
		公差等级												
大于	至	4	5	6	7	8	4	5	6	7	8	4	5	6
—	3	+9/+6	+10/+6	+12/+6	+16/+6	+20/+6	+13/+10	+14/+10	+16/+10	+20/+10	+24/+10	+17/+14	+18/+14	+20/+14
3	6	+16/+12	+17/+12	+20/+12	+24/+12	+30/+12	+19/+15	+20/+15	+23/+15	+27/+15	+33/+15	+23/+19	+24/+19	+27/+19
6	10	+19/+15	+21/+15	+24/+15	+30/+15	+37/+15	+23/+19	+25/+19	+28/+19	+37/+19	+41/+19	+27/+23	+29/+23	+32/+23
10	14	+23/+18	+26/+18	+29/+18	+36/+18	+45/+18	+28/+23	+31/+23	+34/+23	+41/+23	+50/+23	+23/+28	+36/+28	+39/+28
14	18	+23/+18	+26/+18	+29/+18	+36/+18	+45/+18	+28/+23	+31/+23	+34/+23	+41/+23	+50/+23	+23/+28	+36/+28	+39/+28
18	24	+28/+22	+31/+22	+35/+22	+43/+22	+55/+22	+34/+28	+37/+28	+41/+28	+49/+28	+61/+28	+41/+35	+44/+35	+48/+35
24	30	+28/+22	+31/+22	+35/+22	+43/+22	+55/+22	+34/+28	+37/+28	+41/+28	+49/+28	+61/+28	+41/+35	+44/+35	+48/+35
30	40	+33/+26	+37/+26	+42/+26	+51/+26	+65/+26	+41/+34	+45/+34	+50/+34	+59/+34	+73/+34	+50/+43	+54/+43	+59/+43
40	50	+33/+26	+37/+26	+42/+26	+51/+26	+65/+26	+34/+34	+34/+34	+34/+34	+34/+34	+34/+34	+43/+43	+43/+43	+43/+43
50	65	+40/+32	+45/+32	+51/+32	+62/+32	+78/+32	+49/+41	+54/+41	+60/+41	+71/+41	+87/+41	+61/+53	+66/+53	+72/+53
65	80	+40/+32	+45/+32	+51/+32	+62/+32	+78/+32	+51/+43	+56/+43	+62/+43	+73/+43	+89/+43	+67/+59	+72/+59	78/+59
80	100	+47/+37	+52/+37	+59/+37	+72/+37	+91/+37	+61/+51	+66/+51	+73/+51	+86/+51	+105/+51	+81/+71	+86/+71	+93/+71
100	120	+47/+37	+52/+37	+59/+37	+72/+37	+91/+37	+64/+54	+69/+54	+76/+54	+89/+54	+108/+54	+89/+79	+94/+79	+101/+79
120	140	+55/+43	+61/+43	+68/+43	+73/+43	+100/+43	+75/+63	+81/+63	+88/+63	+103/+63	+126/+63	+104/+92	+110/+92	+117/+92
140	160	+55/+43	+61/+43	+68/+43	+73/+43	+100/+43	+77/+65	+83/+65	+90/+65	+105/+65	+128/+65	+112/+100	+118/+100	+125/+100
160	180	+55/+43	+61/+43	+68/+43	+73/+43	+100/+43	+80/+68	+86/+68	+93/+68	+108/+68	+131/+68	+120/+108	+126/+108	+133/+108
180	200	+64/+50	+70/+50	+79/+50	+96/+50	+122/+50	+91/+77	+97/+77	+106/+77	+123/+77	+149/+77	+136/+122	+142/+122	+151/+122
200	225	+64/+50	+70/+50	+79/+50	+96/+50	+122/+50	+94/+80	+100/+80	+109/+80	+126/+80	+152/+80	+144/+130	+150/+130	+159/+130
225	250	+64/+50	+70/+50	+79/+50	+96/+50	+122/+50	+98/+84	+104/+84	+113/+84	+130/+84	+156/+84	+154/+140	+160/+140	+169/+140
250	280	+72/+56	+79/+56	+88/+56	+108/+56	+137/+56	+110/+94	+117/+94	+126/+94	+146/+94	+175/+94	+174/+158	+181/+158	+190/+158
280	315	+72/+56	+79/+56	+88/+56	+108/+56	+137/+56	+114/+98	+121/+98	+130/+98	+150/+98	+179/+98	+186/+170	+193/+170	+202/+170
315	355	+80/+62	+87/+62	+98/+62	+119/+62	+151/+62	+126/+108	+133/+108	+144/+108	+165/+108	+197/+108	+208/+190	+215/+190	+226/+190
355	400	+80/+62	+87/+62	+98/+62	+119/+62	+151/+62	+132/+114	+139/+114	+150/+114	+171/+114	+203/+114	+226/+208	+233/+208	+244/+208
400	450	+88/+68	+95/+68	+108/+68	+131/+68	+165/+68	+146/+126	+153/+126	+166/+126	+189/+126	+223/+126	+252/+232	+259/+232	+272/+232
450	500	+88/+68	+95/+68	+108/+68	+131/+68	+165/+68	+152/+132	+159/+132	+172/+132	+195/+132	+229/+132	+272/+252	+279/+252	+292/+252

续表

公称尺寸/mm		公差带												
		s		t				u				v		
		公差等级												
大于	至	7	8	5	6	7	8	5	6	7	8	5	6	7
—	3	+24 +14	+28 +14	—	—	—	—	+22 +18	+24 +18	+28 +18	+32 +18	—	—	—
3	6	+31 +19	+37 +19	—	—	—	—	+28 +23	+31 +23	+35 +23	+41 +23	—	—	—
6	10	+38 +23	+45 +23	—	—	—	—	+34 +28	+37 +28	+43 +28	+50 +28	—	—	—
10	14	+46 +28	+55 +28	—	—	—	—	+41 +33	+44 +33	+51 +33	+60 +33	—	—	—
14	18											+47 +39	+50 +39	+57 +39
18	24	+56 +35	+68 +35	—	—	—	—	+50 +41	+54 +41	+62 +41	+74 +41	+56 +47	+60 +47	+68 +47
24	30			+50 +41	+54 +41	+62 +41	+74 +41	+57 +48	+61 +48	+69 +48	+81 +48	+64 +55	+68 +55	+76 +55
30	40	+68 +43	+82 +43	+59 +48	+64 +48	+73 +48	+87 +48	+71 +60	+76 +60	+85 +60	+99 +60	+79 +68	+84 +68	93 +68
40	50			+65 +54	+70 +54	+79 +54	+93 +54	+81 +70	+86 +70	+95 +70	+109 +70	+92 +81	+97 +81	+106 +81
50	65	+83 +53	+90 +53	+79 +66	+85 +66	+96 +66	+112 +66	+100 +87	+106 +87	+117 +87	+133 +87	+115 +102	+121 +102	+132 +102
65	80	+89 +59	+105 +59	+88 +75	+94 +75	+105 +75	+121 +75	+115 +102	+121 +102	+132 +102	+148 +102	+133 +120	+139 +120	+150 +120
80	100	+106 +71	+125 +71	+106 +91	+113 +91	+126 +91	+145 +91	+139 +124	+146 +124	+159 +124	+178 +124	+161 +146	+168 +146	+181 +146
100	120	+114 +79	133 +79	+119 +104	+126 +104	+139 +104	+158 +104	+159 +144	+166 +144	+179 +144	+198 +144	+187 +172	+194 +172	+207 +172
120	140	+132 +92	+155 +92	+140 +122	+147 +122	+162 +122	+185 +122	+188 +170	+195 +170	+210 +170	+233 +170	+220 +202	+227 +202	+242 +202
140	160	+140 +100	+163 +100	+152 +134	+159 +134	+174 +134	+197 +134	+208 +190	+215 +190	+230 +190	+253 +190	+246 +228	+253 +228	+268 +228
160	180	+148 +108	+171 +108	+164 +146	+171 +146	+186 +146	+209 +146	+228 +210	+235 +210	+250 +210	+273 +210	+270 +252	+277 +252	+292 +252
180	200	+168 +122	+194 +122	+186 +166	+195 +166	+212 +166	+238 +166	+256 +236	+265 +236	+282 +236	+308 +236	+304 +284	+313 +284	+330 +284
200	225	+176 +130	+202 +130	+200 +180	+209 +180	+226 +180	+252 +180	+278 +258	+287 +258	+304 +258	+330 +258	+330 +310	+339 +310	+356 +310
225	250	+186 +140	+212 +140	+216 +196	+225 +196	+242 +196	+268 +196	+304 +284	+313 +284	+330 +284	+356 +284	+360 +340	+369 +340	+386 +340
250	280	+210 +158	+239 +158	+241 +218	+250 +218	+270 +218	+299 +218	+338 +315	+347 +315	+367 +315	+396 +315	+408 +385	+417 +385	+437 +385
280	315	+222 +170	+251 +170	+263 +240	+272 +240	+292 +240	+321 +240	+373 +350	+382 +350	+402 +350	+431 +350	+448 +425	+457 +425	+477 +425
315	355	+247 +190	+279 +190	+293 +268	+304 +268	+325 +268	+357 +268	+415 +390	+426 +390	+447 +390	+479 +390	+500 +475	+511 +475	+532 +475
355	400	+265 +208	+297 +208	+319 +294	+330 +294	+351 +294	+383 +294	+460 +435	+471 +435	+492 +435	+524 +435	+555 +530	+566 +530	+587 +530
400	450	+295 +232	+329 +232	+357 +330	+370 +330	+393 +330	+427 +330	+517 +490	+530 +490	+553 +490	+587 +490	+622 +595	+635 +595	+658 +595
450	500	+315 +252	+349 +252	+387 +360	+400 +360	+423 +360	+457 +360	+567 +540	+580 +540	+603 +540	+637 +540	+687 +660	+700 +660	+723 +660

公称尺寸/mm		公差带											
		v	x				y				z			
		公差等级												
大于	至	8	5	6	7	8	5	6	7	8	5	6	7	8
—	3	—	+24 +20	+26 +20	+30 +20	+34 +20	—	—	—	—	+30 +26	+32 +26	+36 +26	+40 +26
3	6	—	+33 +28	+36 +28	+40 +28	+46 +28	—	—	—	—	+40 +35	+43 +35	+47 +35	+53 +35
6	10	—	+40 +34	+43 +34	+49 +34	+56 +34	—	—	—	—	+48 +42	+51 +42	+57 +42	+64 +42
10	14	—	+48 +40	+51 +40	+58 +40	+67 +40	—	—	—	—	+58 +50	+61 +50	+68 +50	+77 +50
14	18	+66 +39	+53 +45	+56 +45	+63 +45	+72 +45	—	—	—	—	+68 +60	+71 +60	+78 +60	+87 +60
18	24	+80 +47	+63 +54	+67 +54	+75 +54	+87 +54	+72 +63	+76 +63	+84 +63	+96 +63	+82 +73	+86 +73	+94 +73	+106 +73
24	30	+88 +55	+73 +64	+77 +64	+85 +64	+97 +64	+84 +75	+88 +75	+96 +75	+108 +75	+97 +88	+101 +88	+109 +88	+121 +88
30	40	+107 +68	+91 +80	+96 +80	+105 +80	+119 +80	+105 +94	+110 +94	+119 +94	+133 +94	+123 +112	+128 +112	+137 +112	+151 +112
40	50	+120 +81	+108 +97	+113 +97	+122 +97	+136 +97	+125 +114	+130 +114	+139 +114	+153 +114	+147 +136	+152 +136	+161 +136	+175 +136
50	65	+148 +102	+135 +122	+141 +122	+152 +122	+168 +122	+157 +144	+163 +144	+174 +144	+190 +144	+185 +172	+191 +172	+202 +172	+218 +172
65	80	+166 +120	+159 +146	+165 +146	+176 +146	+192 +146	+187 +174	+193 +174	+204 +174	+220 +174	+223 +210	+229 +210	+240 +210	+256 +210
80	100	+200 +146	+193 +178	+200 +178	+213 +178	+232 +178	+229 +214	+236 +214	+249 +214	+268 +214	+273 +258	+280 +258	+293 +258	+312 +258
100	120	+226 +172	+225 +210	+232 +210	+245 +210	+264 +210	+269 +254	+276 +254	+289 +254	+308 +254	+325 +310	+332 +310	+345 +310	+364 +310
120	140	+265 +202	+266 +248	+273 +248	+288 +248	+311 +248	+318 +300	+325 +300	+340 +300	+368 +300	+383 +365	+390 +365	+405 +365	+428 +365
140	160	+291 +228	+298 +280	+305 +280	+320 +280	+343 +280	+358 +340	+365 +340	+380 +340	+403 +340	+433 +415	+440 +415	+455 +415	+487 +415
160	180	+315 +252	+328 +310	+335 +310	+350 +310	+373 +310	+398 +380	+405 +380	+420 +380	+443 +380	+483 +465	+490 +465	+505 +465	+528 +465
180	200	+356 +284	+370 +350	+379 +350	+396 +350	+422 +350	+445 +425	+454 +425	+471 +425	+497 +425	+540 +520	+549 +520	+566 +520	+592 +520
200	225	+382 +310	+405 +385	+414 +385	+431 +385	+457 +385	+490 +470	+499 +470	+516 +470	+542 +470	+595 +575	+604 +575	+621 +575	+647 +575
225	250	+412 +340	+445 +425	+454 +425	+471 +425	+497 +425	+540 +520	+549 +520	+566 +520	+592 +520	+660 +640	+669 +640	+686 +640	+712 +640
250	280	+466 +385	+498 +475	+507 +475	+527 +475	+556 +475	+603 +580	+612 +580	+632 +580	+661 +580	+733 +710	+742 +710	+762 +710	+791 +710
280	315	+506 +425	+548 +525	+557 +525	+577 +525	+606 +525	+673 +650	+682 +650	+702 +650	+731 +650	+813 +790	+822 +790	+842 +790	+871 +790
315	355	+564 +475	+615 +590	+626 +590	+647 +590	+679 +590	+755 +730	+766 +730	+787 +730	+819 +730	+925 +900	+936 +900	+957 +900	+989 +900
355	400	+619 +530	+685 +660	+696 +660	+717 +660	+749 +660	+845 +820	+856 +820	+877 +820	+909 +820	+1025 +1000	+1036 +1000	+1057 +1000	+1089 +1000
400	450	+692 +595	+767 +740	+780 +740	+803 +740	+837 +740	+947 +920	+960 +920	+983 +920	+1017 +920	+1127 +1100	+1140 +1100	+1163 +1100	+1197 +1100
450	500	+757 +660	+847 +820	+860 +820	+883 +820	+917 +820	+1027 +1000	+1040 +1000	+1063 +1000	+1097 +1000	+1277 +1250	+1290 +1250	+1313 +1250	+1347 +1250

注：公称尺寸小于 1mm 时，各级的 a 和 b 均不采用。

附表四　孔的极限偏差表　　　　　　　　　　　　（μm）

公称尺寸/mm		公差带 A				公差带 B				公差带 C				
大于	至	9	10	11	12	9	10	11	12	8	9	10	11	12
—	3	+295	+310	+330	+370	+165	+180	+200	+240	+74	+85	+100	+120	+160
		+270	+270	+270	+270	+140	+140	+140	+140	+60	+60	+60	+60	+60
3	6	+300	+318	+345	+390	+170	+188	+215	+260	+88	+100	+118	+145	+190
		+270	+270	+270	+270	+140	+140	+140	+140	+70	+70	+70	+70	+70
6	10	+316	+338	+370	+430	+186	+208	+240	+300	+102	+116	+138	+170	+230
		+280	+280	+280	+280	+150	+150	+150	+150	+80	+80	+80	+80	+80
10	14	+333	+360	+400	+470	+193	+220	+260	+330	+122	+138	+165	+205	+275
14	18	+290	+290	+290	+290	+150	+150	+150	+150	+95	+95	+95	+95	+95
18	24	+352	+384	+430	+510	+212	+244	+290	+370	+143	+162	+194	+240	+320
24	30	+300	+300	+300	+300	+160	+160	+160	+160	+110	+110	+110	+110	+110
30	40	+372	+410	+470	+560	+232	+270	+330	+420	+159	+182	+220	+280	+370
		+310	+310	+310	+310	+170	+170	+170	+170	+120	+120	+120	+120	+120
40	50	+382	+420	+480	+570	+242	+280	+340	+430	+169	+192	+230	+290	+380
		+320	+320	+320	+320	+180	+180	+180	+180	+130	+130	+130	+130	+130
50	65	+414	+460	+530	+640	+264	+310	+380	+490	+180	+214	+260	+330	+440
		+340	+340	+340	+340	+190	+190	+190	+190	+140	+140	+140	+140	+140
65	80	+434	+480	+550	+660	274	+320	+390	+500	+196	+224	+270	+340	+450
		+360	+360	+360	+360	+200	+200	+200	+200	+150	+150	+150	+150	+150
80	100	+467	+520	+600	+730	+307	+360	+440	+570	+224	+257	+310	+390	+520
		+380	+380	+380	+380	+220	+220	+220	+220	+170	+170	+170	+170	+170
100	120	+497	+550	+630	+760	+327	+380	+460	+590	+234	+267	+320	+140	+530
		+410	+410	+410	+410	+240	+240	+240	+240	+180	+180	+180	+180	+180
120	140	+560	+620	+710	+860	+360	+420	+510	+660	+263	+300	+360	+450	+600
		+460	+460	+460	+460	+260	+260	+260	+260	+200	+200	+200	+200	+200
140	160	+620	+680	+770	+920	+380	+440	+530	+680	+273	+310	370	+460	+610
		+520	+520	+520	+520	+280	+280	+280	+280	+210	+210	+210	+210	+210
160	180	+680	+740	+830	+980	+410	+470	+560	+710	+293	+330	+390	+480	+630
		+580	+580	+580	+580	+310	+310	+310	+310	+230	+230	+230	+230	+230
180	200	+775	+845	+950	+1120	+455	+525	+630	+800	+312	+355	+425	+530	+700
		+660	+660	+660	+660	+340	+340	+340	+340	+240	+240	+240	+240	+240
200	225	+855	+925	+1030	+1200	+495	+565	+670	+840	+332	+375	+445	+550	+720
		+740	+740	+740	+740	+380	+380	+380	+380	+260	+260	+260	+260	+260
225	250	+935	+1005	+1110	+1280	+535	+605	+710	+880	+352	+395	+465	+570	+740
		+820	+820	+820	+820	+420	+420	+420	+420	+280	+280	+280	+280	+280
250	280	+1050	+1130	+1240	+1440	+610	+690	+800	+1000	+381	+430	+510	+620	+820
		+920	+920	+920	+920	+480	+480	+480	+480	+300	+300	+300	+300	+300
280	315	+1180	+1260	+1370	+1570	+670	+750	+860	+1060	+411	+460	+540	+650	+850
		+1050	+1050	+1050	+1050	+540	+540	+540	+540	+330	+330	+330	+330	+330
315	355	+1340	+1430	+1560	+1770	+740	+830	+960	+1170	+449	+500	+590	+720	+930
		+1200	+1200	+1200	+1200	+600	+600	+600	+600	+360	+360	+360	+360	+360
355	400	+1490	+1580	+1710	+1920	+820	+910	+1040	+1250	+489	+540	+630	+760	+970
		+1350	+1350	+1350	+1350	+680	+680	+680	+680	+400	+400	+400	+400	+400
400	450	+1655	+1750	+1900	+2130	+915	+1010	+1160	+1390	+537	+595	+690	+840	+1070
		+1500	+1500	+1500	+1500	+760	+760	+760	+760	+440	+440	+440	+440	+440
450	500	+1805	+1900	+2050	+2280	+995	+1090	+1240	+1470	+577	+635	+730	+880	+1110
		+1650	+1650	+1650	+1650	+840	+840	+840	+840	+480	+480	+480	+480	+480

公称尺寸/mm		公差带												
		D					E				F			
		公差等级												
大于	至	7	8	9	10	11	7	8	9	10	6	7	8	9
−	3	+30 +20	+34 +20	+45 +20	+60 +20	+80 +20	+24 +14	+28 +14	+39 +14	+54 +14	+12 +6	+16 +6	+20 +6	+31 +6
3	6	+42 +30	+48 +30	+60 +30	+78 +30	+105 +30	+32 +20	+38 +20	+50 +20	+68 +20	+18 +10	+22 +10	+28 +10	+40 +10
6	10	+55 +40	+62 +40	+76 +40	+98 +40	+130 +40	+40 +25	+47 +25	+61 +25	+83 +25	+22 +13	+28 +13	+35 +13	+49 +13
10	14	+68 +50	+77 +50	+93 +50	+120 +50	+160 +50	+50 +32	+59 +32	+75 +32	+102 +32	+27 +16	+34 +16	+43 +16	+59 +16
14	18													
18	24	+86 +65	+98 +65	+117 +65	+149 +65	+195 +65	+61 +40	+73 +40	+92 +40	+124 +40	+33 +20	+41 +20	+53 +20	+72 +20
24	30													
30	40	+105 +80	+119 +80	+142 +80	+180 +80	+240 +80	+75 +50	+89 +50	+112 +50	+150 +50	+41 +25	+50 +25	+64 +25	+87 +25
40	50													
50	65	+130 +100	+146 +100	+174 +100	+220 +100	+290 +100	+90 +60	+106 +60	+134 +60	+180 +60	+49 +30	+60 +30	+76 +30	+104 +30
65	80													
80	100	+155 +120	+174 +120	+207 +120	+260 +120	+340 +120	+107 +72	+126 +72	+159 +72	+212 +72	+58 +36	+71 +36	+90 +36	+123 +36
100	120													
120	140	+185 +145	+208 +145	+245 +145	+305 +145	+395 +145	+125 +85	+148 +85	+185 +85	+245 +85	+68 +43	+83 +43	+106 +43	+143 +43
140	160													
160	180													
180	200	+216 +170	+242 +170	+285 +170	+355 +170	+460 +170	+146 +100	+172 +100	+215 +100	+285 +100	+79 +50	+96 +50	+122 +50	+165 +50
200	225													
225	250													
250	280	+242 +190	+271 +190	+320 +190	+400 +190	+510 +190	+162 +110	+191 +110	+240 +110	+320 +110	+88 +56	+108 +56	+137 +56	+186 +56
280	315													
315	355	+267 +210	+299 +210	+350 +210	+440 +210	+570 +210	+182 +125	+214 +125	+265 +125	+355 +125	+98 +62	+119 +62	+151 +62	+202 +62
355	400													
400	450	+293 +230	+327 +230	+385 +230	+480 +230	+630 +230	+198 +135	+232 +135	+290 +135	+385 +135	+108 +68	+131 +68	+165 +68	+223 +68
450	500													

续表

公称尺寸/mm		公差带											
		G				H							
		公差等级											
大于	至	5	6	7	8	1	2	3	4	5	6	7	8	9
—	3	+6 +2	+8 +2	+12 +2	+16 +2	+0.8 0	+1.2 0	+2 0	+3 0	+4 0	+6 0	+10 0	+14 0	+25 0
3	6	+9 +4	+12 +4	+16 +4	+22 +4	+1 0	+1.5 0	+2.5 0	+4 0	+5 0	+8 0	+12 0	+18 0	+30 0
6	10	+11 +5	+14 +5	+20 +5	+27 +5	+1 0	+1.5 0	+2.5 0	+4 0	+6 0	+9 0	+15 0	+22 0	+36 0
10	14	+14 +6	+17 +6	+24 +6	+33 +6	+1.2 0	+2 0	+3 0	+5 0	+8 0	+11 0	+18 0	+27 0	+43 0
14	18													
18	24	+16 +7	+20 +7	+28 +7	+40 +7	+1.5 0	+2.5 0	+4 0	+6 0	+9 0	+13 0	+21 0	+33 0	+52 0
24	30													
30	40	+20 +9	+25 +9	+34 +9	+48 +9	+1.5 0	+2.5 0	+4 0	+7 0	+11 0	+16 0	+25 0	+39 0	+62 0
40	50													
50	65	+23 +10	+29 +10	+40 +10	+56 +10	+2 0	+3 0	+5 0	+8 0	+13 0	+19 0	+30 0	+46 0	+74 0
65	80													
80	100	+27 +12	+34 +12	+47 +12	+66 +12	+2.5 0	+4 0	+6 0	+10 0	+15 0	+22 0	+35 0	+54 0	+87 0
100	120													
120	140	+32 +14	+39 +14	+54 +14	+77 +14	+3.5 0	+5 0	+8 0	+12 0	+18 0	+25 0	+40 0	+63 0	+100 0
140	160													
160	180													
180	200	+35 +15	+44 +15	+61 +15	+87 +15	+4.5 0	+7 0	+10 0	+14 0	+20 0	+29 0	+46 0	+72 0	+115 0
200	225													
225	250													
250	280	+40 +17	+49 +17	+69 +17	+98 +17	+6 0	+8 0	+12 0	+16 0	+23 0	+32 0	+52 0	+81 0	+130 0
280	315													
315	355	+43 +18	+54 +18	+75 +18	+107 +18	+7 0	+9 0	+13 0	+18 0	+25 0	+36 0	+57 0	+89 0	+140 0
355	400													
400	450	+47 +20	+62 +20	+83 +20	+117 +20	+8 0	+10 0	+15 0	+20 0	+27 0	+40 0	+63 0	+97 0	+155 0
450	500													

续表

公称尺寸/mm		公差带												
		H				J			JS					
		公差等级												
大于	至	10	11	12	13	6	7	8	1	2	3	4	5	6
−	3	+40 0	+60 0	+100 0	+140 0	+2 −4	+4 −6	+6 −8	±0.4	±0.6	±1	±1.5	±2	±3
3	6	+48 0	+75 0	+120 0	+180 0	+5 −3	—	+10 −8	±0.5	±0.75	±1.25	±2	±2.5	±4
6	10	+58 0	+90 0	+150 0	+220 0	+5 −4	+8 −7	+12 −10	±0.5	±0.75	±1.25	±2	±3	±4.5
10	14	+70 0	+110 0	+180 0	+270 0	+6 −5	+10 −8	+15 −12	±0.6	±1	±1.5	±2.5	±4	±5.5
14	18													
18	24	+84 0	+130 0	+210 0	+330 0	+8 −5	+12 −9	+20 −13	±0.75	±1.25	±2	±3	±4.5	±6.5
24	30													
30	40	+100 0	+160 0	+250 0	+390 0	+10 −6	+14 −11	+24 −15	±0.75	±1.25	±2	±3.5	±5.5	±8
40	50													
50	65	+120 0	+190 0	+300 0	+460 0	+13 −6	+18 −12	+28 −18	±1	±1.5	±2.5	±4	±6.5	±9.5
65	80													
80	100	+140 0	+220 0	+350 0	+540 0	+16 −6	+22 −13	+34 −20	±1.25	±2	±3	±5	±7.5	±11
100	120													
120	140	+160 0	+250 0	+400 0	+630 0	+18 −7	+26 −14	+41 −22	±1.75	±2.5	±4	±6	±9	±12.5
140	160													
160	180													
180	200	+185 0	+290 0	+460 0	+720 0	+22 −7	+30 −16	+45 −25	±2.25	±3.5	±5	±7	±10	±14.5
200	225													
225	250													
250	280	+210 0	+320 0	+520 0	+810 0	+25 −7	+36 −16	+55 −26	±3	±4	±6	±8	±11.5	±16
280	315													
315	355	+230 0	+360 0	+570 0	+890 0	+29 −7	+39 −18	+60 −29	±3.5	±4.5	±6.5	±9	±12.5	±18
355	400													
400	450	+250 0	+400 0	+630 0	+970 0	+33 −7	+43 −20	+66 −31	±4	±5	±7.5	±10	±13.5	±20
450	500													

公称尺寸/mm		公差带											
		JS							K				M
		公差等级											
大于	至	7	8	9	10	11	12	13	4	5	6	7	8	4
—	3	±5	±7	±12	±20	±30	±50	±70	0 −3	0 −4	0 −6	0 −10	0 −14	−2 −5
3	6	±6	±9	±15	±24	±37	±60	±90	+0.5 −3.5	0 −5	+2 −6	+3 −9	+5 −13	−2.5 −6.5
6	10	±7	±11	±18	±29	±45	±75	±110	+0.5 −3.5	+1 −5	+2 −7	+5 −10	+6 −16	−4.5 −8.5
10	14	±9	±13	±21	±35	±55	±90	±135	+1 −4	+2 −6	+2 −9	+6 −12	+8 −16	−5 −5
14	18													
18	24	±10	±16	±26	±42	±65	±105	±165	0 −6	+1 −8	+2 −11	+6 −15	+10 −23	−6 −12
24	30													
30	40	±12	±19	±31	±50	±80	±125	±195	+1 −6	+2 −9	+3 −13	+7 −18	+12 −27	−6 −13
40	50													
50	65	±15	±23	±37	±60	±95	±150	±230	+1 −7	+3 −10	+4 −15	+9 −21	+14 −32	−8 −16
65	80													
80	100	±17	±27	±43	±70	±110	±175	±270	+1 −9	+2 −13	+4 −18	+10 −25	+16 −38	−9 −19
100	120													
120	140	±20	±31	±50	±80	±125	±200	±315	+1 −11	+3 −15	+4 −21	+12 −28	+20 −43	−11 −23
140	160													
160	180													
180	200	±23	±36	±57	±92	±145	±230	±360	0 −14	+2 −18	+5 −24	+13 −33	+22 −50	−13 −27
200	225													
225	250													
250	280	±26	±40	+65	±105	±160	±260	±405	0 −16	+3 −20	+5 −27	+16 −36	+25 −56	−16 −32
280	315													
315	355	±28	±44	±70	±115	±180	±285	±445	+1 −17	+3 −22	+7 −29	+17 −40	+28 −61	−16 −34
355	400													
400	450	±31	±48	±77	±125	±200	±315	±485	0 −20	+2 −25	+8 −32	+18 −45	+29 −68	−18 −38
450	500													

续表

公称尺寸/mm		公差带												
		M				N					P			
		公差等级												
大于	至	5	6	7	8	5	6	7	8	9	5	6	7	8
−	3	−2 −6	−2 −8	−2 −12	−2 −16	−4 −8	−4 −10	−4 −14	−4 −18	−4 −29	−6 −10	−6 −12	−6 −16	−6 −20
3	6	−3 −8	−1 −9	0 −12	+2 −16	−7 −12	−5 −13	−4 −16	−2 −20	0 −30	−11 −16	−9 −17	−8 −20	−12 −30
6	10	−4 −10	−3 −12	0 −15	+1 −21	−8 −14	−7 −16	−4 −19	−3 −25	0 −36	−13 −19	−12 −21	−9 −24	−15 −37
10	14	−4 −12	−4 −15	0 −18	+2 −25	−9 −17	−9 −20	−5 −23	−3 −30	0 −43	−15 −23	−15 −26	−11 −29	−18 −45
14	18													
18	24	−5 −14	−4 −17	0 −21	+4 −29	−12 −21	−11 −24	−7 −28	−3 −36	0 −52	−19 −28	−18 −31	−14 −35	−22 −55
24	30													
30	40	−5 −16	−4 −20	0 −25	+5 −34	−13 −24	−12 −28	−8 −33	−3 −42	0 −62	−22 −33	−21 −37	−17 −42	−26 −65
40	50													
50	65	−6 −19	−5 −24	0 −30	+5 +41	−15 −28	−14 −33	−9 −39	−4 −50	0 −74	−27 −40	−26 −45	−21 −51	−32 −78
65	80													
80	100	−8 −23	−6 −28	0 −35	+6 −48	−18 −33	−16 −38	−10 −45	−4 −58	−0 −87	−32 −47	−30 −52	−24 −59	−37 −91
100	120													
120	140	−9 −27	−8 −33	0 −40	+8 −55	−21 −39	−20 −45	−12 −52	−4 −67	0 −100	−37 −55	−36 −61	−28 −68	−43 −106
140	160													
160	180													
180	200	−11 −31	−8 −37	0 −46	+9 −63	−25 −45	−22 −51	−14 −60	−5 −77	0 −115	−44 −64	−41 −70	−33 −79	−50 −122
200	225													
225	250													
250	280	−13 −36	−9 −41	0 −52	+9 −72	−27 −50	−25 −57	−14 −66	−5 −86	0 −130	−49 −72	−47 −79	−36 −88	−56 −137
280	315													
315	355	−14 −39	−10 −46	0 −57	+11 −78	−30 −55	−26 −62	−16 −73	−5 94	0 −140	−55 −80	−51 87	−41 −98	−62 −151
355	400													
400	450	−16 −43	−10 −50	0 −63	+11 −86	−33 −60	−27 −67	−17 −80	−6 −103	0 −155	−61 −88	−55 −95	−45 −108	−68 −165
450	500													

续表

公差带 / 公差等级

公称尺寸/mm 大于	至	P 9	R 5	R 6	R 7	R 8	S 5	S 6	S 7	S 8	T 6	T 7	T 8	U 6
—	3	−6 −31	−10 −14	−10 −16	−10 −20	−10 −24	−14 −18	−14 −20	−14 −24	−14 −28	—	—	—	−18 −24
3	6	−12 −42	−14 −19	−12 −20	−11 −23	−15 −33	−18 −23	−16 −24	−15 −27	−19 −37	—	—	—	−20 −28
6	10	−15 −51	−17 −23	−16 −25	−13 −28	−19 −41	−21 −27	−20 −29	−17 −32	−23 −45	—	—	—	−25 −34
10	14	−18 −61	−20 −28	−20 −31	−16 −34	−23 −50	−25 −33	−25 −36	−21 −39	−28 −88				−30 −41
14	18	−18 −61	−20 −28	−20 −31	−16 −34	−23 −50	−25 −33	−25 −36	−21 −39	−28 −88				−30 −41
18	24	−22 −74	−25 −34	−24 −37	−20 −41	−28 −61	−32 −41	−31 −44	−27 −48	−35 −68	—	—	—	−37 −50
24	30	−22 −74	−25 −34	−24 −37	−20 −41	−28 −61	−32 −41	−31 −44	−27 −48	−35 −68	−37 −50	−33 −54	−41 −74	−44 −57
30	40	−26 −88	−30 −41	−29 −45	−25 −50	−34 −73	−39 −50	−38 −54	−34 −59	−43 −82	−43 −59	−39 −64	−48 −87	−55 −71
40	50	−26 −88	−30 −41	−29 −45	−25 −50	−34 −73	−39 −50	−38 −54	−34 −59	−43 −82	−49 −65	−45 −70	−54 −93	−65 −81
50	65	−32 −106	−36 −49	−35 −54	−30 −60	−41 −87	−48 −61	−47 −66	−42 −72	−53 −99	−60 −79	−55 −85	−66 −112	−81 −100
65	80	−32 −106	−38 −51	−37 −56	−32 −62	−43 −89	−54 −67	−53 −72	−48 −78	−59 −105	−69 −88	−64 −94	−75 −121	−96 −115
80	100	−37 −124	−46 −61	−44 −66	−38 −73	−51 −105	−66 −81	−64 −86	−58 −93	−71 −125	−84 −106	−78 −113	−91 −145	−117 −139
100	120	−37 −124	−49 −64	−47 −69	−41 −76	−54 −108	−74 −89	−72 −94	−66 −101	−79 −133	−97 −119	−91 −126	−104 −158	−137 −159
120	140	−43 −143	−57 −75	−56 −81	−48 −88	−63 −126	−86 −104	−85 −110	−77 −117	−92 −155	−115 −140	−107 −147	−122 −185	−163 −188
140	160	−43 −143	−59 −77	−58 −83	−50 −90	−65 −128	−94 −112	−93 −118	−85 −125	−100 −163	−127 −152	−119 −159	−134 −197	−183 −208
160	180	−43 −143	−62 −80	−61 −86	−53 −93	−68 −131	−102 −120	−101 −126	−93 −133	−108 −171	−139 −164	−131 −171	−146 −209	−203 −228
180	200	−50 −165	−71 −91	−68 −97	−60 −106	−77 −149	−116 −136	−113 −142	−105 −151	−122 −194	−157 −186	−149 −195	−166 −238	−227 −256
200	225	−50 −165	−74 −94	−71 −100	−63 −109	−80 −152	−124 −144	−121 −150	−131 −159	−130 −202	−171 −200	−163 −209	−180 −252	−249 −278
225	250	−50 −165	−78 −98	−75 −104	−67 −113	−84 −156	−134 −154	−131 −160	−123 −169	−140 −212	−187 −216	−179 −225	−196 −268	−275 −304
250	280	−56 −186	−87 −110	−85 −117	−74 −126	−94 −175	−151 −174	−149 −181	−138 −190	−158 −239	−209 −241	−198 −250	−218 −299	−306 −338
280	315	−56 −186	−91 −114	−89 −121	−78 −130	−98 −179	−163 −186	−161 −193	−150 −202	−170 −251	−231 −263	−220 −272	−240 −321	−341 −373
315	355	−62 −202	−101 −126	−97 −133	−87 −144	−108 −197	−183 −208	−179 −215	−169 −226	−190 −279	−257 −293	−247 −304	−268 −357	−379 −415
355	400	−62 −202	−107 −132	−103 −139	−93 −150	−114 −203	−201 −226	−197 −233	−287 −244	−208 −297	−283 −319	−273 −330	−294 −383	−424 −460
400	450	−68 −223	−119 −146	−113 −153	−103 −166	−126 −223	−225 −252	−219 −259	−209 −272	−232 −329	−317 −357	−307 −370	−330 −427	−477 −517
450	500	−68 −223	−125 −152	−119 −159	−109 −172	−132 −229	−245 −272	−239 −279	−229 −292	−252 −349	−347 −387	−337 −400	−360 −457	−527 −567

续表

公称尺寸/mm		公差带													
		U		V			X			Y			Z		
		公差等级													
大于	至	7	8	6	7	8	6	7	8	6	7	8	6	7	8
—	3	−18 / −28	−18 / −32	—	—	—	−20 / −26	−20 / −30	−20 / −34	—	—	—	−26 / −32	−26 / −36	−26 / −40
3	6	−19 / −31	−23 / −41	—	—	—	−25 / −33	−24 / −36	−28 / −46	—	—	—	−32 / −40	−31 / −43	−35 / −53
6	10	−22 / −37	−28 / −50	—	—	—	−31 / −40	−28 / −43	−34 / −56	—	—	—	−39 / −48	−36 / −51	−42 / −64
10	14	−26 / −44	−33 / −60	—	—	—	−37 / −48	−33 / −51	−40 / −67	—	—	—	−47 / −58	−43 / −61	−50 / −77
14	18	−26 / −44	−33 / −60	−36 / −47	−32 / −50	−39 / −66	−42 / −53	−38 / −56	−45 / −72	—	—	—	−57 / −68	−53 / −71	−61 / −87
18	24	−33 / −54	−41 / −74	−43 / −56	−39 / −60	−47 / −80	−50 / −63	−46 / −67	−54 / −87	−59 / −72	−55 / −76	−63 / −96	−69 / −82	−65 / −86	−73 / −106
24	30	−40 / −61	−48 / −81	−51 / −64	−47 / −68	−55 / −88	−60 / −73	−56 / −77	−64 / −97	−71 / −84	−67 / −88	−75 / −108	−87 / −97	−80 / −101	−88 / −121
30	40	−51 / −76	−60 / −99	−63 / −79	59 / −84	−68 / −107	−75 / −91	−71 / −96	−80 / −119	−89 / −105	−85 / −110	−94 / −133	−107 / −123	−106 / −128	−112 / −151
40	50	−61 / −86	−70 / −109	−76 / −92	−72 / −97	−81 / −120	−92 / −108	−88 / −113	−97 / −136	−109 / −125	−105 / −130	−114 / −153	−131 / −147	−127 / −152	−136 / −175
50	65	−76 / −106	−87 / −133	−96 / −115	−91 / −121	−102 / −148	−116 / −135	−111 / −141	−122 / −168	−138 / −157	−133 / −163	−144 / −190	−166 / −185	−161 / −191	−172 / −218
65	80	−91 / −121	−102 / −148	−114 / −133	−109 / −139	−120 / −166	−140 / −159	−135 / −165	−146 / −192	−168 / −187	−163 / −193	−174 / −220	−204 / −223	−199 / −229	−210 / −256
80	100	−111 / −146	−124 / −178	−139 / −161	−133 / −168	−146 / −200	−171 / −193	−165 / −200	−178 / −232	−207 / −229	−201 / −236	−214 / −268	−251 / −273	−245 / −280	−258 / −312
100	120	−131 / −166	−144 / −198	−165 / −187	−159 / −194	−172 / −226	−203 / −225	−197 / −232	−210 / −264	−247 / −269	−241 / −276	−254 / −308	−303 / −325	−297 / −332	−310 / −364
120	140	−155 / −195	−170 / −233	−195 / −220	−187 / −227	−202 / −265	−241 / −266	−233 / −273	−248 / −311	−293 / −318	−285 / −325	−300 / −363	−358 / −383	−350 / −390	−365 / −428
140	160	−175 / −215	−190 / −253	−221 / −246	−213 / −253	−228 / −291	−273 / −298	−265 / −305	−280 / −343	−333 / −358	−325 / −365	−340 / −403	−408 / −433	−400 / −440	−415 / −478
160	180	−195 / −235	−210 / −273	−245 / −270	−237 / −277	−252 / −315	−303 / −328	−295 / −335	−310 / −373	−373 / −398	−365 / −405	−380 / −443	−458 / −483	−450 / −490	−465 / −528
180	200	−219 / −265	−236 / −308	−275 / −304	−267 / −313	−284 / −356	−341 / −370	−333 / −379	−350 / −422	−416 / −445	−408 / −454	−425 / −497	−511 / −540	−503 / −549	−520 / −592
200	225	−241 / −287	−258 / −330	−301 / −330	−293 / −339	−310 / −382	−376 / −405	−368 / −414	−385 / −457	−461 / −490	−453 / −499	−470 / −542	−566 / −595	−558 / −604	−575 / −647
225	250	−267 / −313	−284 / −356	−331 / −360	−323 / −369	−340 / −412	−416 / −445	−408 / −454	−425 / −497	−511 / −540	−503 / −549	−520 / −592	−631 / −660	−623 / −669	−640 / −712
250	280	−295 / −347	−315 / −396	−376 / −408	−365 / −417	−385 / −466	−466 / −498	−455 / −507	−475 / −556	−571 / −603	−560 / −612	−580 / −661	−701 / −733	−690 / −742	−710 / −791
280	315	−330 / −382	−350 / −431	−416 / −448	−405 / −457	−425 / −506	−516 / −548	−505 / −557	−525 / −606	−641 / −673	−630 / −682	−650 / −731	−781 / −813	−770 / −822	−790 / −871
315	355	−369 / −426	−390 / −479	−464 / −500	−454 / −511	−475 / −564	−579 / −615	−560 / −626	−590 / −679	−719 / −755	−709 / −766	−730 / −819	−889 / −925	−879 / −936	−900 / −989
355	400	−414 / −471	−435 / −524	−519 / −555	−509 / −566	−530 / −619	−649 / −685	−639 / −696	−660 / −749	−809 / −845	−799 / −856	−820 / −909	−989 / −1025	−979 / −1036	−1000 / −1089
400	450	−467 / −530	−490 / −587	−585 / −622	−575 / −635	−595 / −692	−727 / −767	−717 / −780	−740 / −837	−907 / −947	−897 / −969	−920 / −1017	−1087 / −1127	−1077 / −1140	−1100 / −1197
450	500	−517 / −580	−540 / −637	−647 / −687	−637 / −700	−600 / −757	−807 / −847	−797 / −860	−820 / −917	−987 / −1027	−977 / −1040	−1000 / −1097	−1237 / −1277	−1227 / −1290	−1250 / −1347

注：1. 公称尺寸小于 1mm 时，各级的 A 和 B 均不采用。

2. 当公称尺寸大于 250 至 315mm 时，M6 的 ES 等于−9（不等于−11）。

3. 公称尺寸小于 1mm 时，大于 IT8 的 N 不采用。

参 考 文 献

[1] 王兵. 金属切削手册. 北京：化学工业出版社，2015.

[2] 徐茂功. 公差配合与技术测量. 4 版. 北京：机械工业出版社，2015.

[3] 苏采兵，王凤娜. 公差配合与测量技术. 北京：北京邮电大学出版社，2013.

[4] 刘越. 公差配合与测量技术. 2 版. 北京：化学工业出版社，2014.

[5] 人力资源和社会保障部教材办公室. 公差配合与技术测量基础. 4 版. 北京：中国劳动和社会保障出版社，
2011.